高等职业教育移动互联应用技术专业教材

UI界面设计与制作教程

主 编 黎 娅 任劲松

副主编 丁锦箫 王聃黎 胡斌斌 胡云冰 童 亮 赵瑞华

中国水利水电出版社
www.waterpub.com.cn
·北京·

内 容 提 要

本书编写依据教育部最新教学标准，理论体系完整，内容与大思政背景结合紧密，符合应用型人才培养特点；内容安排合理，首先是UI设计的基本知识和设计原则，接着对UI设计的分类进行介绍，之后详细讲解UI设计的全过程，包括文案的形成、图标的设计、界面的设计等。

通过本书学习，学生可全面掌握UI设计的相关方法，提高审美能力。

本书提供电子教案和项目素材，读者可以从中国水利水电出版社网站（www.waterpub.com.cn）或万水书苑网站（www.wsbookshow.com）免费下载。

图书在版编目（CIP）数据

UI界面设计与制作教程 / 黎娅，任劲松主编. -- 北京：中国水利水电出版社，2020.4（2023.1重印）
高等职业教育移动互联应用技术专业教材
ISBN 978-7-5170-8483-9

Ⅰ. ①U… Ⅱ. ①黎… ②任… Ⅲ. ①人机界面－程序设计－高等职业教育－教材 Ⅳ. ①TP311.1

中国版本图书馆CIP数据核字(2020)第050759号

策划编辑：寇文杰　　责任编辑：赵佳琦　　封面设计：李　佳

书　名	高等职业教育移动互联应用技术专业教材 UI界面设计与制作教程 UI JIEMIAN SHEJI YU ZHIZUO JIAOCHENG
作　者	主　编　黎　娅　任劲松 副主编　丁锦箫　王聃黎　胡斌斌　胡云冰　童　亮　赵瑞华
出版发行	中国水利水电出版社 （北京市海淀区玉渊潭南路1号D座　100038） 网址：www.waterpub.com.cn E-mail：mchannel@263.net（答疑） sales@mwr.gov.cn 电话：（010）68545888（营销中心）、82562819（组稿）
经　售	北京科水图书销售有限公司 电话：（010）68545874、63202643 全国各地新华书店和相关出版物销售网点
排　版	北京万水电子信息有限公司
印　刷	三河市鑫金马印装有限公司
规　格	184mm×260mm　16开本　14.75印张　336千字
版　次	2020年4月第1版　2023年1月第3次印刷
印　数	5001—7000册
定　价	39.00元

前　言

UI 设计是新时代新技术领域里不容忽视的一门新媒体技术，我们需要综合运用该技术向学生展示中华文化的魅力，挖掘和培养学生的文化自觉意识，只有对自己的文化有坚定的信心，才能获得坚持坚守的从容，鼓起奋发进取的勇气，焕发创新创造的活力。在此背景下，编写一本具有中华文化特色并与新技术相结合的教材是我们的初衷，也是本书不同于其他教材的精髓所在。目前还没有专门针对中华传统文化而设计教学案例的 UI 设计教材，但可以找到 UI 设计与实践操作相关的参考书目，这对学生来说缺乏一定的文化教育作用，而本书将文化与技术相结合，在内化学生思想的同时强化技能学习。

本书编写依据教育部最新教学标准，根据岗位技能要求，以增强 UI 设计者的审美能力为目的，充分考虑人对知识的接受能力和掌握过程，将理论与行业现状相结合，促使设计者掌握 UI 设计的实用方法。

在编写思路上，以教学对象的认知水平和学习规律为出发点，结合行业需求和专业特色的实际情况，将 UI 设计过程中所遇到的各项问题理论化，形成较完整的理论体系。

在内容安排上，本书开篇首先让学生了解 UI 设计的基本知识和设计原则；然后对 UI 设计的分类进行介绍，让学生将每一种设计的原则都熟记于心；之后详细讲解 UI 设计的全过程，包括文案的形成、图标的设计、界面的设计等。通过对本书的学习，学生可全面掌握 UI 设计的相关方法。

在教材特色上，本书理论体系比较完整，与大思政背景下的教学内容结合紧密，符合应用型人才培养特点。

目　　录

项目 1　UI 设计基础知识

项目引导

同学 A：欢迎你加入 UI 设计行业。

同学 B：可我还是一只“菜鸟”，还不了解 UI 设计师需要什么技能。

同学 A：没关系，我将带你从小白变成大牛。要成为一名优秀的 UI 设计师，你首先要知道什么是 UI 设计，了解 UI 设计的历史和发展趋势，知道 UI 设计师的必备技能。这些，我都会在下面的内容里一一告诉你。

项目实施

任务 1　感知 UI 设计

1．何为 UI 设计

UI 是 User Interface 的缩写，中文含义为用户界面。用户可见的计算机、手机、平板电脑、电视、汽车或其他电子屏幕等的界面都属于 UI 设计的范畴。一个优秀的 UI 设计，不仅使软件界面更加美观，更能够让软件的操作变得简洁、舒适，能充分体现产品的定位和符合目标用户群的喜好，使用户感到易用、好用并乐用，从而体现产品的价值。

例如 App 上某个按钮的设计，传统的美工设计仅考虑如何使这个按钮的图标、外形显得美观，而 UI 设计除了要考虑美观问题外，还需要考虑按钮如何摆放、上面显示什么文字，甚至到底要不要这个按钮的问题。

UI 设计师简称 UID（User Interface Designer），指从事对软件的人机交互、操作逻辑、界面美观进行整体设计工作的人。UI 设计的内涵如图 1-1 所示。

广义上来讲，UI 界面是人与机器进行交互的操作方式，即用户与机器相互传递信息的媒介，其中包括信息的输入和输出，如图 1-2 所示。好的 UI 设计不仅要让软件变得有个性有品味，还要让软件的操作变得舒适、简单、自由，充分体现软件的定位和特点。

图 1-1 UI 设计的内涵

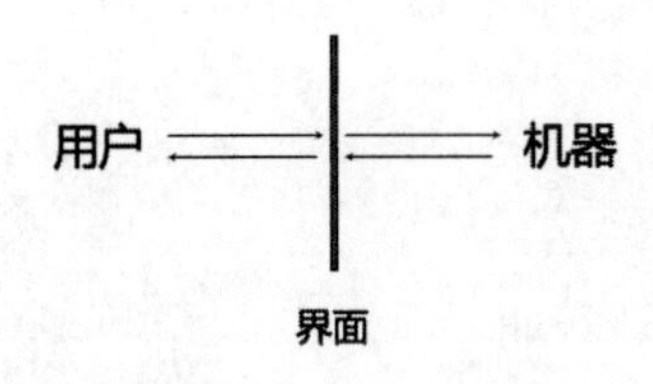

图 1-2 UI 界面

传统的 UI 设计仅指静态的界面设计，而现在我们提到的 UI 设计更多的是广义的范畴，既包括传统静态的美工、布局，也包括动态的用户体验设计。

UI 设计包括 3 类：视觉设计、交互设计和用户体验，即 UI 设计要研究界面、研究人与界面的关系和研究用户，如图 1-3 所示。

（1）图形用户界面（Graphic User Interface，GUI）。

GUI 指采用图形方式显示的计算机操作用户界面，即传统意义上的“美工”。当然，实际上他们承担的不是单纯意义上美术工人的工作，而是软件产品的产品“外形”设计。例如 Windows 界面、苹果手机界面、App 的界面。

（2）研究人与界面的关系，即交互设计。

交互指用户通过某种方式发出指令，且系统对此作出相应的反应。交互设计主要在于设计软件的操作流程、树状结构、操作规范等。一个软件产品在编码之前需要做的就是交互设计，并且确立交互模型和交互规范。交互设计是关于创建新的用户体验的问题，目的在于增强和扩充人们的工作、通信及交互方式，使他们能够更加有效地进行日常工作和学习。

（3）研究人，即用户体验（User Experience，UE）。

用户体验是指用户使用一个产品时的全部体验。这并不是指产品本身是如何工作的，而是指产品如何和外界联系并发挥作用，也就是人们如何“接触”或者“使用”它。UE 关注用户在访问平台的过程中的全部体验，包括平台是否有用、疑惑或者 bug 程度、功能是否易用简约、界面设计和交互设计是否友好等方面，用户体验的核心是 UCD，即“以用户为中心的设计”。

可以说，如果 UI 设计是一个人的话，那么视觉设计就是人的衣着打扮，交互设计就是人的身材骨架和五官，用户体验就是人的个性特征（是否好相处、好接触）。

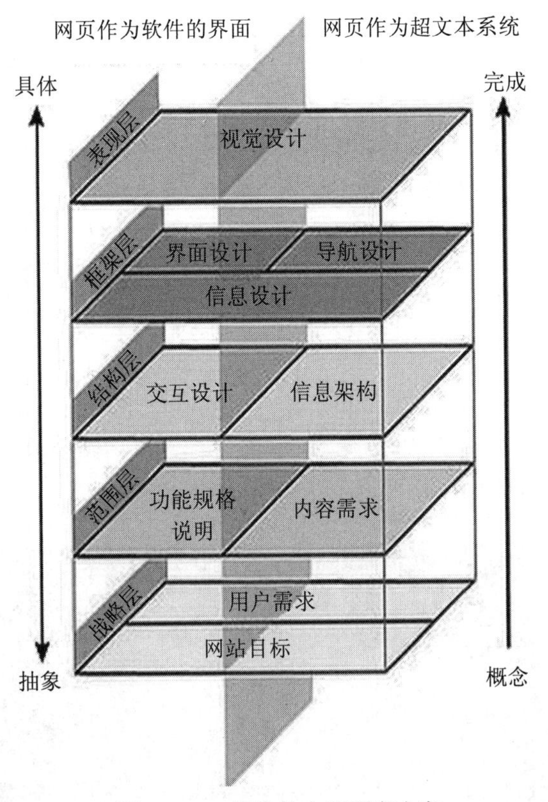

图 1-3　UI 设计的主要研究内容

用户体验各要素的设计和交互设计、视觉设计不同，它是一种比交互设计和视觉设计更上位的设计。视觉设计和交互设计侧重于从功能的实现出发，而用户体验设计则重点关注用户使用过程中的感受，是一种以用户为中心的，综合功能设计、交互设计、视觉设计、导航设计等于一体的设计，它要求设计者站在一个更宏观的高度，整体把握用户与这些设计要素之间的关系，从而给产品的最终用户带来良好的体验。

2. UI 设计的分类

（1）UI 设计的相关概念。

- GUI（Graphic User Interface）：图形用户界面，又称图形用户接口，是指采用图形方式显示的计算机操作用户界面。
- HUI（Handset User Interface）：手持设备用户界面。
- WUI（Web User Interface）：网页用户界面。网页用户界面类似于 GUI，但更偏重网站的导航、链接和信息。
- UID（User Interface Design）：用户界面设计。此为人机交互中的外显层面——界面，包括感觉和情感两个层次。
- IA（Information Architect）：信息架构。IA 的目的是为信息和用户认知之间搭建一座畅通的桥梁。

- UE（User Experience）：用户体验。UE 设计指以用户体验为导向的设计。
- UCD（User-Centered Design）：用户中心设计。用户中心设计的实质是在设计过程中以用户体验为中心，强调用户优先。换言之，在产品设计、开发、维护的全过程中都以用户的需求和感受为出发点，围绕用户进行产品设计、开发和维护，让产品服务用户，而不是让用户适应产品。
- HCI（Human Computer Interaction）：人机交互。人机交互是人与计算机之间传递、交换信息的媒介及对话接口，是计算机系统的重要组成部分，人机交互功能主要依靠可输入/输出的外部设备和相应的软件来完成。

（2）UI 设计的分类。

目前，UI 设计可分为 3 类：PC 端 UI 设计、移动端 UI 设计和其他终端 UI 设计。

- PC 端 UI 设计：主要指用户计算机界面设计，包括系统界面设计、软件界面设计、网站界面设计，如图 1-4 至图 1-6 所示。

图 1-4　系统界面

图 1-5　软件界面

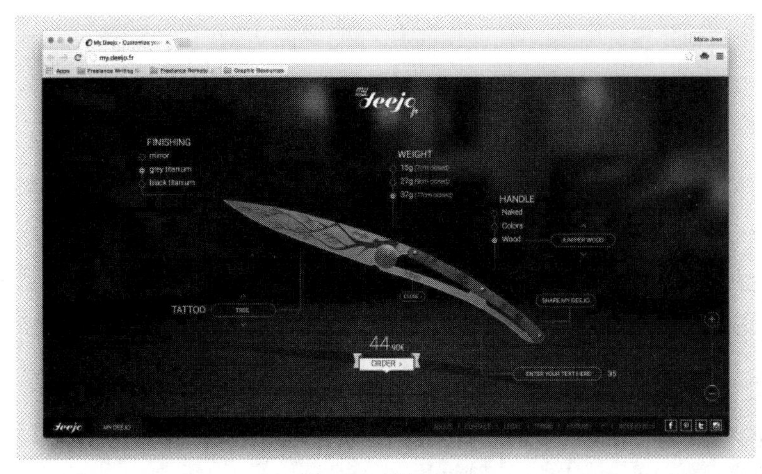

图 1-6　网站界面

- 移动端 UI 设计：移动端一般指移动互联网终端，在当下移动端 UI 设计主要指手机的界面设计，尤其是 App 界面设计，本书中所介绍的内容也均为 App 界面设计，如图 1-7 和图 1-8 所示。

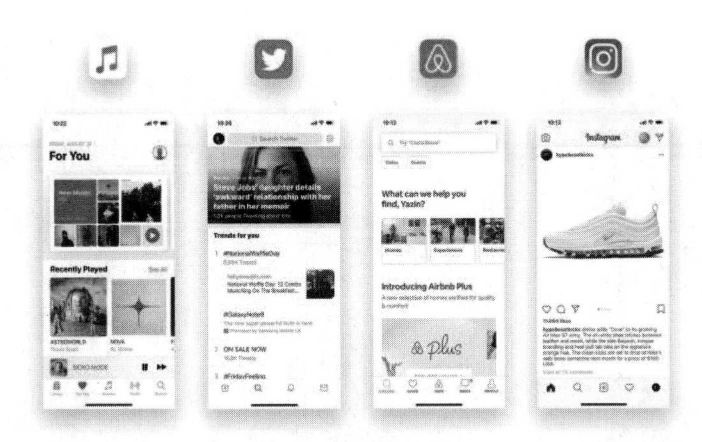

图 1-7　App 界面

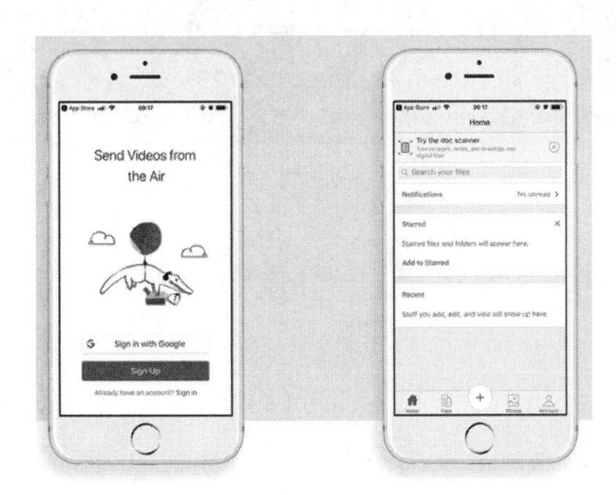

图 1-8　App 界面

- 其他终端 UI 设计：除了前面两类终端设备需要 UI 设计之外，当今市场中还有许多其他终端也需要应用 UI 设计，如智慧电视、可穿戴设备、车载系统等，如图 1-9 和图 1-10 所示。

图 1-9　智慧电视界面

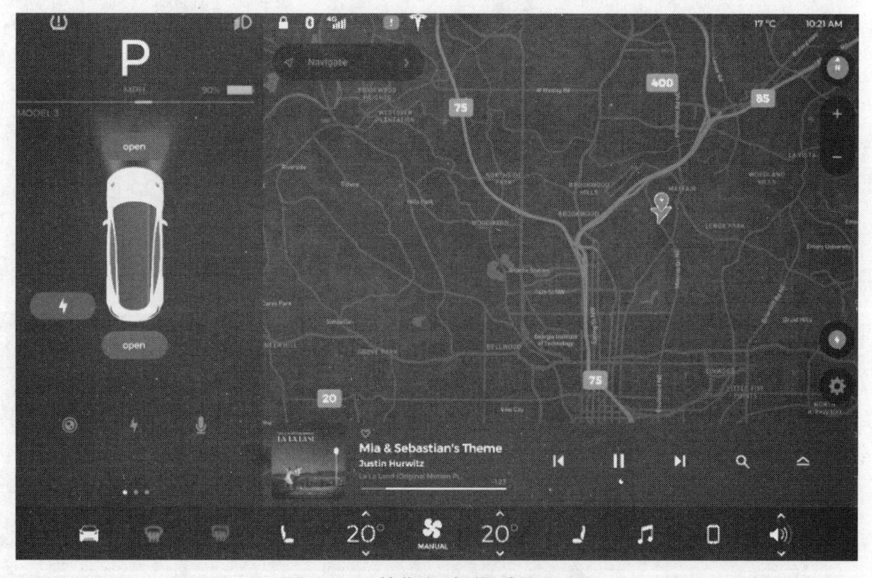

图 1-10　特斯拉车载系统界面

任务 2　UI 设计的昨天、今天与明天

1. UI 设计的昨天与今天

UI 设计的发展历史在 PC 时代可分为 3 个阶段：从 20 世纪 40 年代 ENIAC 计算机出现

到 20 世纪 60 年代末使用的批处理界面、到 20 世纪 80 年代初使用的文本或命令行界面、从 20 世纪 80 年代初到现在一直在使用的图形用户界面，如图 1-11 至图 1-14 所示。

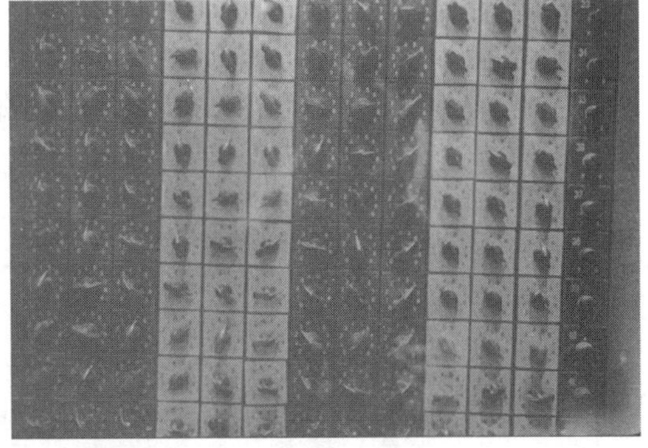

图 1-11　批处理界面

图 1-12　批处理界面

```
C:\WINDOWS\system32\cmd.exe
Microsoft Windows XP [版本 5.1.2600]
(C) 版权所有 1985-2001 Microsoft Corp.

C:\Documents and Settings\Administrator>cd
C:\Documents and Settings\Administrator

C:\Documents and Settings\Administrator>md
命令语法不正确。

C:\Documents and Settings\Administrator>dir
 驱动器 C 中的卷是 WINXP
 卷的序列号是 48A6-367D

 C:\Documents and Settings\Administrator 的目录

2009-02-10  12:42    <DIR>          .
2009-02-10  12:42    <DIR>          ..
2008-06-24  18:48    <DIR>          Favorites
2008-06-25  19:00    <DIR>          NetHood
2009-02-10  13:26    <DIR>          Recent
2009-02-10  12:42    <DIR>          WINDOWS
2009-01-07  23:48    <DIR>          「开始」菜单
2009-02-10  14:05    <DIR>          桌面
               0 个文件              0 字节
               8 个目录 17,192,517,632 可用字节
```

图 1-13　命令行界面

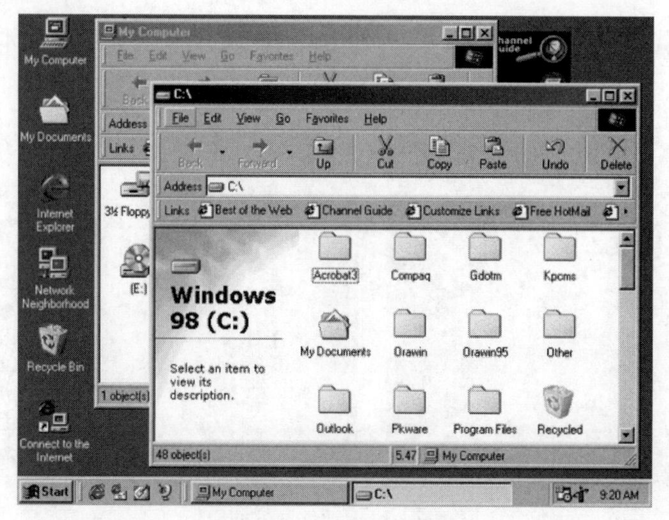

图 1-14　图形用户界面

但是，这一时期国内并没有明确提出 UI 设计的概念。其时，互联网还在 Web 时代，设计师以做着网页端的设计和 PC 端软件的界面设计为主，如图 1-15 所示，手机最多也只能浏览简单的 wap 页面。

图 1-15　经典 XP 界面

直到 2007 年，苹果公司推出了第一部 iPhone，紧随其后各种智能机层出不穷，移动互联网时代也迎来了大爆发。从此开始，UI 设计才真正走进视野，行业也更加重视界面交互。

20 世纪 60 年代，Liklider JCK 首次提出“人际紧密共栖”的概念，这一概念被视为人机界面的启蒙观点。20 世纪末，UI 设计交互从人机工程学中独立出来，真正的开始广泛实践。到 21 世纪互联网时代——Web2.0 时代，“人机界面”被“人机交互”所代替，重点开始从“界面”转移到“交互”上，UI 设计也从静态界面的图形化设计向人机交互的动态化体验设计发展。

2. UI 设计的发展趋势

（1）扁平化的设计风格。

近年来，UI 设计风格由 3D、拟物发展到扁平、简约。简化主义风格被运用于 UI 设计中，设计的理念围绕着“少即是多”，去除多余的视觉干扰，方便使用者记忆界面布局及其自己的使用。扁平化的核心概念强调去除冗余、厚重和繁杂的装饰效果，倡导简单、清晰、空间、留白等，突出核心的设计元素，如图 1-16 所示。

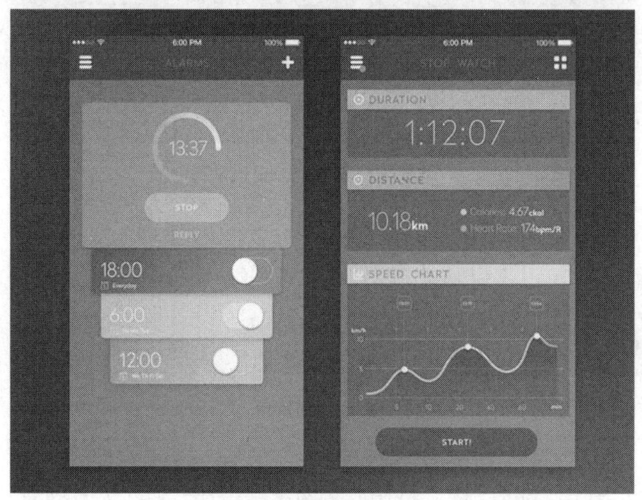

图 1-16　扁平化 UI 设计

扁平化的 UI 设计去除烦琐的装饰，把精力更多地运用于人机交互效率和功能性的把控上，这是现如今 UI 扁平化界面设计所体现的优势，真正能够操作的不是界面中过多的花边、阴影、特效，而是能够更快识别、更易找寻的界面人性化功能。

（2）夜间模式的引入。

2016 年苹果系统研发了 iOS9 的改进版本，新增了一个名为 Night Shift 的夜间模式选项。相关数据显示，现在人们每天有 12～16 小时对着手机电子屏，用户眼睛长时间暴露在数字显示屏发射的蓝光中，夜间模式主要是在人们夜间使用移动设备时保护人眼，因此夜间模式设计的出现正是开发者开始注重用户体验的体现，各个公司和设计师也开始注重用户的使用反馈，去应对这一亟待解决的问题。一般手机屏幕在点亮时会发出蓝光，它虽然是显示中必不可少的因素，但是如果过量的蓝光进入眼睛，就会导致眼睛干涩流泪、眩晕和呕吐；人长期暴露在波长为 380～450nm 的蓝光下还会导致视网膜损伤，进而导致白内障，严重的甚至会出现黄斑变性。

iOS9.3 中的 Night Shift 会通过时钟和定位信息来判断用户所在地的日落时间，以此为依托自动将显示屏色彩调至较暖的色调，只是调整还停留在显示的亮度和对比度上，如图 1-17 所示。现在大部分人都有夜间使用手机的习惯，所以这项功能一定程度上可以在夜间大多数环境下保护眼睛，这是一种尝试改变的方法，但还不够完善，不够人性化。夜间模式仍处于起步阶段，仍需根据用户的反馈不断改进。

图 1-17　App 夜间模式

（3）情感化交互设计的增加。

由于科技的迅猛发展，UI 设计逐渐转变为对软件的人机交互、操作逻辑、界面美观和用户体验的多重设计。美国著名设计师普罗斯曾说：“设计除具备美学、技术、经济三属性之外，还包含第四个维度——人性。”产品的美观性、独特性、交互性、傻瓜操作性、界面的美观等都是设计应该考虑的点。高科技下的高情感交互设计不但要从整体上把控，而且要从各个模块、页面、流程上把控。无论从何处着手，设计师都绕不开用户，真正的产品设计的过程是从用户到用户的过程。从用户开始，考虑用户的使用场景，把握用户的情感，分析用户的操作流程，把握用户的感情诉求，清楚用户使用中和使用后的心情。情感化设计三要素如图 1-18 所示。

图 1-18　情感化设计三要素

Keep 选择用包含图标文字按钮的组合引导用户如何去更好地使用它，微信则是用一个纯文字的弹出框引导用户需要注意的事件，如图 1-19 所示。在 UI 设计中，应该运用通俗易懂的图文来告诉用户当下发生的事情和需要去执行的事情，实现情感化的设计。

Keep　　　　微信——摇一摇

图 1-19　UI 的情感化设计

任务 3　UI 设计师

随着“互联网+”时代带来的大发展，企业也在不断完善发展模式，逐渐加大对用户需求的依赖，强调用户体验至上的原则，UI 设计师也逐渐成为企业的抢手人才。国内众多大型 IT 企业，如百度、腾讯、联想、网易、淘宝等均已成立专门的 UI 设计部门。

1. UI 设计师的职业技能

（1）基本职业技能。

UI 设计师需要掌握的基本职能技能有 3 个：视觉设计技能、交互设计技能、用户设计技能。UI 设计师需要运用 Photoshop、Illustrator 等软件绘制界面图和各种图标，了解图标设计、界面设计、视觉设计的理论知识和技能。UI 设计师能够应用 Visio、思维导图等工具进行 App 的框架设计，应用 Axure 进行交互设计，掌握交互模型、交互规范、行为学等知识。UI 设计师还需要掌握用户设计的技能，能够绘制用户画像，掌握用户需求挖掘学、用户研究方法学、用户测试学的知识，运用用户体验规范技能完善 UI 设计。

（2）了解不同移动平台间的差异。

UI 设计师的设计效果会受到平台差异的制约。从理论上来说，无论设计什么样的界面，程序最终都可以实现。但作为一名专业的设计师，应当使 UI 设计尽可能符合对应平台的设计规范，这样也能够降低用户的学习成本，提升用户体验。同时，使用平台固有的 UI 组件进行设计，既尊重用户固有的操作习惯，也方便程序员直接引用，节省了开发时间。

目前，市面上占据主要市场份额的移动平台是 iOS 和安卓。因此，UI 设计师在设计时应优先考虑 iOS 和安卓平台的设计规范。目前，苹果和谷歌都针对 iOS 和安卓平台编写了设计规范，设计规范在相应的开发者官网可以查找到。微信的 iOS 平台界面和安卓平台界面如图 1-20 和图 1-21 所示。

图 1-20　微信 iOS 平台界面

图 1-21　微信安卓平台界面

2. UI 设计师的职业素养

作为一名 UI 设计师，除了掌握基本的职业技能外，还应具有一定的职业素养，了解行业中的工作规范和基本常识。

（1）UI 设计中的常用单位。

在 UI 设计中，最常见的单位是 px、pt、dp 和 sp。

- px：像素，是位图的基本单位。我们在描述屏幕分辨率时会使用这个单位，如 iPhone XR 的屏幕分辨率为 1792 像素×828 像素，华为 Mate20pro 的屏幕分辨率为 3120 像素×1440 像素，这意味着在华为 Mate20pro 的屏幕上，水平方向每行有 3120 个像素点，垂直方向每列有 1440 个像素点。
- pt：磅，专用的印刷单位，大小为 1/72 英寸，是一个长度单位。在 iOS 的开发中常用磅作为文字度量的单位。pt 和 px 之间可以进行换算。
- dp：又称 dpi，设备独立像素。在安卓平台的 UI 设计中运用较多。安卓平台按 dp 将屏幕密度分为 4 个广义的大小，即低密度（120dp）、中密度（160dp）、高密度

（240dp）和超高密度（320dp）。

- sp：可缩放独立像素。谷歌官方推荐文字使用 sp 为单位，非文字使用 dp 为单位。在安卓平台中，如采用 sp 为单位进行开发，则文字大小会随系统文字大小改变，而 dp 则不会。因此，通常情况下，如果是菜单和标题类文字，通常使用 dp 为单位，而如果是新闻内容、短信等大篇幅的文本，则推荐使用 sp 为单位。

（2）常用移动设备的尺寸。

iOS 设备从 2007 年问世至今，其屏幕分辨率从最初的 320 像素×480 像素到 iPhone XR 的 1792 像素×828 像素，每一款设备的屏幕尺寸都有一定的逻辑，总体而言不会有太大变动，往往是成倍数地放大。这些特征让 UI 设计师无需变化太多就能轻松适配 iPhone 的各种设备。因此，在进行 iOS 平台 UI 设计时，可以先选择一款自己习惯的分辨率设计后再进行适配。

安卓设备的品牌和机型较多，难以一一统计。因此，谷歌将市面上的安卓设备按屏幕分辨率分为低密度、中密度、高密度和超高密度 4 类，系统能根据屏幕密度自动判断使用多大的字号等。目前，大部分安卓设备的屏幕长宽比为 16:9，在设计时使用 1920 像素×1080 像素即可。

3. UI 设计师的职业生涯规划

作为一名 UI 设计师，除了掌握必备的职业技能和职业素养之外，做好职业生涯规划和长期可持续的职业发展也是一个重要的议题。如何从一名“菜鸟”成为一名优秀的设计师是大家更为关心的问题。

UI 设计师分为横向发展的设计师和纵向发展的设计师，未来可发展的规划包括视觉设计、交互设计、用户体验、代码编程和项目管理。

对于绘画功底深厚、偏好视觉方面的人而言，可以从事视觉设计方面的工作。而对于逻辑思维较强，但绘画功底一般的人而言，更适合做交互设计。如果是具备 HTML、CSS、JS 功底的人，更适合的职业发展方向是前端工程师。如果偏好做用户调研和用户分析，则后期职业生涯可以朝 UX 方向发展。如果具备较强的策划创新能力，可以考虑往产品经理或项目管理的方向发展。具体职业生涯规划如图 1-22 所示。

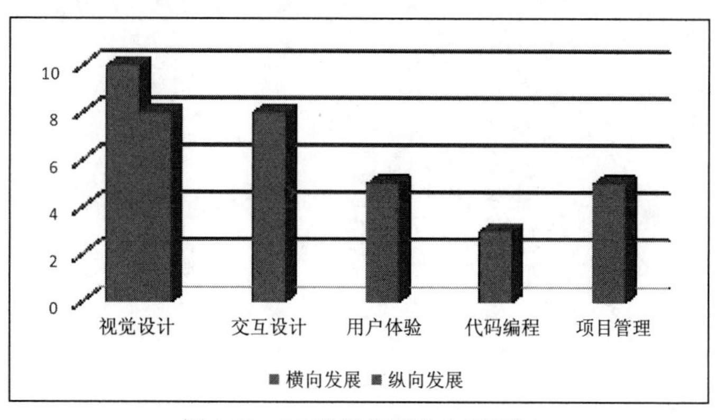

图 1-22　UI 设计师职业生涯规划

项目回顾

同学 B：我明白了，UI 设计就是用户界面设计，包括了界面的视觉设计、交互设计和用户体验 3 部分。

同学 A：是的。UI 设计通常分为 3 类：PC 端 UI 设计、移动端 UI 设计和其他终端 UI 设计。在今后的学习中，你要重点学习移动端 App 的 UI 设计。

同学 B：UI 设计经历了批处理界面、文本或命令行界面和现在的图形用户界面。现在，UI 设计强调扁平化、情感化的设计风格，引入了夜间模式，更重视用户体验。

同学 A：要成为一名优秀的 UI 设计师，你要学会运用 Photoshop、Axure 等软件绘制图标、界面，进行交互设计，了解不同移动平台间的差异。

同学 B：我还要能够应用 px、pt、dp 和 sp 这 4 种 UI 设计的常用单位，熟知常用移动设备的尺寸。

同学 A：今后，你可以根据自己的特长和兴趣，朝着视觉设计、交互设计、用户体验、代码编程和项目管理的不同 UI 设计师职业发展方向前进。

项目评价

完成这个项目后，你对自己的学习情况是怎么评价的，请完成项目评价表，见表 1-1。

表 1-1　项目评价表

项目	内容	评价标准	自评分数	自评依据	体会
1	UI 设计基本内涵	5			
2	UI 设计发展历史	5			

项目 2　认识产品与架构分析

项目引导

同学 B：虽然我知道了 UI 设计是什么，可拿到一个 App，我还是不知道应该怎么具体设计 App 的界面呀。

同学 A：App 的界面设计需要进行竞品分析、用户画像和需求与功能分析，这是我们进行 UI 设计的第一步。后面的图标设计、配色选择都要服务于这一步。

同学 B：好的。那我们一起去看看这部分内容吧。

项目实施

从宏观上看，UI 设计共有四大步骤：分析、设计、配合、验证。本项目将首先介绍 UI 设计的基本流程，然后重点讲解 UI 设计的分析阶段。

任务 1　UI 设计工作流程

UI 设计的工作流程大致分为两种类型：自主软件产品开发流程和外包公司产品开发流程。

1．自主软件产品开发流程

自主软件产品的开发流程包括产品需求分析、产品功能分析、交互原型设计、程序技术预判、效果图制作、程序开发、程序测试、发布上线、运营、维护与更新，如图 2-1 所示。

图 2-1　自主软件产品开发流程

2．外包公司产品开发流程

外包公司产品即将产品的 UI 设计外包给专门的制作公司。相较于自主开发，外包公司产品需要经过不断反复的沟通才能完成整体的产品开发，其流程如图 2-2 所示。

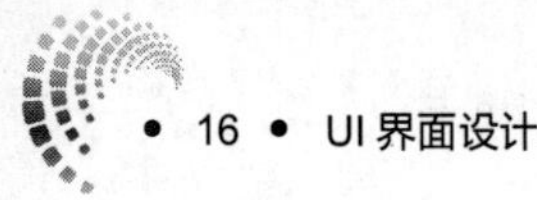

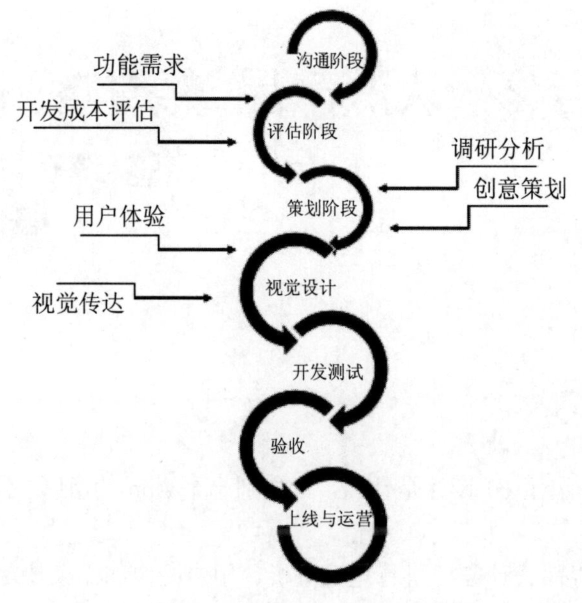

图 2-2　外包公司产品开发流程

任务 2　竞品分析

竞品分析就是对竞争对手的产品进行比较分析，是一种带有主观性的横向分析过程。它通过对多个产品的整体架构、功能、商业模式、产品策略等多维度的横向对比分析，从而获得目的性的结论。说起 QQ 音乐，它的竞品就是虾米音乐、网易云音乐等，说起饿了么，它的竞品就是美团外卖。竞品分析的流程如图 2-3 所示。

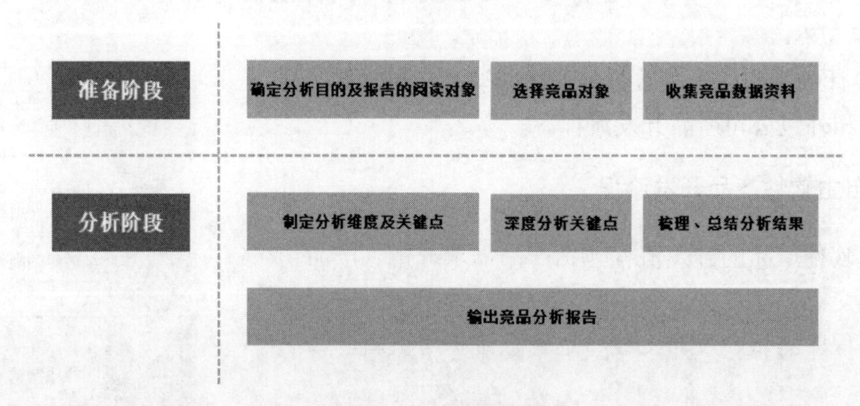

图 2-3　竞品分析流程

通过竞品分析，我们可以了解市场的发展趋势，找准市场切入点，了解对手和发现潜在对手，把握需求对应的功能点和界面结构，验证产品想法及产品方案的可行性。通过与竞争产品直接的对比，来确认现阶段的 UI 设计方案是不是最优选择，还有哪些需要挖掘、突破、完善的地方。通常，我们按照图 2-4 所示的维度进行竞品分析。

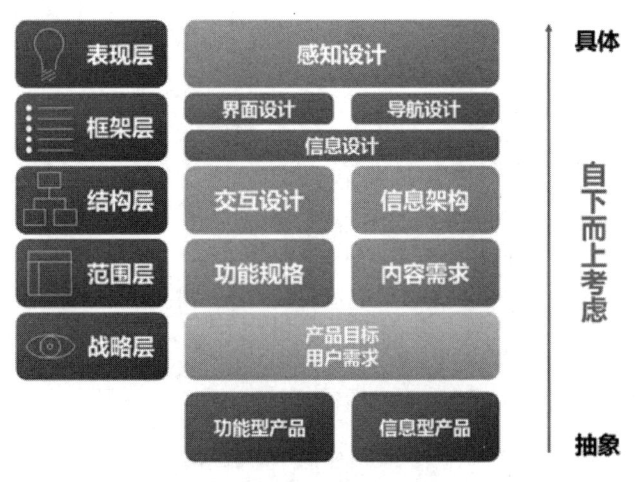

图 2-4　竞品分析的五大维度

任务 3　用户画像

用户画像即通过给用户贴标签的形式来形象化模拟 App 用户的特征，它是通过对用户信息进行分析而得来的高度精炼的特征标识，如图 2-5 所示。

图 2-5　用户画像示例

1．分析用户社会学指征

在进行用户画像时，通常首先采用用户的社会学指征进行分析。所谓社会学指征，即用户的年龄、性别、收入、婚姻、子女（数量、性别、年龄等）、居住城市等，不同性别、年龄、收入的用户对 App 的风格、色彩、交互模式有不同的偏好。获得用户的社会学指征可采用以下几种方法：

- 通过专业的用户调研公司获取用户数据，如艾瑞调研。
- 通过发放调查问卷获取用户数据。
- 召集 3～5 名典型用户，以座谈会、访谈等形式获取用户数据。

在获取用户数据后，采用科学的量表来分析用户偏好，如图 2-6 所示。

年龄	颜色顺序					
学前幼儿	红	黄	橙	蓝	紫	绿
小学生	蓝	橙	黄	红	绿	紫
初中生	蓝	黄	橙	红	紫	绿
高中生	蓝	橙	红	紫	黄	绿
大学生	蓝	红	橙	紫	黄	绿
注：平均值代表颜色选择人次						

图 2-6　各年龄段颜色偏好

2．分析用户消费行为指征

用户的消费行为可以分为经济价值、购买行为、平台行为三大类。经济价值即意味着用户的消费频率、消费金额等数据，如图 2-7 所示。

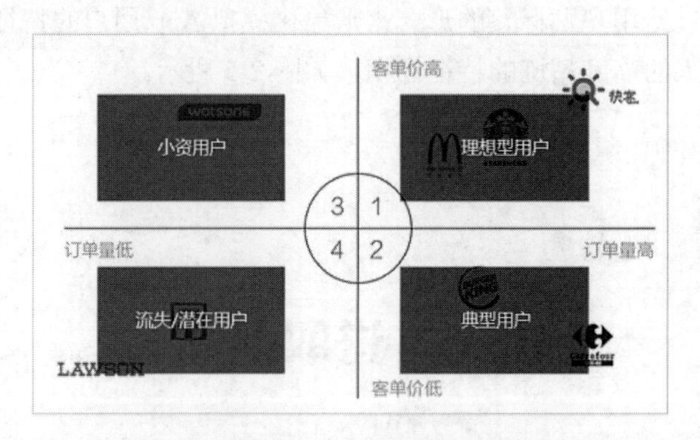

图 2-7　用户经济价值分析

用户的购买行为包括用户消费品类的广度、偏好，如是只爱购买服装类产品，还是会购买多个品类产品；用户消费时看重的因素、享受优惠的情况，如用户是否经常将一件商品加入购物车，直至有折扣时才购买；用户购买时间的偏好、支付方式的偏好，用户是在 17:00-19:00 购买，还是在 21:00-23:00 购买，是使用手机支付还是别的支付方式，如图 2-8 所示。

图 2-8　用户购买行为分析

用户的平台行为包括用户的注册时间、登录频率、停留时间、关联行为等。依据用户的停留时间，在首页、个人中心等界面上进行不同的设计与安排。关联行为即意味着在功能、层次、逻辑相联系的界面上应采用相近色的配色方法。以学习强国为例，用户进入“我的”这一板块后，下一步往往是点击“学习积分”或“学习报表”，两者属于关联行为，在配色上就采用了相近的配色。

3. 分析用户线下行为指征

用户的线下行为包括兴趣爱好、生活方式、社交习惯、出行方式等，其中兴趣爱好、生活方式、社交习惯指征都带有较强的用户主观描述。在进行用户画像时一定要将用户主观的形容词转换为设计上的名词，才能较好地完成用户画像。

任务4 需求与功能分析

做一个好的 UI 设计，其出发点就是用户的需求，UI 设计师可以通过参加产品需求评审会、分析会以及和产品经理的交流中获得。通过需求分析，应当形成一份市场需求文档（MRD）。MRD 规范如图 2-9 所示。

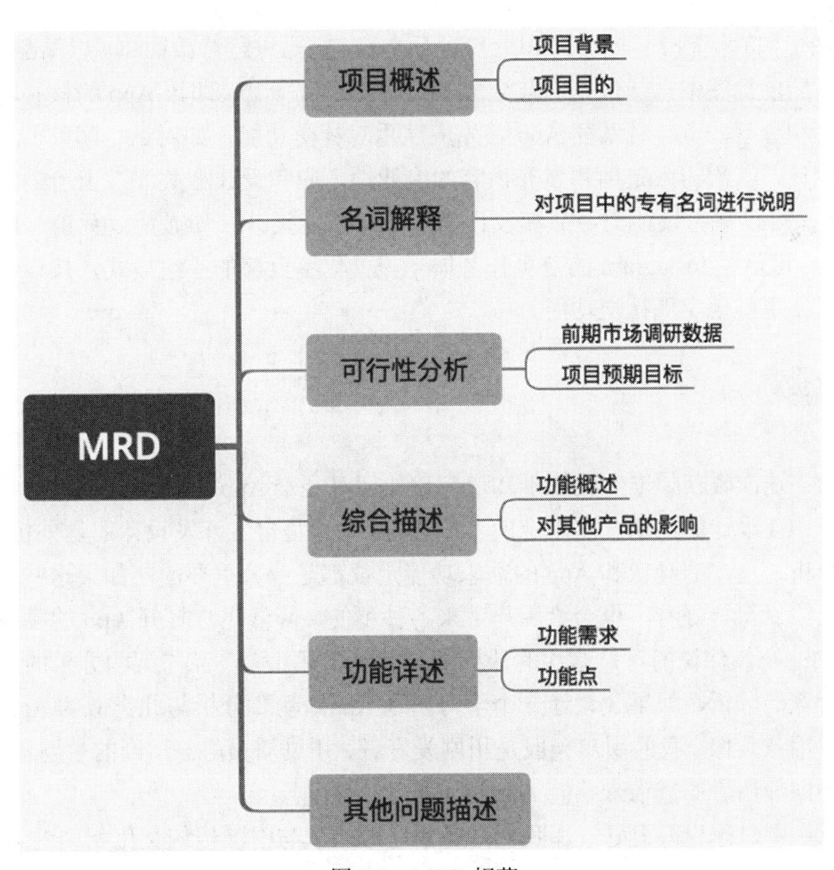

图 2-9　MRD 规范

在MRD的基础上，进一步制作PRD可以输出简单的设计初稿。设计初稿不一定要用Axure 或 Photoshop 等专业工具绘制，只需要几个简单的界面以便同客户进行交流。如图2-10所示是App登录界面设计初稿示例。

图2-10　App登录界面设计初稿

在功能初稿的基础上，同客户和用户进行交流，按需进行修改即可。以站酷App为例，其在应用商店的标签中第一位是“社交”，第二位是“设计”，即该App的核心功能是设计师进行交流和分享，意味着站酷App首先应注重对社交功能，如对话、聊天、动态、私信等的功能设计，其次再限定用户发布内容的专业性，应和设计相关。综上所述，在设计站酷 App 时，可以参考设计类产品和设计类产品的功能设计，如微博、豆瓣、Instagram、Behance等，可借鉴Instagram的首页作品展示流；借鉴豆瓣的小组模式，按设计品类分组建立小组以便更好地实现社交功能。

项目回顾

同学B：这次收获颇丰，我终于知道应该如何对一个App进行设计和分析了。

同学A：UI设计的前期一些固定的工作流程，无论是自主开发设计还是外包产品设计，对竞品的分析、用户的画像和App的需求功能定位都是十分重要的。如果这些出现偏差，那你的界面绘制得再好看，也会给用户带来各种不便，降低用户打开App的频率。

同学 B：嗯，你说的对，这次的课程学习便包含了几大产品与架构分析的几大要素。首先要进行竞品分析，如果我设计一个学习川剧App，就要分析与此类似的App竞品。其次我要进行用户画像，我的用户一般是川剧爱好者、川剧演员等。川剧的主题颜色是红色。我要分析不同使用者的需求来绘制App的界面。

同学A：嗯，你说得很好。那我们一起去完成一款与中国传统文化相关的App用户画像和功能分析吧。

项目评价

完成这个项目后，你对自己的学习情况是怎么评价的，请完成项目评价表，见表 2-1。

表 2-1　项目评价表

项目	内容	评价标准	自评分数	自评依据	体会
1	竞品分析	5			
2	用户画像	5			
3	需求与功能分析	5			

项目3　图标设计

项目引导

同学B：这次任务分下来了，我要负责做图标设计，可是我不知道什么是图标呀？

同学A：图标设计是开发一个App应用最初需要制作的一项内容，图标就像是人的大脑，是一个浓缩性的图像。好的图标能激发人们使用App应用的兴趣。

同学B：那你知道如何设计图标吗？

同学A：这个……我们还是好好学习一下本项目的内容吧，相信你学完之后就知道啦。

项目实施

任务1　图标设计理论知识

1. 图标设计的概念

图标主要是指计算机或移动端屏幕上表示命令、程序的符号或者图像。广义地说，图标是人类使用符号来传达意义，包括文字、信号、密码、文明符号、图腾、手语等。

图标设计是App应用设计的重要组成部分，其基本功能在于提示信息与强调产品的重要特征，以醒目的信息传达让用户知道操作的必要性。随着科技的发展、社会的进步，以及人们对美、时尚、质感和趣味的不断追求，图标设计呈现出各种各样的风格，有扁平化的，也有写实化的。

图标设计不仅需要精美、质感，更重要的是具有良好的可用性。近年来，人们对审美的认识发生了很大改变，越来越多的设计趋向于简约、精致，对扁平化风格的设计越来越青睐。扁平化的图标设计通过简单的图形和合理的色彩搭配构成简约的图标，给人简约、清晰、实用、一目了然的感觉，如图3-1所示。

图 3-1　扁平化的图标设计

2. 图标设计的基本原则

（1）能准确传达信息。

在进行 App 图标设计时，一定要先提炼出这款应用的特色或者亮点，了解其功能之后在易辨识性方面下功夫，准确传达这款应用的特点和功用，让人们一眼便能看出它是用来干什么的。比如设计一款通讯类的 App，一般我们会想到人与人沟通、人与人对话、人与人互动等，那么设计者通常会根据大众所习惯的思维方向进行设计，运用对话、交互、沟通等元素，通过图形或文字表现出来，让大众易于识别，如图 3-2 所示。

图 3-2　通讯类 App 的图标设计

（2）将功能具象化。

图标设计要使产品或软件的功能具象化，更容易理解。通常在设计图标时，会采用平常生活中经常见到的元素，这样做的目的是使用户可以通过一个常见的事物理解抽象的产品或软件功能。比如时间类的 App 设计，我们平时所理解的都是闹钟、时刻表，那么在设计图标时，通常会利用这一元素进行设计，如图 3-3 所示。

图 3-3　时间类 App 的图标设计

（3）设计富有娱乐性。

好的图标设计，可以为整个移动端界面增添动感和美感。现在，界面设计趋向于精美和细致，各色各样的图标集中在一个界面中，要想脱颖而出，设计很关键。设计具有娱乐性的图标，能让人一眼看去便心情愉悦，同时还能让整个界面的设计更有整体连贯性，能激发人们强烈的交互欲望，如图 3-4 所示。

图 3-4　富有娱乐性的图标设计

（4）设计应美观大方。

精美的图标是一个好的用户界面设计的基础，无论是哪种行业，用户都会喜欢美观的产品。因为美观的产品会给人留下良好的第一印象，激发人们使用产品的兴趣。在物质水平提高的今天，人们对精神追求方面的要求越来越高，美观的产品可以进一步满足人们的精神享受。此外，图标设计也是一种艺术创作，具有艺术感的图标可以提升应用产品的品味，凸显产品的主题文化和品牌意识，如图 3-5 所示。

图 3-5　具有艺术感的图标设计

3. 图标设计的尺寸规范

（1）iPhone 图标尺寸。

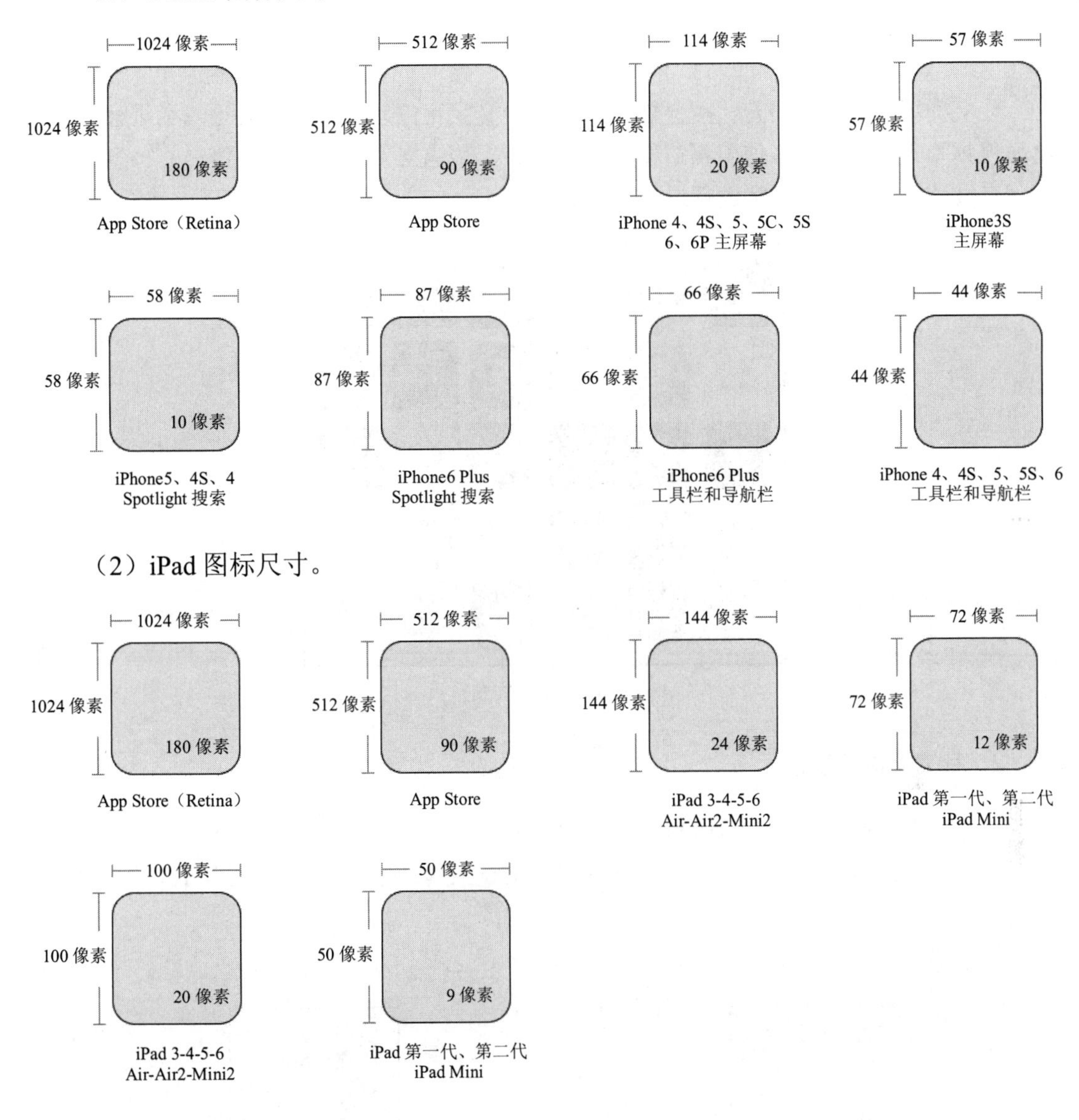

（2）iPad 图标尺寸。

（3）Android 图标尺寸。

屏幕大小	启动图标
320 像素×480 像素	48 像素×48 像素
480 像素×800 像素、480 像素×854 像素、540 像素×960 像素	72 像素×72 像素
720 像素×1280 像素	48×48dp
1080 像素×1920 像素	144 像素×144 像素

任务2 社交类图标设计

1. 社交类图标

社交类图标大多以语音、视频聊天、在线、文字交流、人与人互动等元素进行设计，比如视频聊天类的图标多使用播放器按钮的元素，传递文件多使用飞鸽传书的寓意，人人网则直接使用两个“人”字进行造型，如图3-6所示。

图3-6 社交类图标

2. 社交类图标制作

制作要点：移动端微信图标和PC端微信图标。

使用工具：Photoshop中的图形绘制工具、填充工具、选择工具、渐变工具、图层工具、钢笔工具等。

效果图：如图3-7和图3-8所示。

图3-7 移动端微信图标

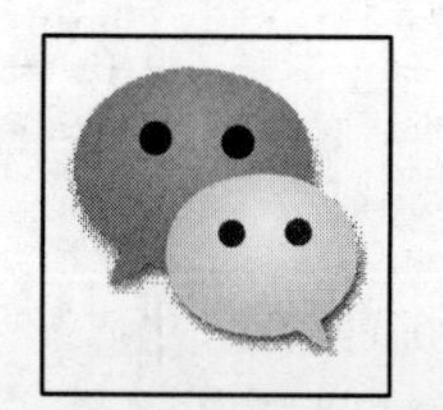

图3-8 PC端微信图标

移动端微信图标

制作步骤：

制作一：移动端微信图标。

（1）打开Photoshop，新建一个800像素×800像素的文件，颜色模式为RGB颜色，分辨率为300像素/英寸，背景内容为白色，命名为“移动端微信图标”，如图3-9所示。

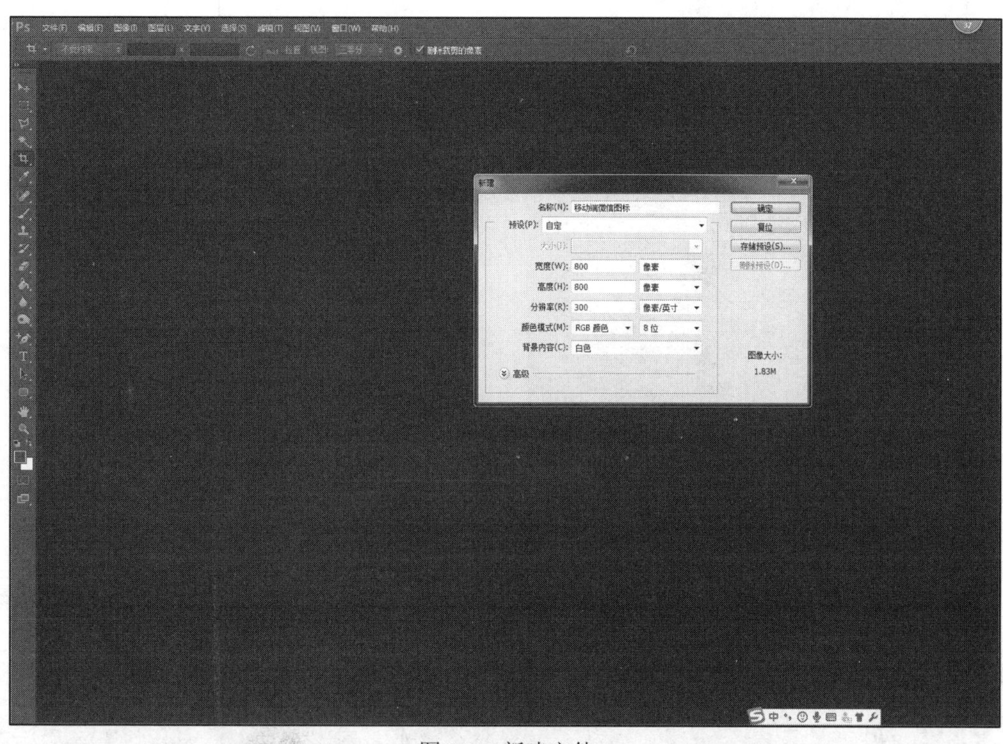

图 3-9　新建文件

（2）选择矩形工具（如图 3-10 所示），设置填充颜色为：线性渐变，深色 R:69,G:169,B:8，浅色 R:128,G:195,B:30（如图 3-11 所示），设置固定比例大小为 480 像素×480 像素，如图 3-12 所示。

图 3-10　选择“矩形”工具

图 3-11　设置填充颜色

图 3-12　设置固定比例

（3）选择 Photoshop 右下角的图层工具新建图层 1，选择圆形工具绘制一个椭圆形，如图 3-13 所示；然后选择多边形工具，按住 Shift 键在椭圆形右下角绘制出增加部分的形状，如图 3-14 所示。

图 3-13　绘制椭圆形

图 3-14　绘制增加部分的形状

（4）选择“编辑”→“填充工具”，填充选区，颜色为 R:255,G:255,B:255，按 Ctrl+D 组合键取消选框，如图 3-15 所示。

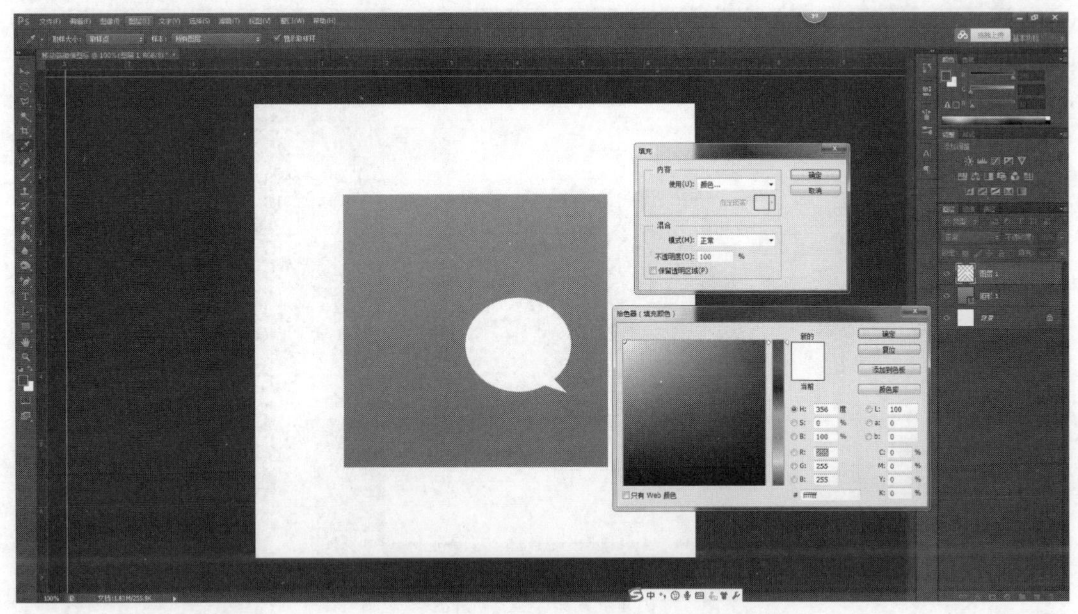

图 3-15　填充选区并取消选框

（5）新建图层 2，选择圆形工具 绘制一只眼睛的形状，如图 3-16 所示；填充颜色为 R:98,G:182,B:20，按 Ctrl+D 组合键取消选框，如图 3-17 和图 3-18 所示。

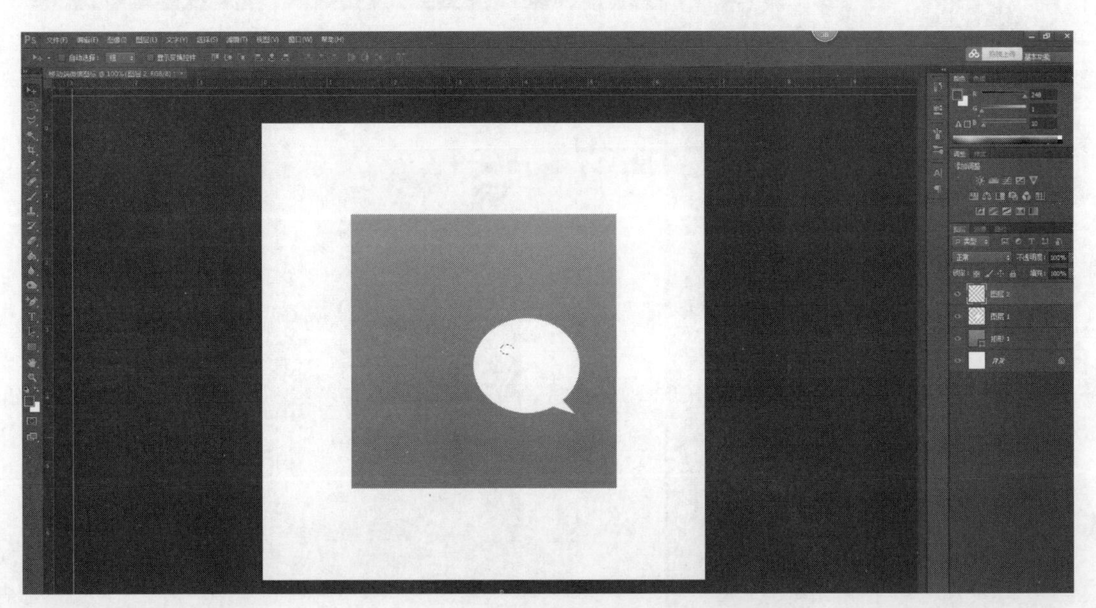

图 3-16　绘制眼睛

（6）选择图层 2，选择移动工具，按住 Alt 键的同时拖动图层 2 的眼睛形状复制另外一只眼睛形状，将图层命名为图层 3，如图 3-19 所示；然后按住 Ctrl 键，选择图层 1、2、3，右击并选择“合并图层”选项，将 3 个图层合并为一个图层，如图 3-20 所示。

图 3-17　填充颜色

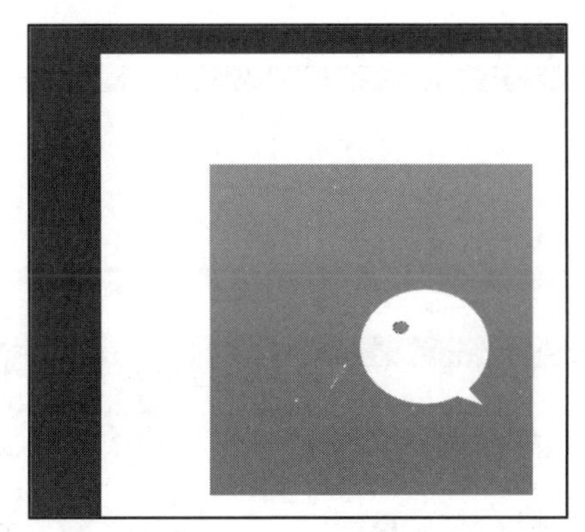

图 3-18　取消选框

图 3-19　复制另外一只眼睛形状

图 3-20　合并图层

（7）选择图层 3，按住 Alt 键复制图层 3，将位置调整到如图 3-21 所示，且将图层 3 拖动到图层的最上一层。

图 3-21　位置调整

（8）选择图层 3，右击并选择“混合选项”→“描边”，鼠标单击描边，选择颜色为 R:90,G:180,B:15，如图 3-22 所示。

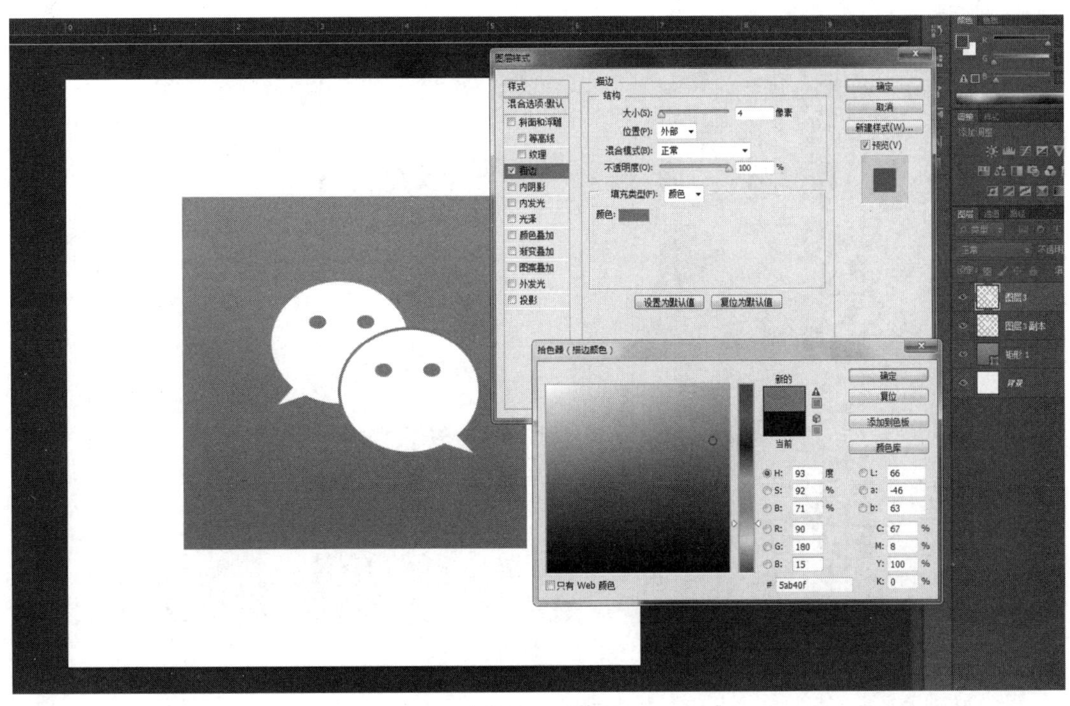

图 3-22　描边

（9）选择图层 3 副本，按 Ctrl+T 组合键放大图形，如图 3-23 所示；用同样的方法对图层 3 进行放大，最终效果如图 3-24 所示。

图 3-23　放大图形

图 3-24　放大图形

制作二：PC 端微信图标。

（1）打开 Photoshop，新建一个 800 像素×800 像素的文件，颜色模式为 RGB 颜色，分辨率为 300 像素/英寸，背景内容为白色，命名为“PC 端微信图标”，如图 3-25 所示。

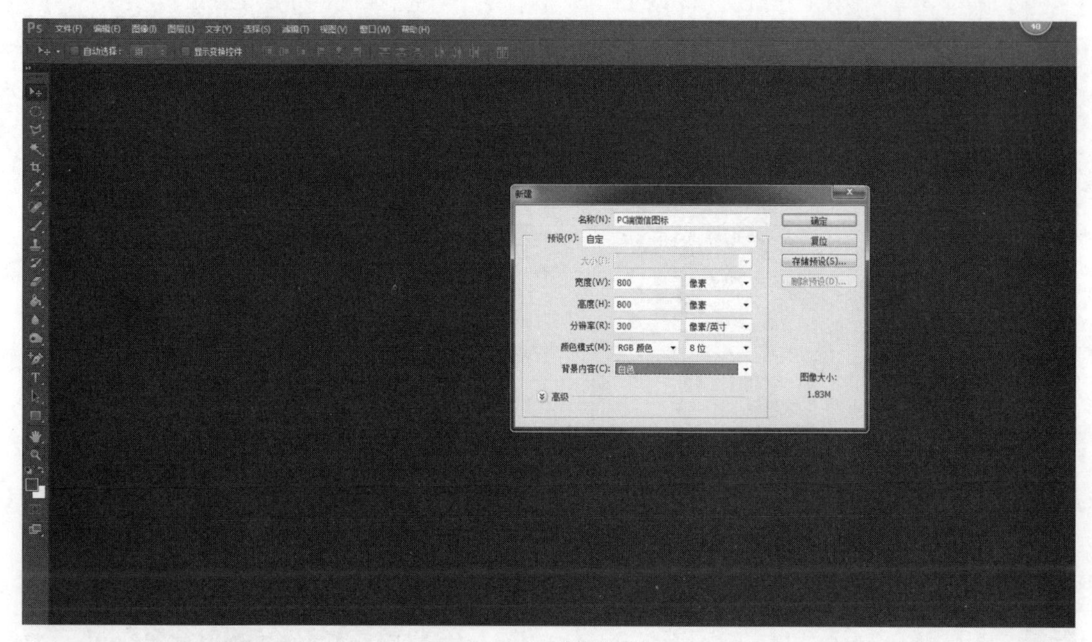

图 3-25 新建文件

（2）选择工具，绘制一个大椭圆形，如图 3-26 所示。

图 3-26 绘制大椭圆形

（3）选择工具，绘制一个小椭圆形，然后将两个椭圆形放大，如图 3-27 所示。

（4）选择钢笔工具，绘制两个椭圆的小尾巴，如图 3-28 所示。

（5）选择大椭圆形，打开图层样式，用渐变叠加效果制作绿色渐变，如图 3-29 所示，其中渐变颜色值为：浅色 R:160,G:200,B:40，深色 R:150,G:180,B:20，样式为径向。

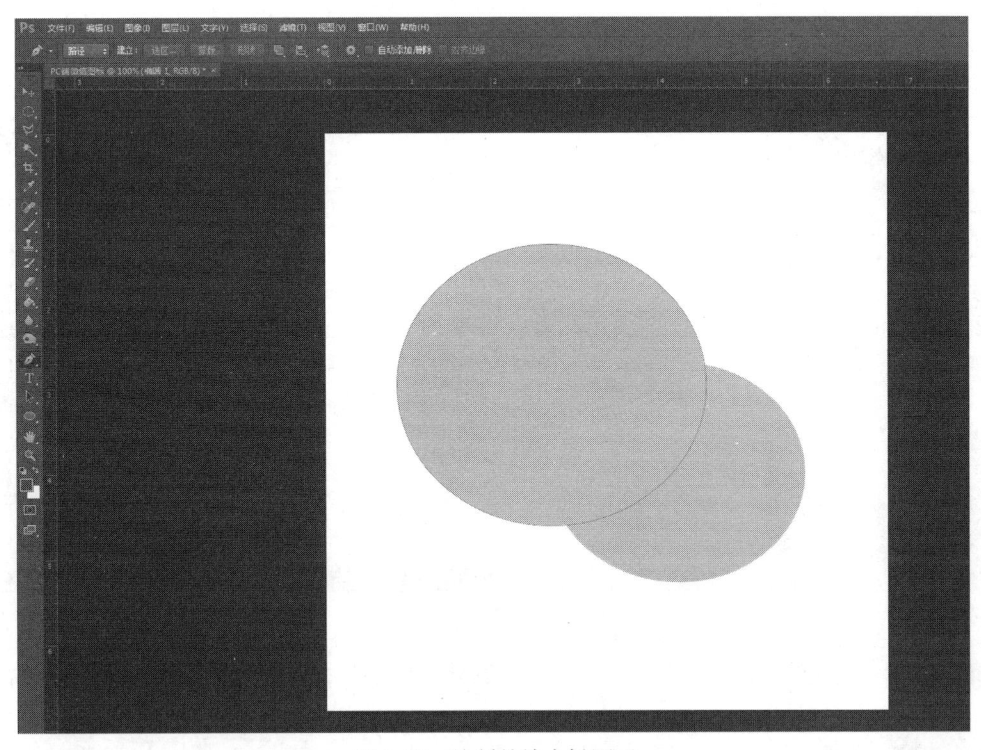

图 3-27　绘制并放大椭圆形

图 3-28　绘制椭圆的小尾巴

图 3-29　制作绿色渐变

（6）选择小椭圆形，打开图层样式，用渐变叠加效果制作渐变，如图 3-30 所示，其中渐变颜色值为：浅色 R:255,G:255,B:255，深色 R:200,G:200,B:200，样式为径向。

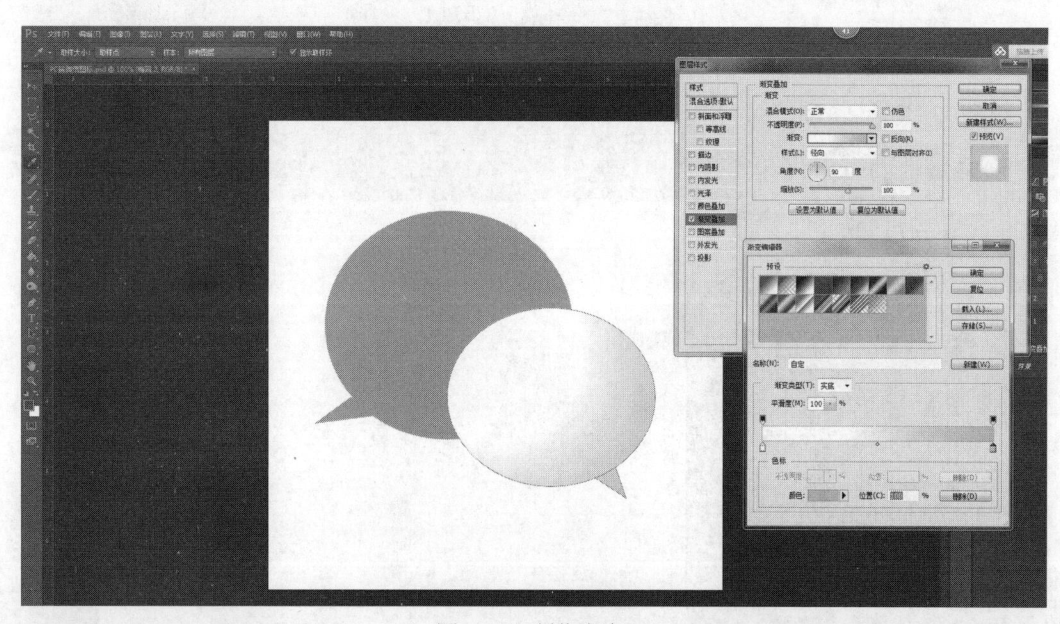

图 3-30　制作渐变

（7）选择大椭圆形，打开图层样式，用投影效果制作投影，如图 3-31 所示，其中不透明度为 36%，角度为 100 度，距离为 7 像素，扩展为 0%，大小为 12 像素。小椭圆形的投影做法与此一致。

（8）选择椭圆形工具，绘制一只眼睛，然后按住 Alt 键，拖动并复制形状，完成两对眼睛的绘制，如图 3-32 所示，最终效果如图 3-33 所示。

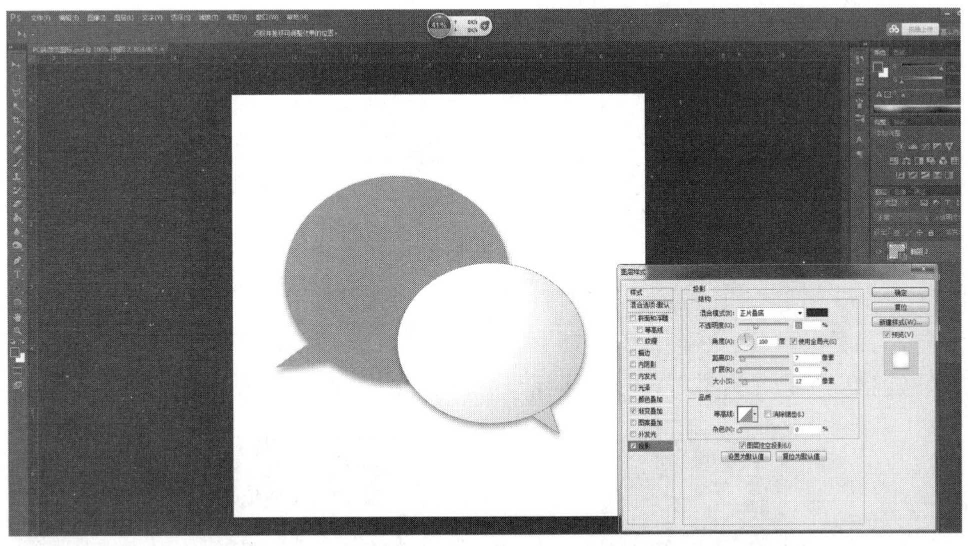

图 3-31　制作投影

图 3-32　绘制两对眼睛

图 3-33　最终效果

任务 3　购物类图标设计

1．购物类图标

购物类图标大多以表现功能的文字或图形为元素进行设计，比如淘宝网的图标，就以“淘”字为主要元素，简洁素净，如图 3-34 所示；唯品会也是以“唯品会”三个字为元素进行设计，看起来一目了然，如图 3-35 所示；除了以文字为元素的图标设计以外，还有以购物车、购物袋等为元素进行设计的图标，如图 3-36 和图 3-37 所示。

图 3-34　淘宝网的图标

图 3-35　唯品会的图标

图 3-36　购物车为元素的图标

图 3-37　购物袋为元素的图标

2．购物类图标制作

制作要点：金属材质效果的购物类 App 图标。

使用工具：Photoshop 中的图形绘制工具、填充工具、滤镜、风格化等。

效果图：如图 3-38 所示。

购物类图标制作

图 3-38　购物类 App 图标

制作步骤：

（1）打开 Photoshop，新建一个 800 像素×800 像素的文件，颜色模式为 RGB 颜色，分辨率为 300 像素/英寸，背景内容为白色，命名为“购物类图标”，如图 3-39 所示。

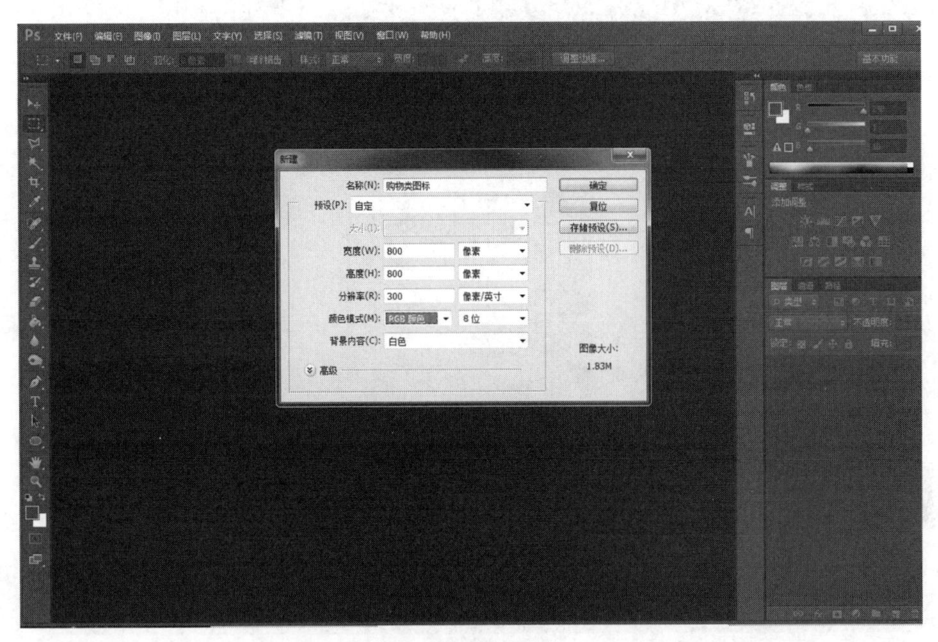

图 3-39　新建文件

（2）选择圆角矩形工具，设置填充颜色为 R:190,G:190,B:190，固定大小为 480 像素×480 像素，半径为 50 像素，如图 3-40 和图 3-41 所示。

图 3-40　圆角矩形参数设置

图 3-41　绘制的圆角矩形

（3）将购物车元素放入画布，调整其大小，如图 3-42 所示。

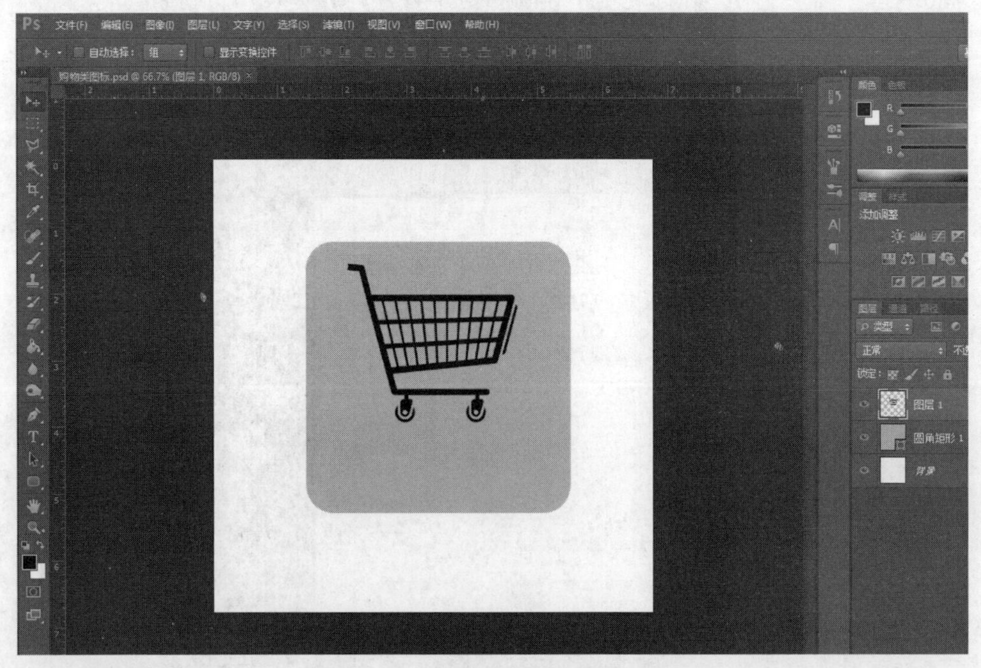

图 3-42　调入购物车并调整大小

（4）选择文字工具T，在画布中添加文字元素“SHOPPING”，字体为黑体，大小为24，如图 3-43 所示。

图 3-43 文字元素

（5）选择灰色背景图层，打开图层样式，使用斜面和浮雕制作效果，具体参数设置如图 3-44 和图 3-45 所示。

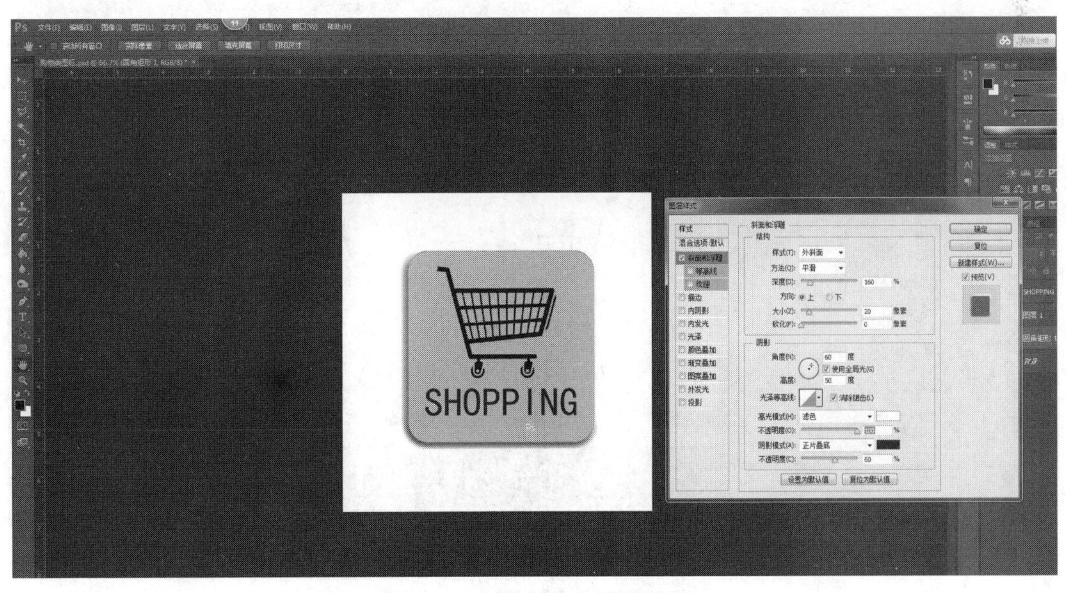

图 3-44 制作斜面和浮雕效果

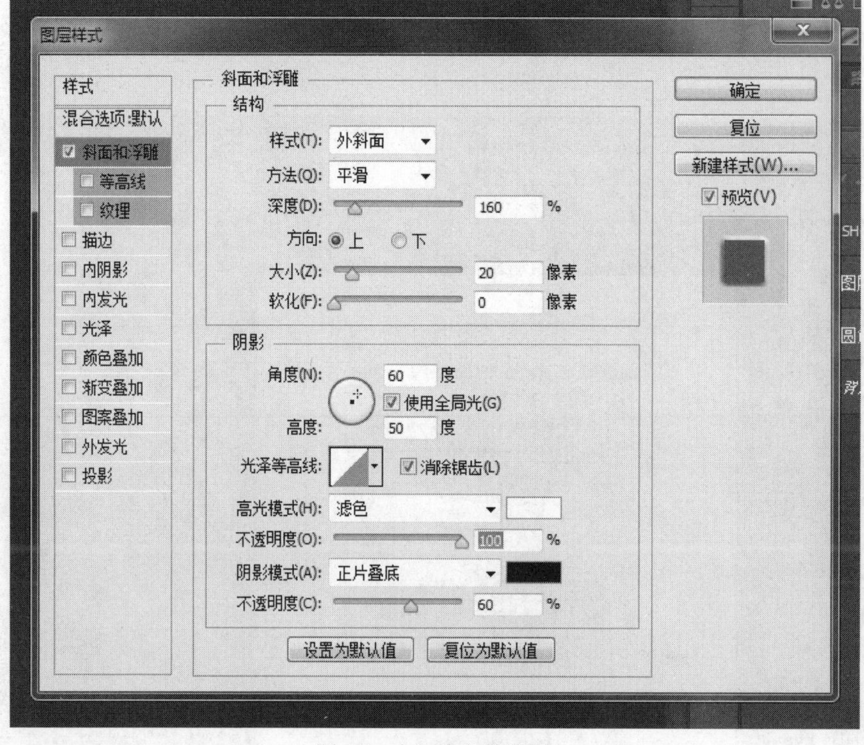

图 3-45 具体参数设置

（6）选择灰色背景图层，打开图层样式，使用渐变叠加制作效果，浅色 R:160,G:160,B:160，深色 R:255,G:255,B:255，角度设置为 40，如图 3-46 所示。

图 3-46 制作渐变叠加效果

（7）选择图层 1，单击滤镜(T)风格化、浮雕效果，具体参数设置如图 3-47 所示。

图 3-47　具体参数设置

（8）选择 SHOPPING 图层，单击滤镜(T)风格化、浮雕效果，文字图层需要先将图层栅格化，如图 3-48 所示单击“确定”按钮。文字效果具体参数设置如图 3-49 所示。

图 3-48　确认对话框

图 3-49　文字效果具体参数设置

（9）保存文件，存储为 psd 格式和 jpg 格式，最终效果如图 3-50 所示。

图 3-50 最终效果

任务 4 银行类图标设计

1. 银行类图标

银行类图标大多以银行的 Logo 加上其标准色进行设计而来，辨识度非常高，如图 3-51 所示。

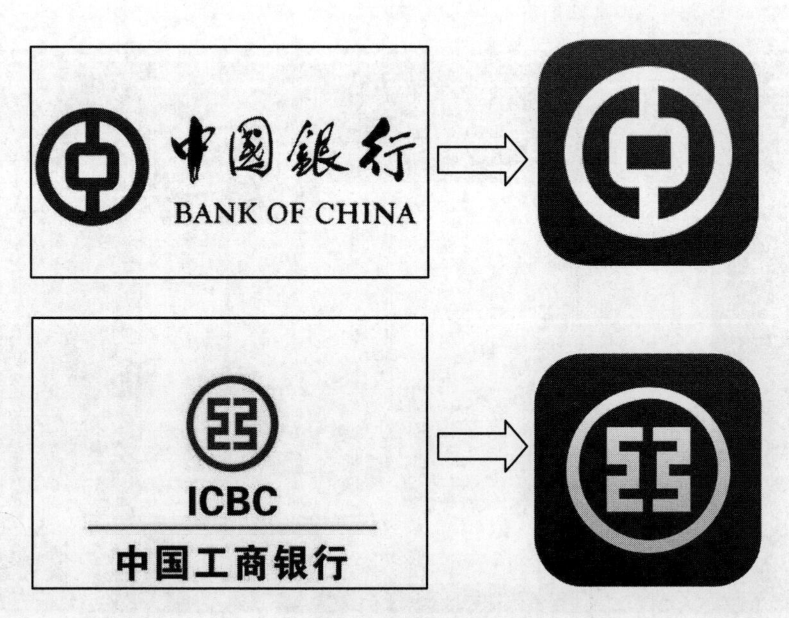

图 3-51 银行类图标

当然，也有例外的，比如招商银行图标，如图 3-52 所示。

图 3-52　招商银行图标

2．银行类图标制作

银行类图标制作

制作要点：中国建设银行图标。

使用工具：Photoshop 中的钢笔工具、选择工具、图层工具等。

效果图：如图 3-53 所示。

图 3-53　中国建设银行图标

制作步骤：

（1）打开 Photoshop，新建一个 800 像素×800 像素的文件，颜色模式为 RGB 颜色，分辨率为 300 像素/英寸，背景内容为白色，命名为“银行类图标”，如图 3-54 所示。

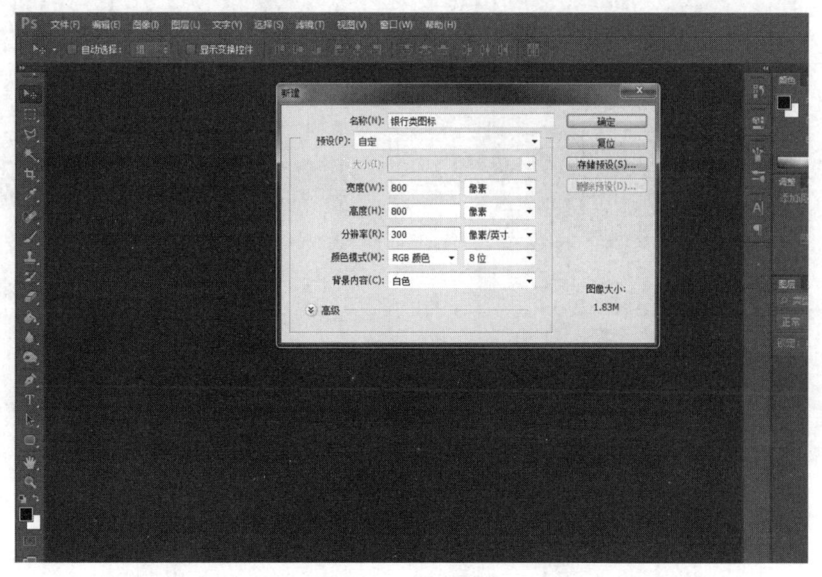

图 3-54　新建文件

（2）选择圆角矩形工具，设置填充颜色为渐变色，浅色 R:255,G:255,B:255，深色 R:137,G:180,B:238，渐变样式为对称的，角度为 90，固定大小为 480 像素×480 像素，半径为 80 像素，如图 3-55 所示。

图 3-55　画圆角矩形

（3）导入中国建设银行图标素材，如图 3-56 所示。

图 3-56　中国建设银行素材

（4）选择图层 1 并右击，打开图层样式，选择“外发光”，设置扩展值为 20，大小值为 10，如图 3-57 所示，最终效果如图 3-58 所示。

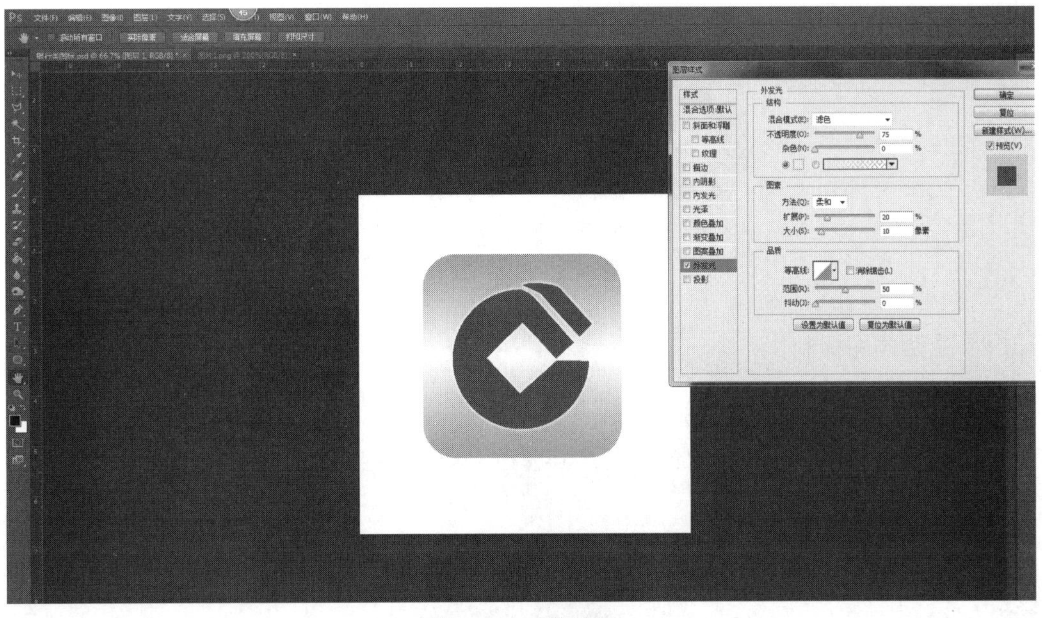

图 3-57　参数设置

图 3-58　最终效果

任务 5　生活类图标设计

1. 生活类图标

生活类图标包含生活中的方方面面，现在的社会，App 应用已经覆盖了人们的衣食住行。比如美食类 App 包含外卖、美食做法、美食展示等类型，旅游类 App 包含出行路线规划、旅游公司、旅游攻略等类型，还有住家装修、导航地图等类型。各种类型的 App 图标设计都有自己的特色，有的是扁平化的简洁设计，有的是拟人拟物化的写实设计，非常有创意，如图 3-59 所示。

途牛旅游　　　　高德地图

图 3-59　生活类图标

2．生活类图标制作

制作要点：马蜂窝旅游 App 图标。

使用工具：Photoshop 中的钢笔工具、选择工具、图层工具等。

效果图：如图 3-60 所示。

生活类图标制作

图 3-60　马蜂窝旅游 App 图标

制作步骤：

（1）打开 Photoshop，新建一个 800 像素×800 像素的文件，颜色模式为 RGB 颜色，分辨率为 300 像素/英寸，背景内容为白色，命名为“生活类图标”，如图 3-61 所示。

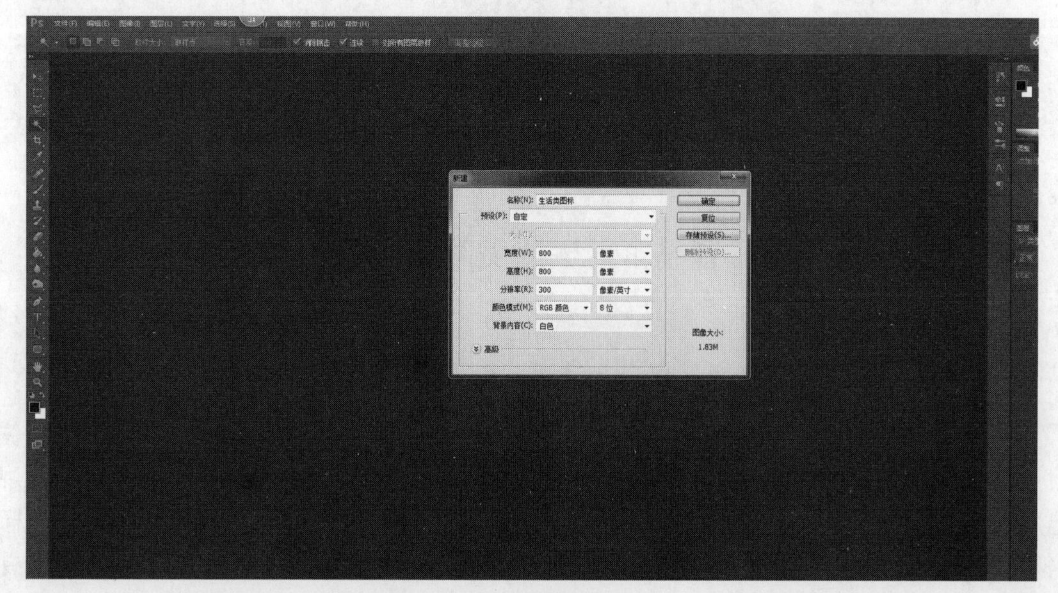

图 3-61　新建文件

（2）新建图层 1，选择圆角矩形工具，设置填充颜色为渐变色，深色 R:255,G:211,B:5，浅色 R:255,G:228,B:67，半径为 40 像素，样式为固定大小，宽度为 480 像素，高度为 480 像素，在画布中绘制一个矩形，如图 3-62 所示。

图 3-62　绘制圆角矩形

（3）新建图层 2，选择钢笔工具，绘制出“M”形状（如图 3-63 所示），右击并选择“描边路径”选项（如图 3-64 所示），选择“画笔”工具，单击“确定”按钮，效果如图 3-65 所示，按 Esc 键结束钢笔工具。

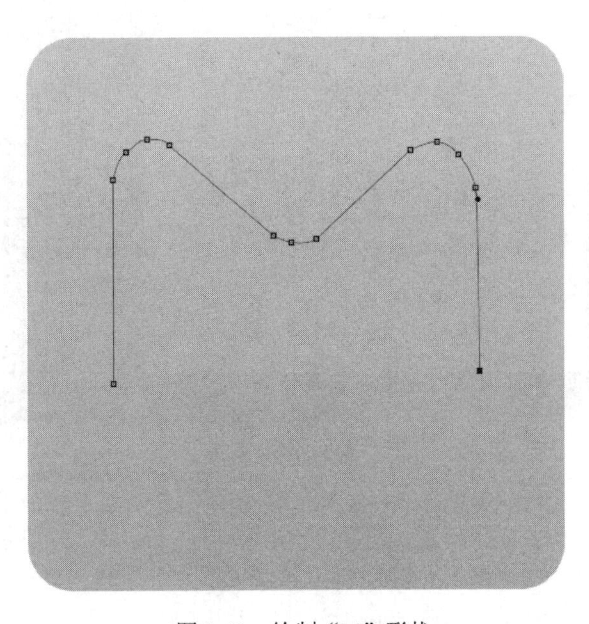

图 3-63　绘制“M”形状

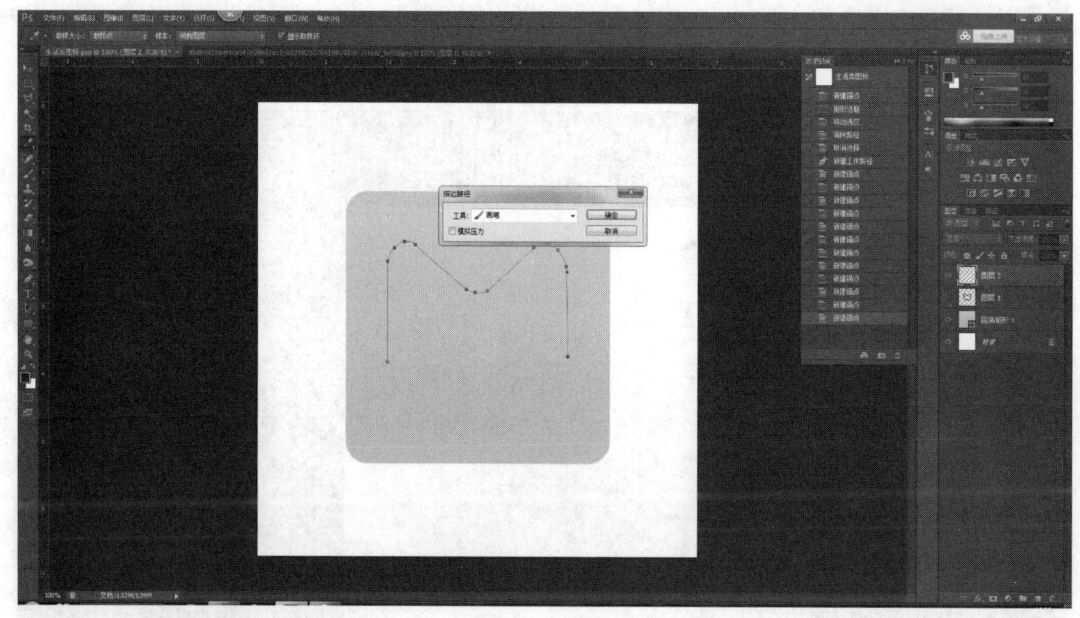

图 3-64　描边路径

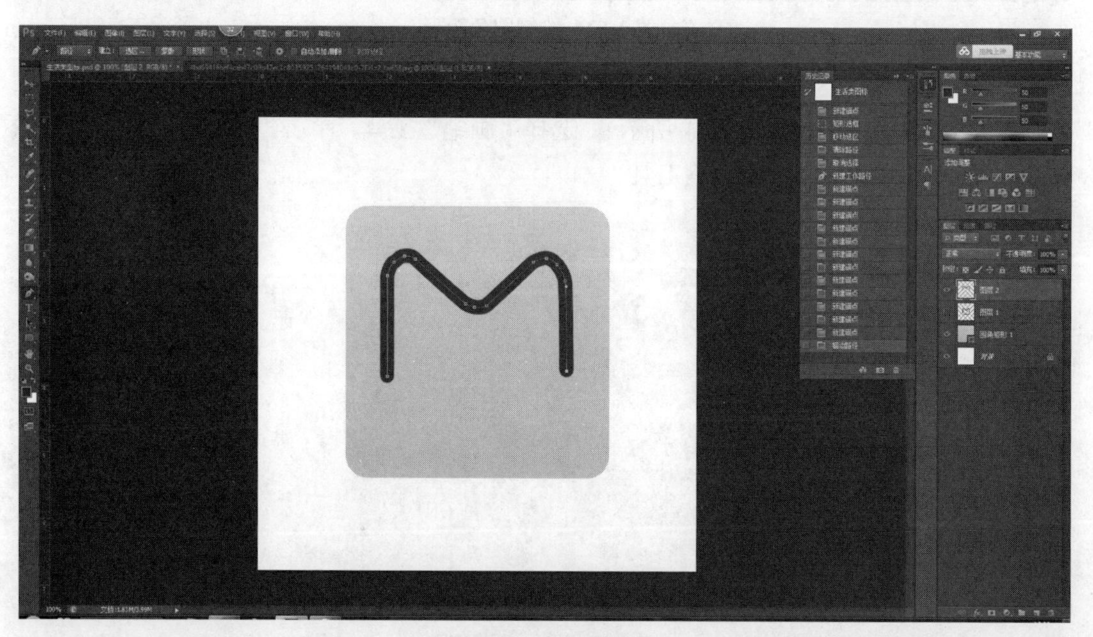

图 3-65　描边效果

（4）新建图层 2，选择钢笔工具，绘制出“　　　　　”形状（如图 3-66 所示），右击并选择“描边路径”（如图 3-67 所示），选择“画笔”工具，单击“确定”按钮，效果如图 3-68 所示，按 Esc 键结束钢笔工具。

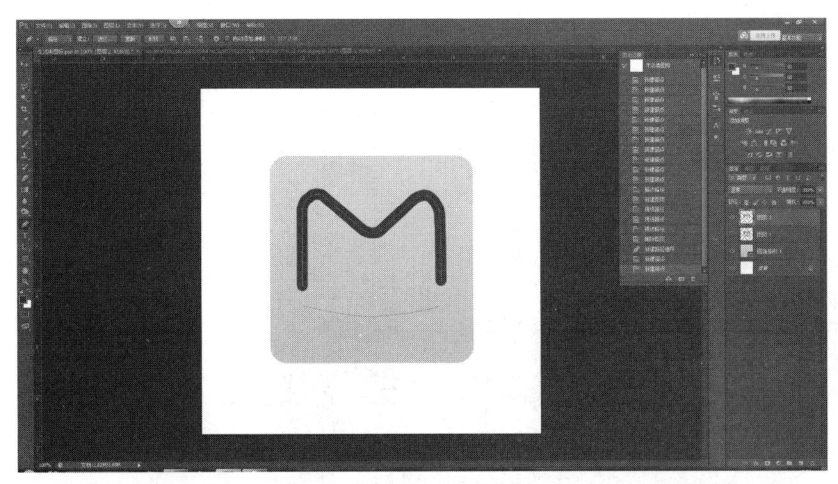

图 3-66　绘制弧形线

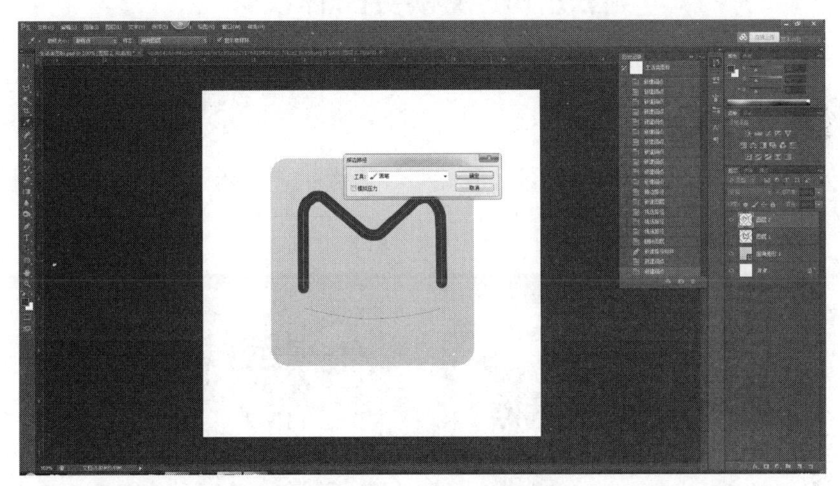

图 3-67　描边路径

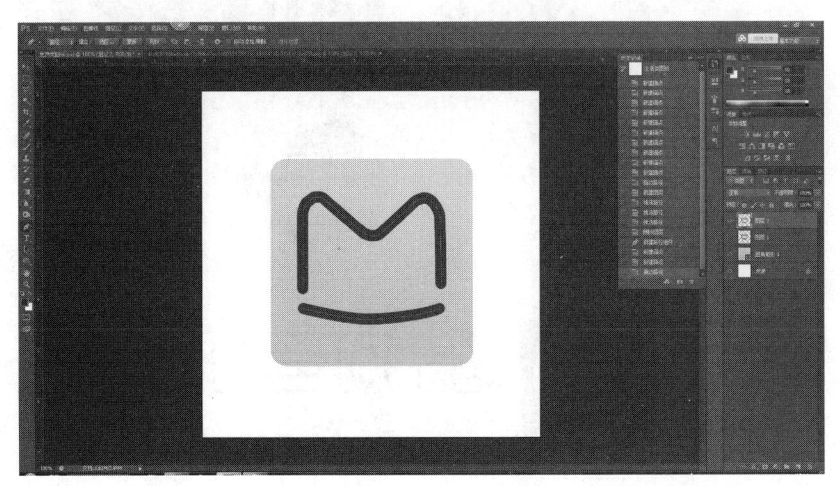

图 3-68　描边效果

（5）将形状进行微调，制作出最终效果，如图 3-69 所示。

图 3-69　最终效果

任务 6　视频类图标设计

1．视频类图标

视频类图标多以播放器、电影带、胶卷带、摄像机、音乐符号等元素进行设计，突出视觉和听觉效果，如图 3-70 所示。

图 3-70　视频类图标

2. 视频类图标制作

制作要点：腾讯视频图标。

使用工具：Photoshop 中的渐变、投影、透明度、图层叠加等。

效果图：如图 3-71 所示。

图 3-71 腾讯视频图标

视频类图标制作
（第 1 步至第 9 步）

制作步骤：

（1）打开 Photoshop，新建一个 800 像素×800 像素的文件，颜色模式为 RGB 颜色，分辨率为 300 像素/英寸，背景内容为白色，命名为“视频类图标”，如图 3-72 所示。

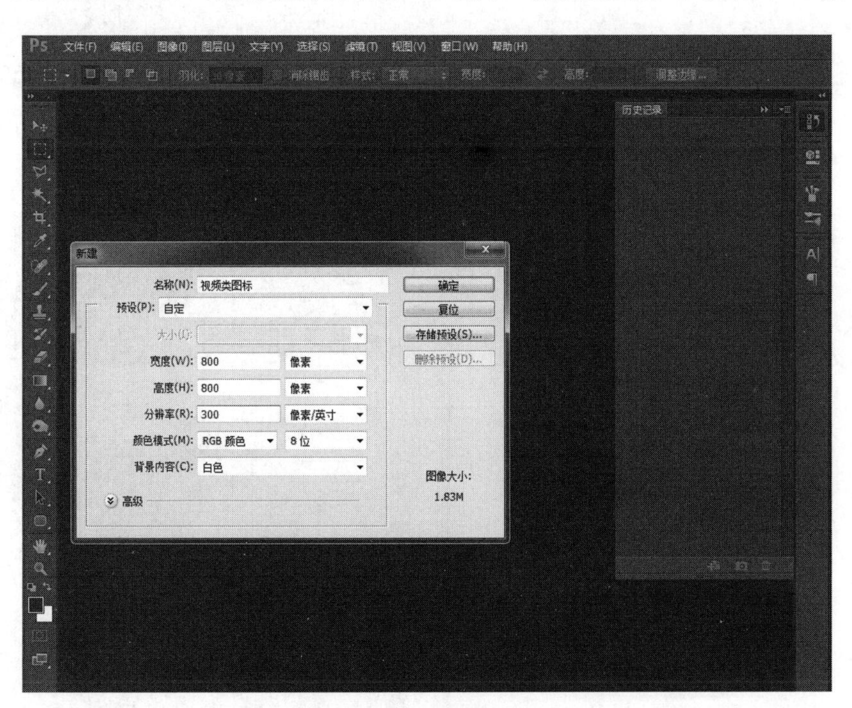

图 3-72 新建文件

（2）新建图层 1，选择圆角矩形工具，设置填充颜色为 R:220,G:220,B:220，半径为 40 像素，样式为固定大小，宽度为 480 像素，高度为 480 像素，在画布中绘制一个圆角矩形，如图 3-73 所示。

图 3-73 绘制圆角矩形

（3）右击新建图层，选择“混合选项”，单击“渐变叠加”，单击，单击深色图块，单击图块，设置深色数值为 H:204,S:90,B:23,R:6,G:68,B:59，单击深色图块，单击图块，设置深色数值为 H:199,S:91,B:79,R:19,G:144,B:202，参考数值如图 3-74 所示。

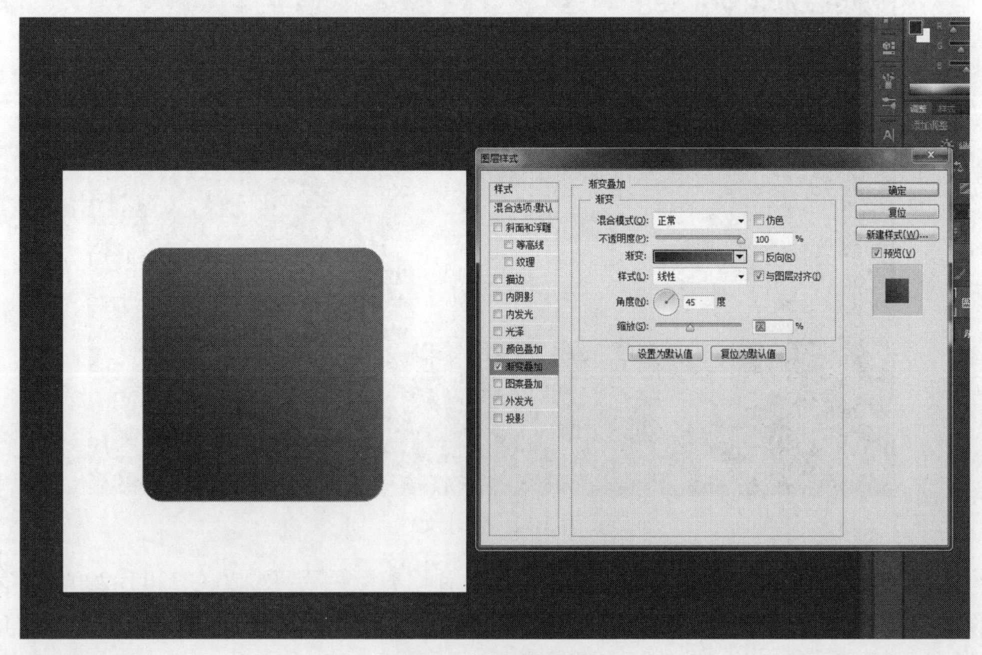

图 3-74 参数设置

（4）在工具栏中选择多边形工具，在公共栏中设置边数为 3，同时设置颜色为青蓝色（R:62,G:196,B:231），然后在画布中合适的位置绘制出一个三角形，如图 3-75 所示。

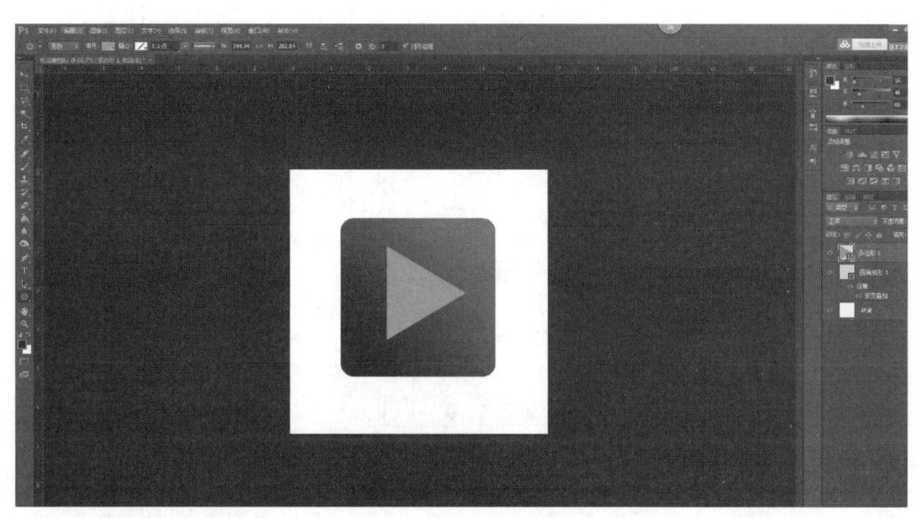

图 3-75　绘制三角形

（5）选择转换点工具（如图 3-76 所示），拉出平滑过渡的角，如图 3-77 所示。

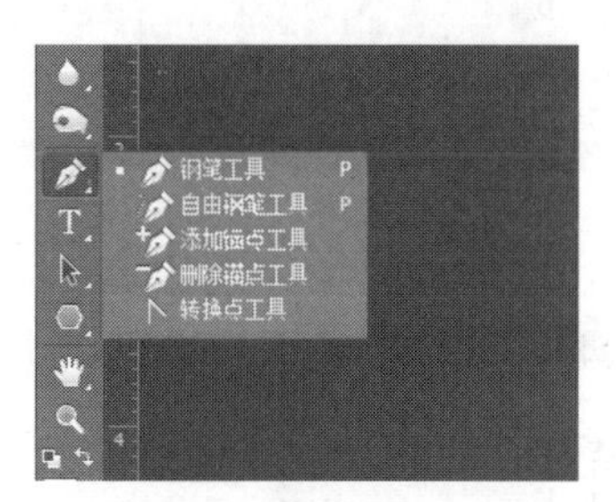

图 3-76　选择转换点工具

图 3-77　拉出平滑过渡的角

（6）双击图层打开“图层样式”对话框，为该多边形添加渐变效果，如图 3-78 所示。设置渐变色时共设置 5 段颜色，从左至右依次为：1 段颜色 R:2,G:146,B:180，2 段颜色 R:3,G:159,B:197，3 段颜色 R:6,G:179,B:221，4 段颜色 R:27,G:193,B:233，5 段颜色 R:39,G:206,B:248，如图 3-79 所示，渐变后的效果如图 3-80 所示。

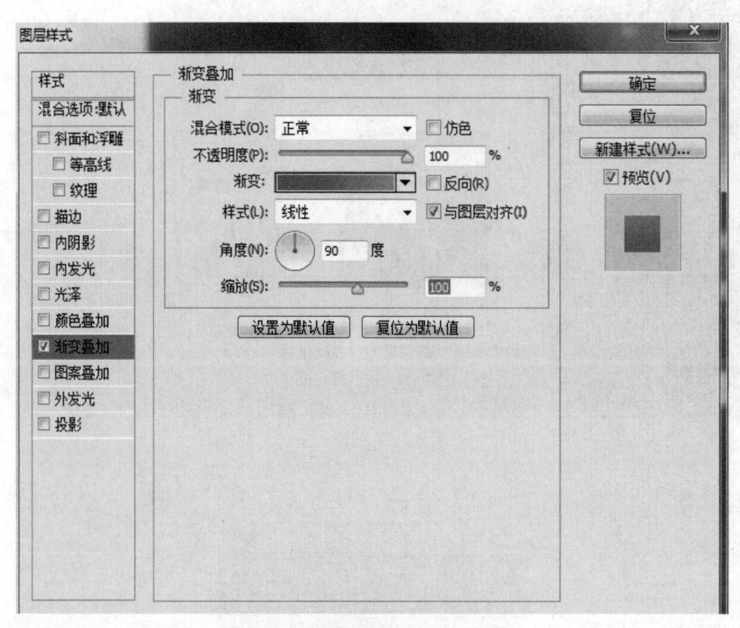

图 3-78 “图层样式”对话框

图 3-79 渐变参数设置

图 3-80 渐变后的效果

（7）选中这个图层，选择移动工具，按住 Ctrl 键的同时拖动该图层复制出一层，按 Ctrl+T 组合键进行自由变换，调整到合适大小，效果如图 3-81 所示。

图 3-81　复制图层并调整

（8）修改缩小后形状图层的渐变叠加效果，如图 3-82 所示。设置渐变色时共设置 5 段颜色，从左至右依次为：1 段颜色 R:197,G:97,B:0，2 段颜色 R:253,G:143,B:0，3 段颜色 R:238,G:127,B:0，4 段颜色 R:209,G:103,B:1，5 段颜色 R:244,G:138,B:0。

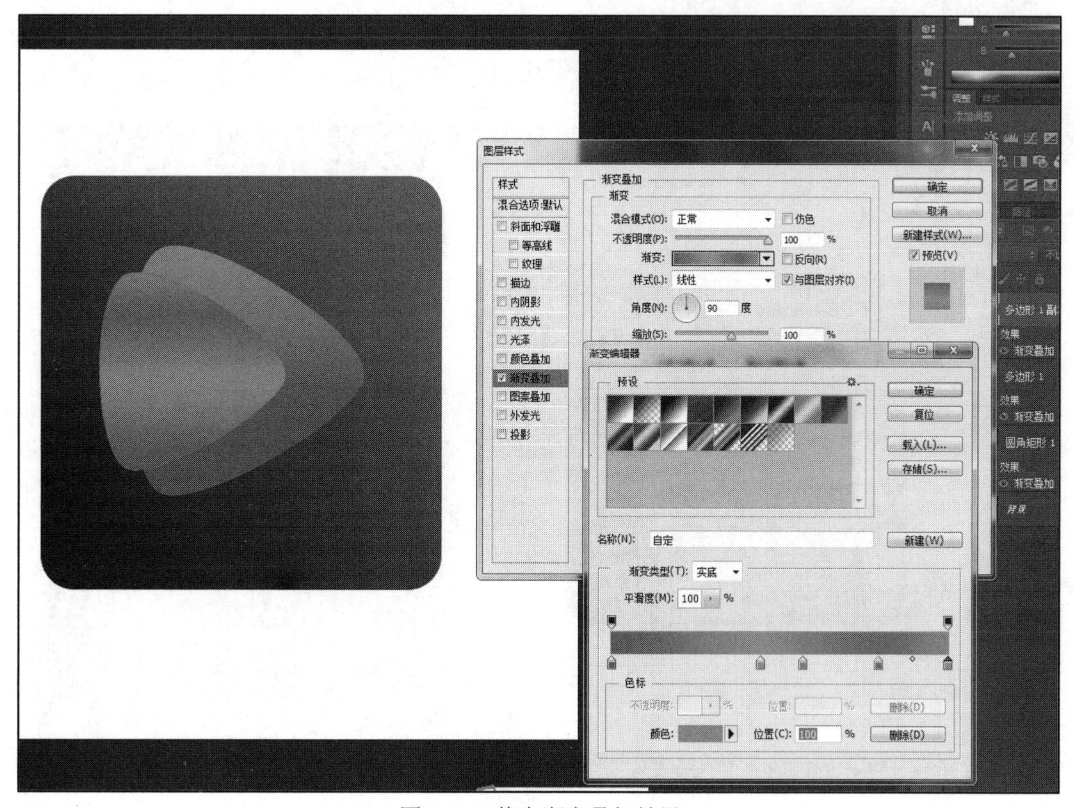

图 3-82　修变渐变叠加效果

（9）选中橙色形状的图层，按 Ctrl+J 组合键复制出一层，再按 Ctrl+T 组合键进行自由变换，调整到合适大小，效果如图 3-83 所示。

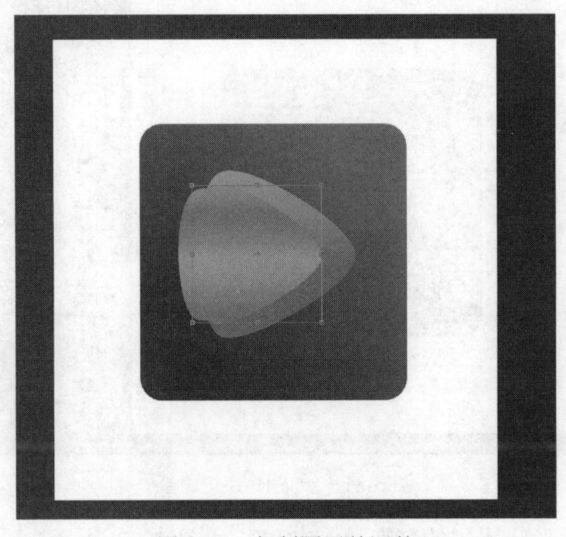

图 3-83　复制图层并调整

视频类图标制作
（第 10 步至第 13 步）

（10）修改缩小后形状图层的渐变叠加效果，如图 3-84 所示。设置渐变色时共设置 5 段颜色，从左至右依次为：1 段颜色 R:83,G:155,B:11，2 段颜色 R:157,G:209,B:10，3 段颜色 R:140,G:191,B:2，4 段颜色 R:151,G:205,B:7，5 段颜色 R:141,G:191,B:4。

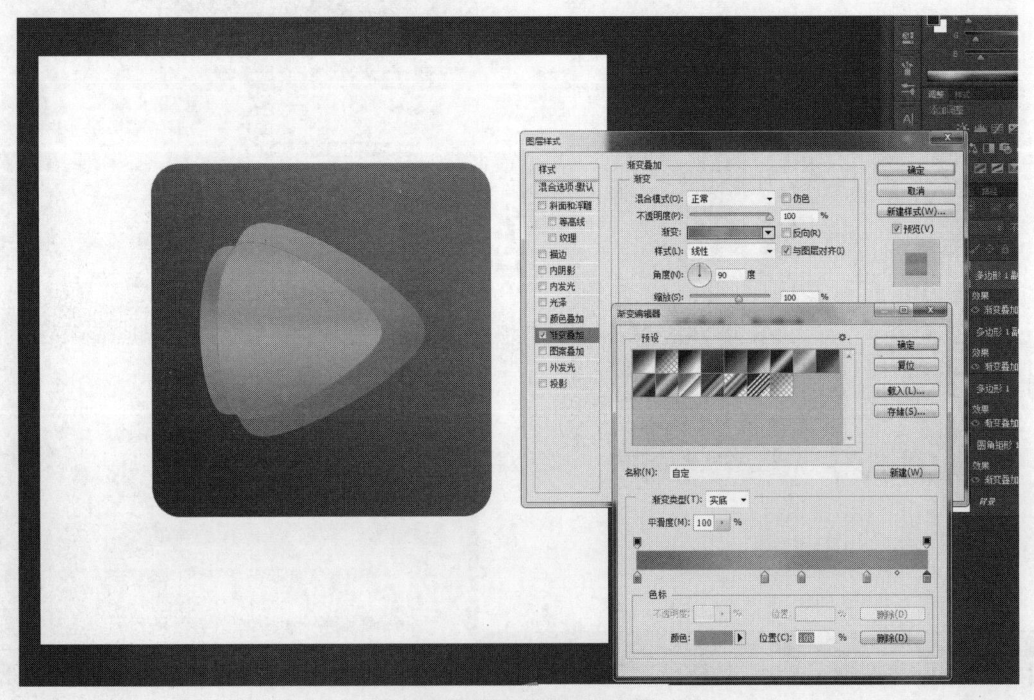

图 3-84　修改渐变叠加效果

（11）使用形状工具绘制最中心的三角形（如图 3-85 所示），然后使用钢笔→添加锚点工具（如图 3-86 所示）拉出平滑过渡的角，如图 3-87 所示。

图 3-85　绘制最中心的三角形

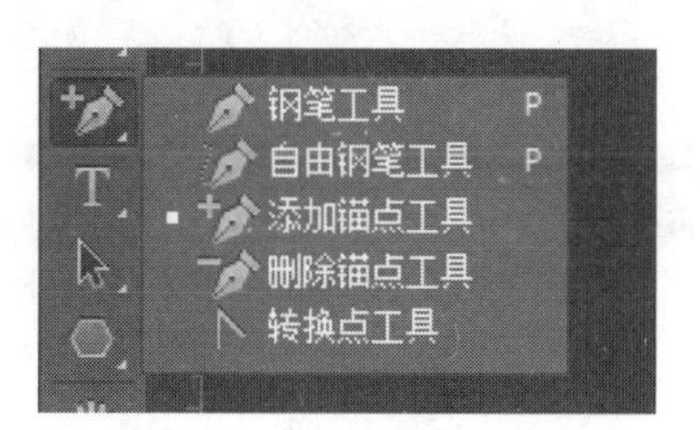

图 3-86　选择“添加锚点工具”

图 3-87　拉出平滑过滤的角

（12）修改中心三角形图层的渐变叠加效果，如图 3-88 所示。设置渐变色时共设置 4 段颜色，从左至右依次为：1 段颜色 R:231,G:232,B:227，2 段颜色 R:198,G:207,B:190，3 段颜色 R:232,G:236,B:221，4 段颜色 R:255,G:255,B:255。

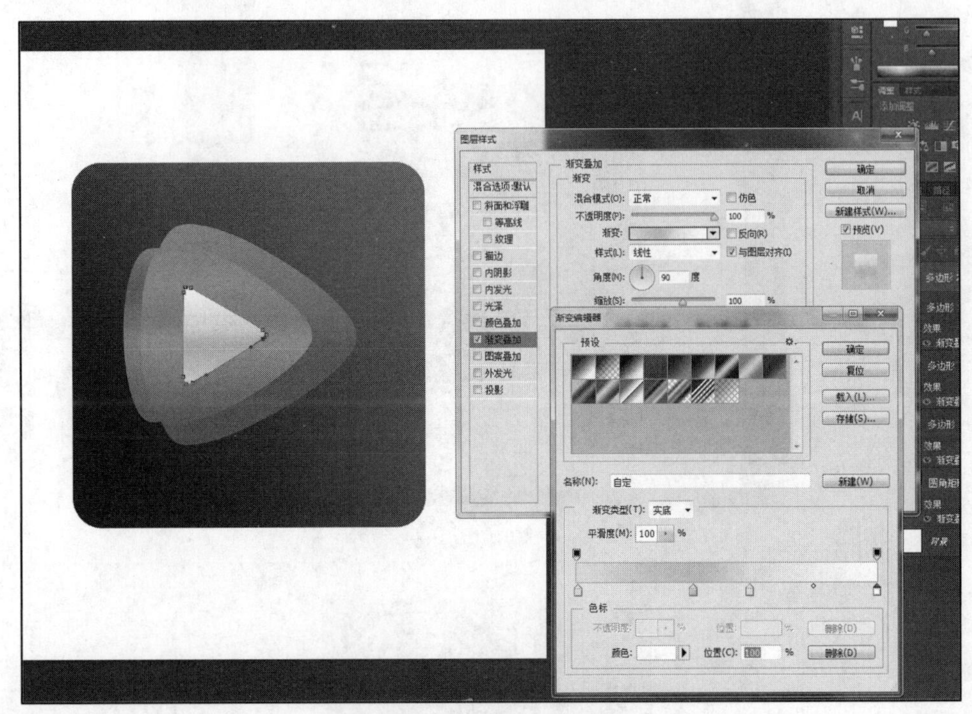

图 3-88　修改渐变叠加效果

（13）调整，最终效果如图 3-89 所示。

图 3-89　最终效果

项目回顾

同学 B：这次学习内容可真丰富呀，帮我解决了如何设计与制作图标的问题。

同学 A：图标设计涵盖了许多提炼性的内容，比如不同领域，对于图标的设计都有着不同的要求，它是开发一个 App 应用最初需要制作的一项内容，图标就像是人的大脑，是一个浓缩性的图像。好的图标能激发人们使用 App 应用的兴趣。

同学 B：嗯，你说的对，这次的课程学习便包含了几大领域的设计要素。

同学 A：那你还记得每个领域的设计要求吗？

同学 B：嗯，记得。比如社交类的图标大多以语音、视频聊天、在线、文字交流、人与人互动等元素进行设计，购物类的图标大多以表现功能的文字或图形为元素进行设计，银行类的图标大多以银行的 logo 加上其标准色进行设计，生活类的图标包含生活中的方方面面，所以设计元素最为丰富多变，视频类的图标多以播放器、电影带、胶卷带、摄像机、音乐符号等元素进行设计。总的来说，各大领域设计元素大多来源于各自领域的常见物品或者常用符号，具有很强的视觉识别度。

同学 A：是的，你说的对，在设计图标的时候，最重要的一点就是识别度的把控，其次是设计的美感。那你还记得制作图标经常使用的工具吗？

同学 B：嗯，制作图标时常用 Photoshop 中的选择、图层、形状、渐变、填充、图层样式、变换、钢笔工具等。

同学 A：这些是基本的常用工具，掌握了之后便能制作图标了。

同学 B：好的，学完了基本技能之后，我得马上去完成我的任务啦。

项目评价

本次项目学习与实践让我们了解了图标设计的理论知识，包括图标设计的基本概念、基本原则和设计尺寸，让我们对一款 App 设计的入门知识有了初步了解。在理论方面，学习了不同领域 App 图标设计的元素；在实践方面，了解了 Photoshop 如何制作出不同的图标，这对学习 UI 界面设计来说是很好的基础知识学习内容。

项目 4　欢迎界面设计

项目引导

同学 B：你知道怎么制作一个带有梦幻风格的欢迎界面吗？就是那种小清新，有点模糊感觉的那种样式。

同学 A：这个可以在 Photoshop 中做出来的，运用滤镜功能可以实现。

同学 B：那你能教我吗？

同学 A：可以的呀，只不过光会使用这个功能还不够，你还要知道如何设计界面，那个界面中包含哪些内容，你想要设计成什么样的效果等，只要把这些搞清楚了，再来使用 Photoshop 绘制，那就相当快啦。

同学 B：哦，那你的意思是，我需要先设计出欢迎界面，然后再使用 Photoshop 完成界面绘制，对吗？

同学 A：嗯，是的，先要知道如何设计界面，然后再学会使用软件实现设计效果。

同学 B：哦，原来是这样，那我还是好好学习下欢迎界面设计的全过程吧。

项目实施

任务 1　欢迎界面设计理论知识

1. 欢迎界面设计的概念

欢迎界面是 App 应用启动时的第一界面，在欢迎界面中会显示软件的代表性标志、版权信息、注册用户、版本号等。在等待应用启动的过程中，看到一个美丽的欢迎界面可以让使用者心情愉悦。一般情况下，在应用的欢迎界面设计上追求简洁、清晰、明了的视觉效果，可以通过将表现该应用的相关图像作为应用欢迎界面的主体来暗示软件的基本功能，如图 4-1 所示。

图 4-1　手机 App 欢迎界面

2. 欢迎界面设计的原则

欢迎界面是 App 应用与用户进行亲密接触的第一步，因此在设计欢迎界面时应该遵循一定的原则。

（1）以人为本的原则。

一款应用首先应该考虑使用者的利益，因为应用都是为使用者服务的，应用启动时给用户的印象很重要，用户是应用界面设计中最需要重视的一个环节。以人为本是应用的欢迎界面设计中最重要的一条原则，要做到以人为本就要从使用者的角度去考虑如何设计应用的欢迎界面，譬如使用者的视觉习惯、交互习惯等。

（2）简洁清晰的原则。

欢迎界面要求简洁、一目了然。欢迎界面的设计不能过于花哨，要使用户能够清晰地了解到界面中有哪些内容。欢迎界面中的内容可以少，这样可以减少用户的记忆负担，但也要注意在精简的同时能以少量的内容展示出重要的信息。

（3）美观大方的原则。

从美学的角度来看，整洁、简明的设计更能吸引人。在欢迎界面的设计中，通常会很想表现美丽的画面，进而导致元素叠加，影响重要信息的呈现，出现主次颠倒的情况。此外，界面设计的元素如果过多，在后期应用开发的过程中将会影响应用的启动速度。

（4）把握用户心理的原则。

这一原则与第一项原则是相互呼应的，以人为本是要从总体宏观的角度落实到用户身上，而把握用户心理则是从局部细节上来指导设计。其实用户在使用应用时是希望在整个过程中扮演主动的角色，在界面中能够有所选择，对界面的颜色、字体等要素能够进行个性化的设置，甚至于启动模式也能有所选择，所以在设计时要站在用户的角度多思考。

（5）启动时间短和运行迅速的原则。

这一原则与前面的几大原则相辅相成，在设计时需要在把握好前面几项原则的前提之下努力贴合这一原则，尽量缩短欢迎界面出现的时间。欢迎界面是独立于应用界面的一个窗口，这个窗口在应用运行时首先弹出屏幕，用于装饰应用本身或简单演示一个应用的优越性。

任务 2　淡雅风格欢迎界面设计

1．淡雅风格欢迎界面设计要点

淡雅风格的欢迎界面通常是为了满足软件专业化、标准化的需求而产生的。在淡雅风格的欢迎界面设计过程中，为了界面的精致、美观和个性化，常常会在界面中添加许多渐变、高光和阴影等效果，这些效果的添加使得应用的欢迎界面显得清新淡雅，如图 4-2 所示。

图 4-2　清新淡雅的欢迎界面

淡雅风格
欢迎界面制作

2．淡雅风格欢迎界面制作

制作要点：淡雅风格欢迎界面。

使用工具：Photoshop 中的渐变、投影、颜色叠加、图层叠加、描边等。

效果图：如图 4-3 所示。

图 4-3　淡雅风格欢迎界面效果

制作步骤：

（1）新建画布，尺寸以 iPhone6 的屏幕为标准：750 像素×1334 像素，分辨率为 300 像素/英寸，颜色模式为 RGB 颜色，背景内容为透明，如图 4-4 所示。

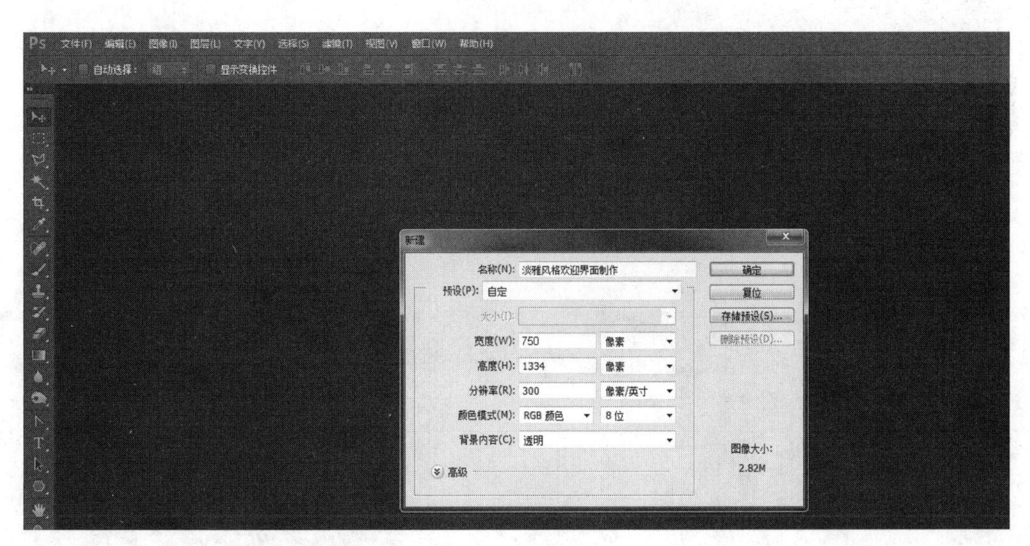

图 4-4　新建画布

（2）新建图层，命名为“屏幕背景”，打开图层样式，设置图层效果。单击“渐变叠加”，渐变颜色设置：深色 R:227,G:98,B:95，浅色 R:243,G:199,B:161，其他设置值如图 4-5 所示。单击“内阴影”，设置值如图 4-6 所示。设置完成后的效果如图 4-7 所示。

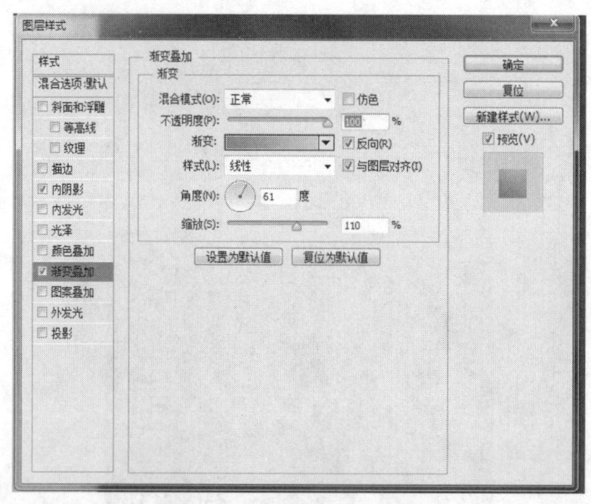

图 4-5　渐变叠加效果设置

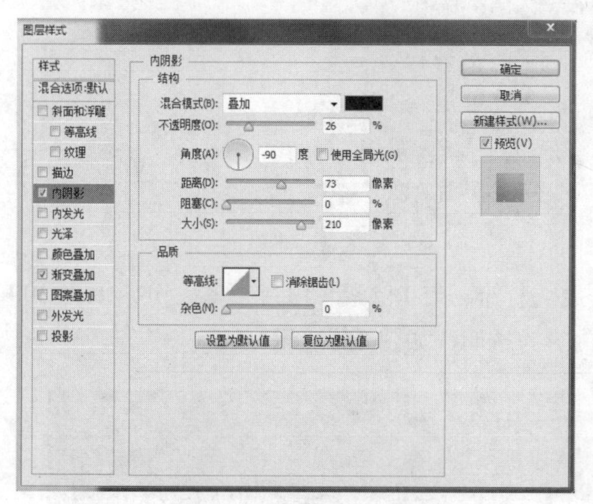

图 4-6　内阴影效果设置

图 4-7　效果图

（3）新建图层，命名为“状态栏”。选择矩形选框工具，设置选框样式为固定大小，宽度 750 像素，高度为 40 像素，然后创建状态栏的矩形选框，如图 4-8 所示。

图 4-8　创建矩形选框

（4）选择“编辑”→“填充工具”，填充矩形选框：R:66,G:66,B:66，用以确定状态栏的位置，填充完毕后按 Ctrl+D 组合键取消选框，如图 4-9 所示。

图 4-9　填充矩形选框

（5）拖入状态栏的元素，根据屏幕状态栏的位置和尺寸调整好状态栏元素大小，如图 4-10 所示。

图 4-10　拖入并调整状态栏元素

（6）拖入 Logo 图形并调整其在屏幕中的位置（如图 4-11 所示），然后打开该图层样式，设置图层效果，共添加 3 个效果：描边（如图 4-12 所示）、渐变叠加（如图 4-13 所示）、投影（如图 4-14 所示）。渐变叠加值设置：深色 R:50,G:60,B:70；浅色 R:255,G:255,B:255。为了图像的美观，设置该图层透明度为 50。设置完成后的效果如图 4-15 所示。

图 4-11　拖入 Logo 图形并调整位置

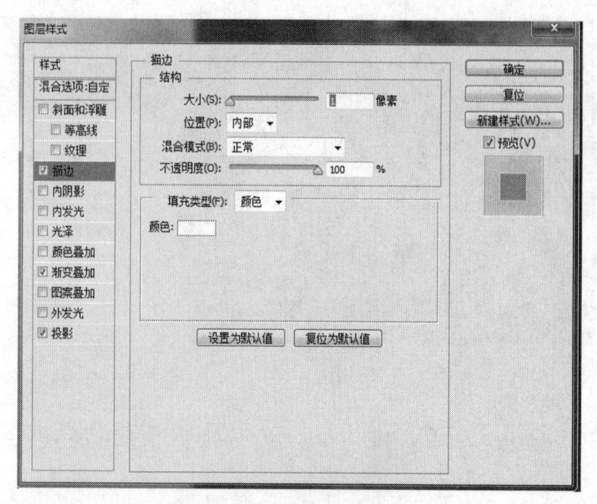

图 4-12　描边效果设置

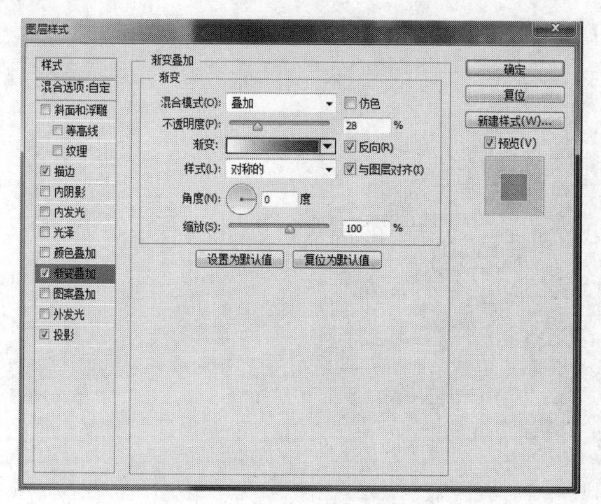

图 4-13　渐变叠加效果设置

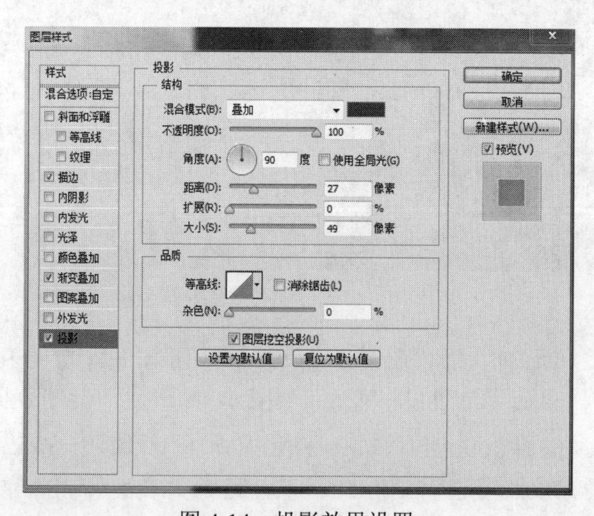

图 4-14　投影效果设置

图 4-15　效果图

（7）拖入 Logo 文字元素，按照上面的步骤设置该图层样式，共添加 3 个效果：描边（如图 4-16 所示）、渐变叠加（如图 4-17 所示）、投影（如图 4-18 所示），最终效果如图 4-19 所示。

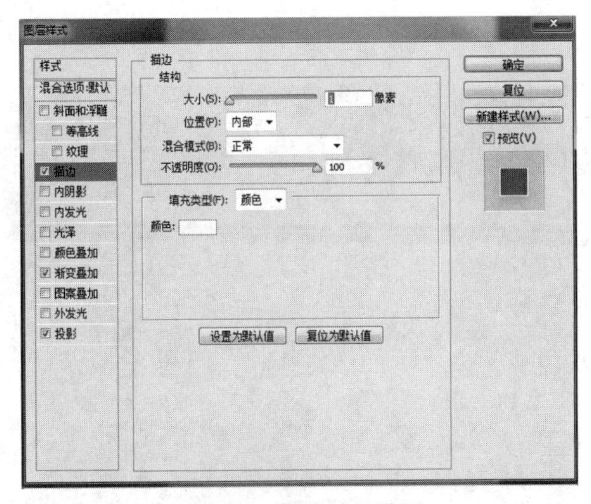

图 4-16　描边效果设置

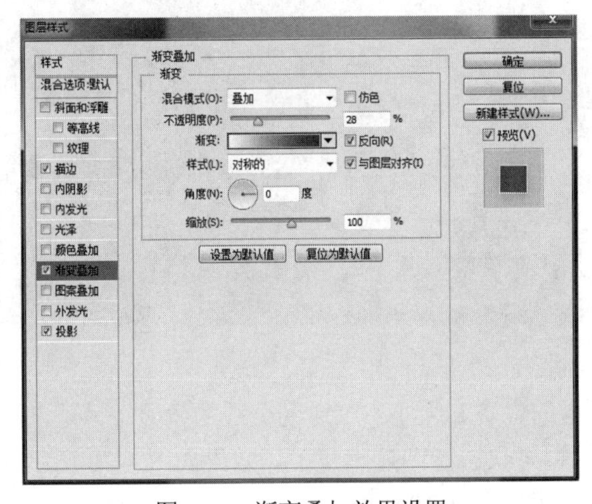

图 4-17　渐变叠加效果设置

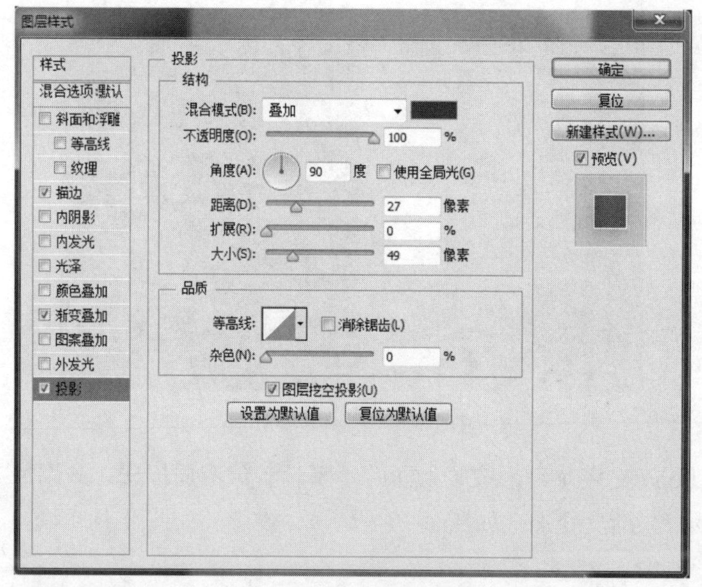

图 4-18　投影效果设置

图 4-19　效果图

（8）调整所有图层的位置和大小，以达到美观的效果。另外，为了使整个画面看起来协调一致，更加淡雅，特将状态栏图层隐藏了，效果如图 4-20 所示。

（9）调整，最终效果如图 4-21 所示。

图 4-20　调整所有图层的位置和大小

图 4-21　最终效果

任务 3　简约风格欢迎界面设计

1. 简约风格欢迎界面设计要点

简约风格的欢迎界面设计看似简单，但其蕴含的意义却非常丰富，每一个图形只能代表一个含义，在界面中所出现的每一个图形或者文字都是有着特定的意义的。在进行设计的时候，通常可以使用基本线条和形状、纯色、公共元素等创造出清爽干净、一目了然、实用的效果，如图 4-22 所示。

图 4-22 简约风格的欢迎界面

简约风格欢迎界面制作

2. 简约风格欢迎界面制作

制作要点：简约风格欢迎界面。
使用工具：Photoshop 中的透明度、颜色叠加、图层叠加、模糊等。
效果图：如图 4-23 所示。

图 4-23 简约风格欢迎界面效果

制作步骤：

（1）新建画布，如图 4-24 所示。

新建

名称(N)：简约风格欢迎界面制作

预设(P)：自定

大小(I)：

宽度(W)：750 像素

高度(H)：1334 像素

分辨率(R)：300 像素/英寸

颜色模式(M)：RGB 颜色 8 位

背景内容(C)：透明

高级

确定

复位

存储预设(S)...

删除预设(D)...

图像大小：

2.86M

图 4-24 新建画布

（2）拖入屏幕背景元素，如图 4-25 所示。

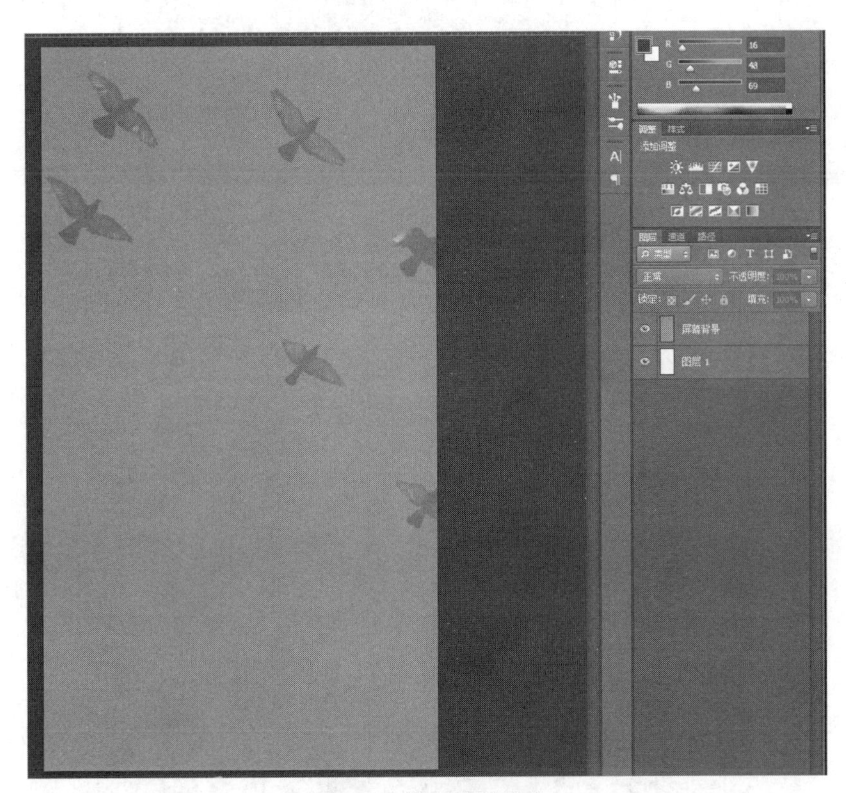

图 4-25 拖入背景元素

（3）拖入 Logo 图形元素，打开图层样式，设置效果。添加渐变叠加（如图 4-26 所示）和投影（如图 4-27 所示）两种效果，渐变颜色设置：深色 R:86,G:96,B:145，浅色 R:255,G:255,B:255。设置完成后的效果如图 4-28 所示。

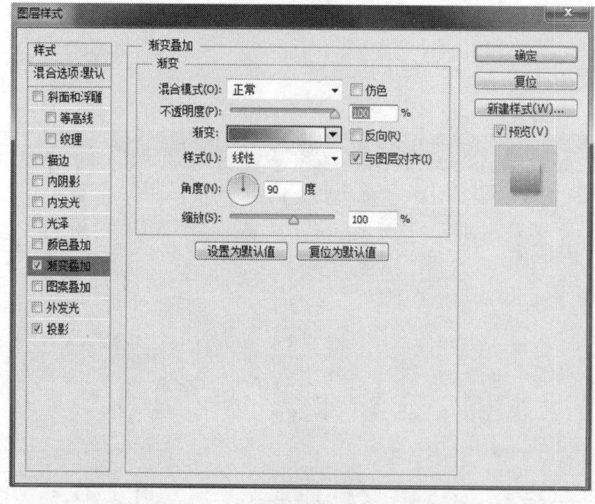

图 4-26 渐变叠加效果设置

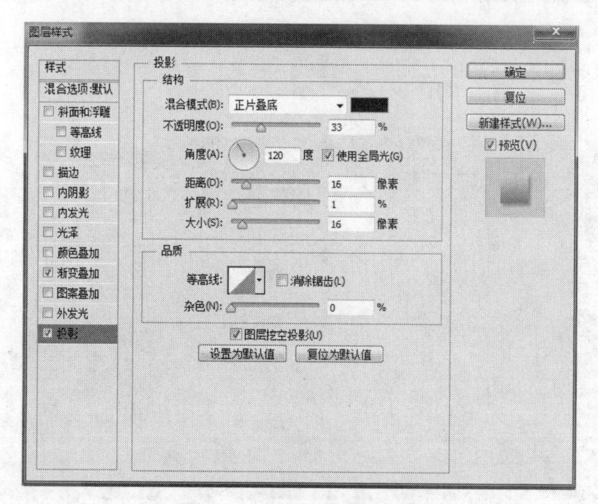

图 4-27 投影效果设置

图 4-28 效果图

（4）新建一个图层，输入文字“Welcome！”，字体为 Tahoma，大小为 14；再新建一个图层，输入文字“Start managing your tasks quickly and efficently”，字体为 Tahoma，大小为 6；调整文字的位置，效果如图 4-29 所示。

图 4-29　输入文字并设置效果

（5）新建图层，命名为“按钮 1”，选择矩形选框工具，设置固定大小，宽度为 375 像素，高度为 120 像素，创建矩形选框，如图 4-30 所示；单击“编辑”→“填充矩形选框”，颜色为 R:54,G:189,B:239，填充完毕后按 Ctrl+D 组合键取消选框，效果如图 4-31 所示。

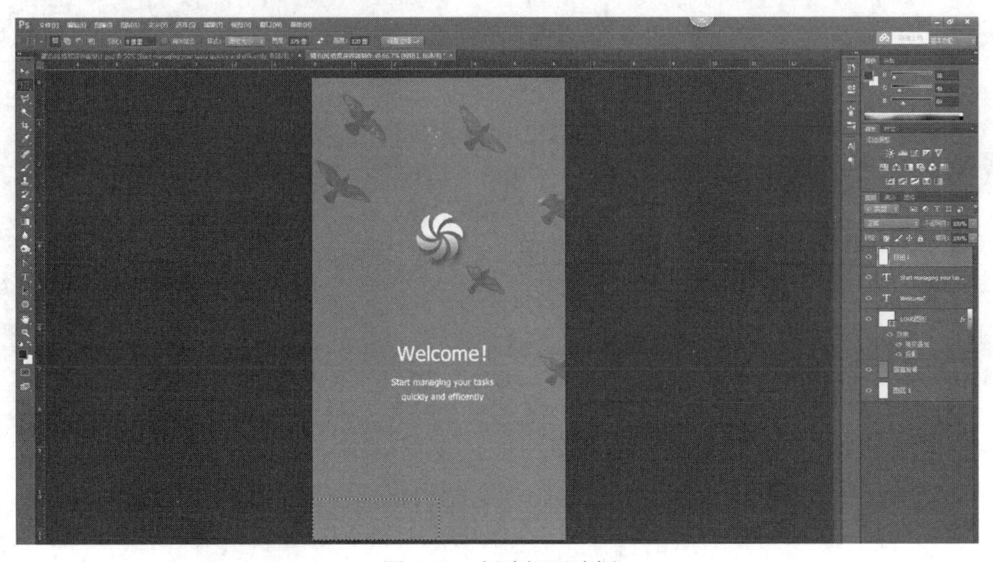

图 4-30　创建矩形选框

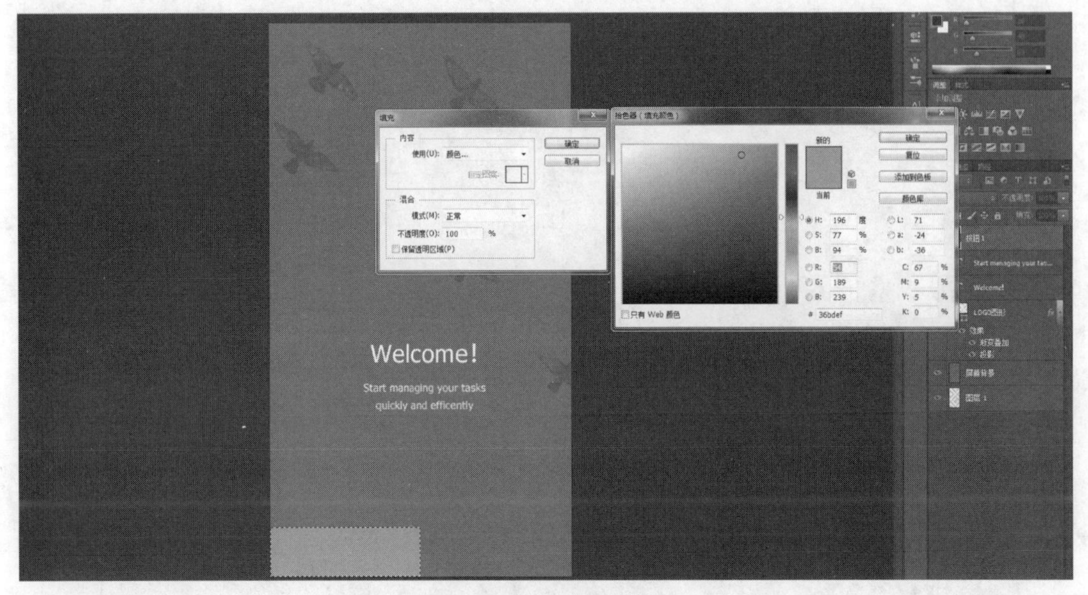

图 4-31　填充矩形选框

（6）参照上一步骤完成按钮 2 的绘制，其中按钮颜色值设置：R:222,G:143,B:229，效果如图 4-32 所示。

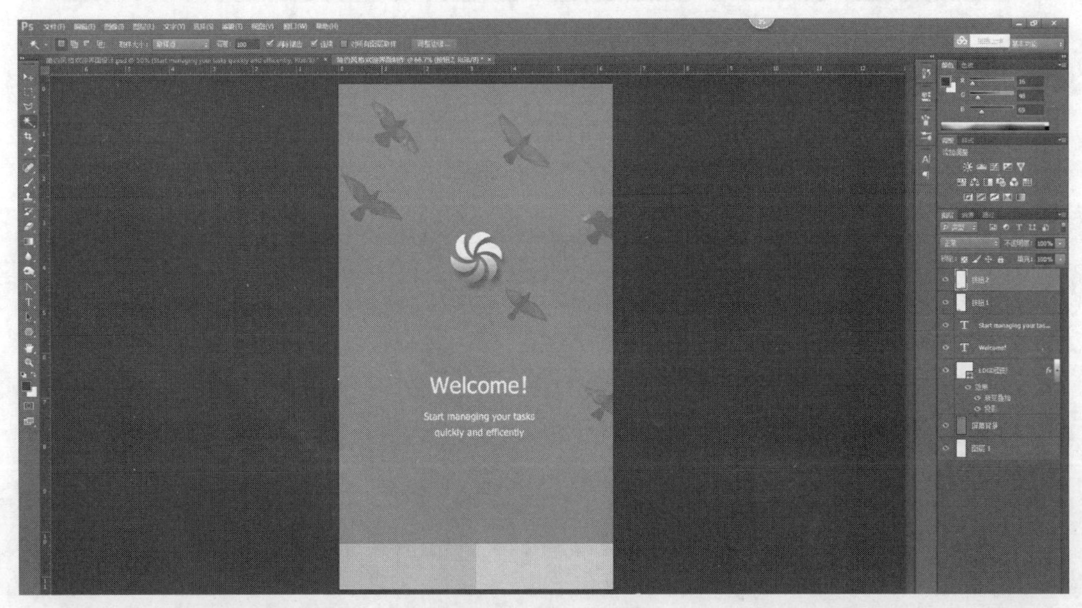

图 4-32　按钮 2 效果

（7）新建一个图层，输入文字“SIGN IN”，字体为 Tahoma，大小为 8，然后为这个图层添加一个投影效果，如图 4-33 所示，最后将文字挪到按钮 1 图层的中央。

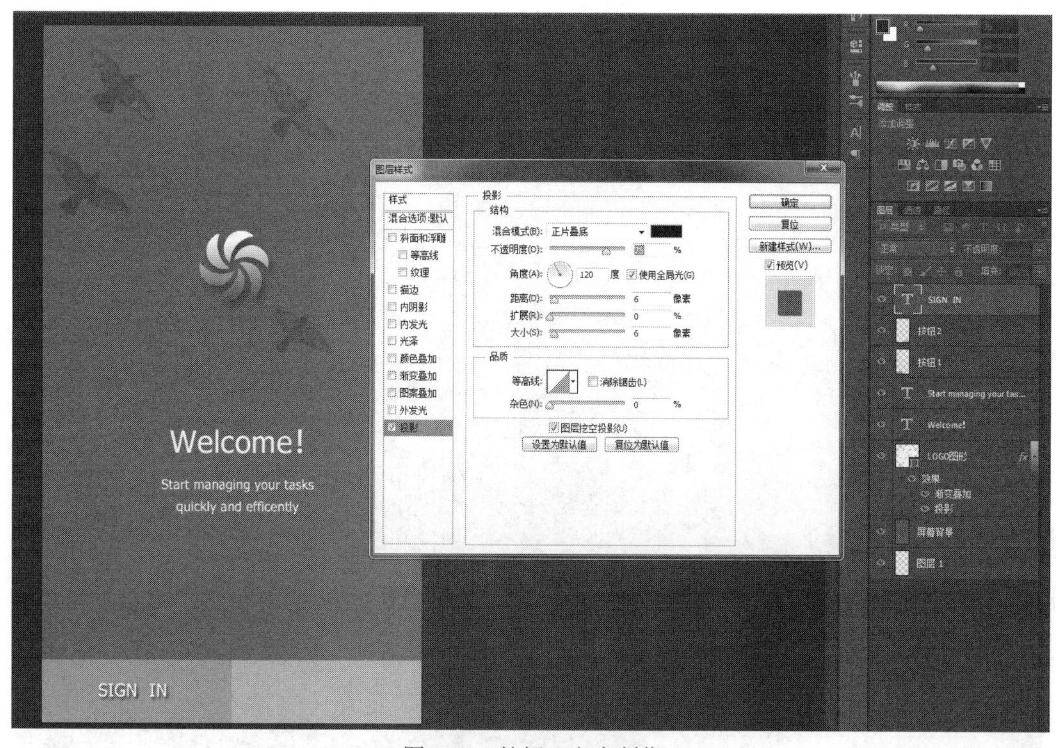

图 4-33　按钮 1 文字制作

（8）参照上一步骤完成文字“SIGN UP”的制作，如图 4-34 所示。

图 4-34　按钮 2 文字制作

（9）在屏幕上方添加状态栏元素，完成整个欢迎界面的制作，如图 4-35 所示。

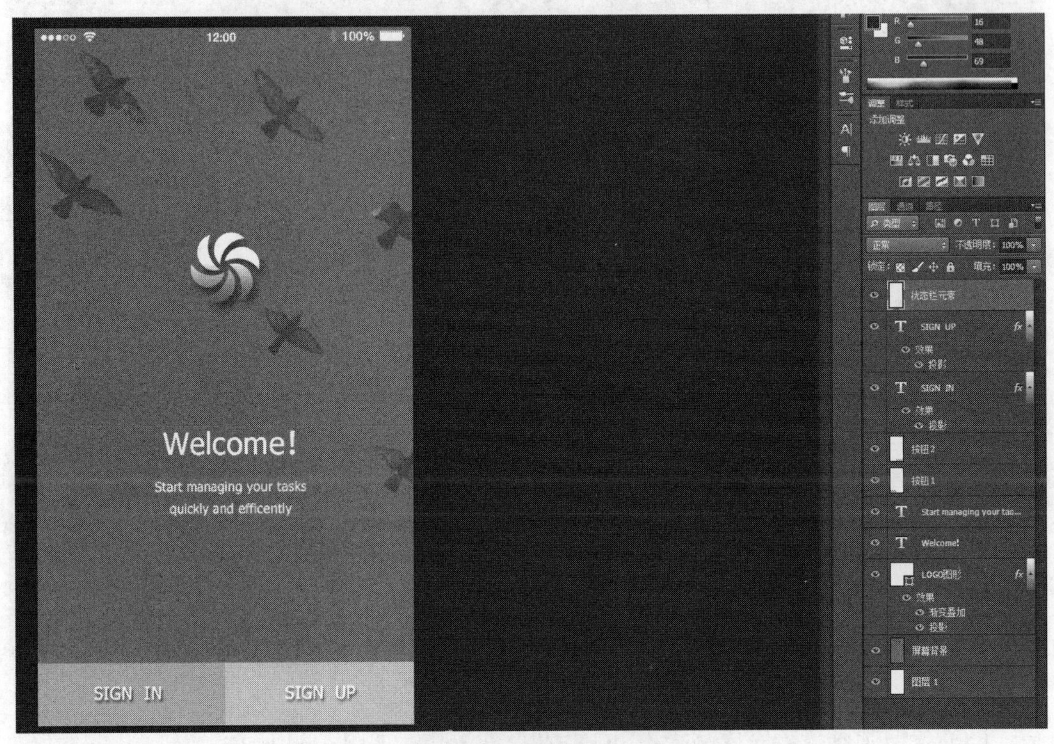

图 4-35　添加状态栏元素

（10）调整，整个界面制作完成，最终效果如图 4-36 所示。

图 4-36　最终效果

任务 4　扁平风格欢迎界面设计

1. 扁平风格欢迎界面设计要点

扁平风格的界面美观、简洁，而且降低功耗，延长了待机时间，提高了运算速度。当前扁平风格的界面设计特别流行，之所以如此流行，是因为其设计风格简约而不简单，搭配的色彩、网格等让人有耳目一新之感。突出界面主题，减弱各种渐变、阴影、高光等效果对用户视线的干扰，信息传达更为简单直观，能够缓解审美疲劳，如图 4-37 所示。当然，扁平化的设计有时候也会有一些缺点，比如使用不当会造成线条色彩单一，传达不了丰富的感情，显得冷淡。扁平风格界面设计对设计师的提炼水平提出了很高的要求。

图 4-37　扁平风格的欢迎界面

2. 扁平风格欢迎界面制作

扁平风格
欢迎界面制作

制作要点：扁平风格欢迎界面。
使用工具：Photoshop 中的透明度、渐变、艺术字等。
效果图：如图 4-38 所示。

12:00
100%
MOVIE
QQ电影票
开启你的电影生活

图 4-38　扁平风格欢迎界面效果

制作步骤：

（1）新建画布，如图 4-39 所示。

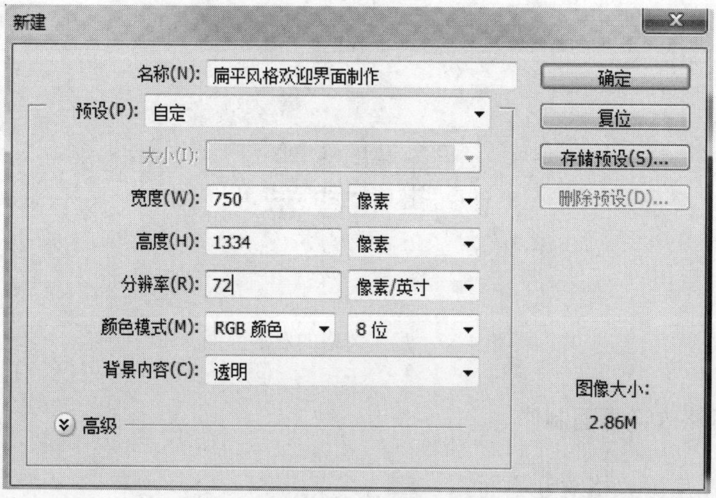

新建
名称(N): 扁平风格欢迎界面制作
预设(P): 自定
大小(I):
宽度(W): 750 像素
高度(H): 1334 像素
分辨率(R): 72 像素/英寸
颜色模式(M): RGB 颜色 8 位
背景内容(C): 透明
高级
确定
复位
存储预设(S)...
删除预设(D)...
图像大小:
2.86M

图 4-39　新建画布

（2）新建图层，命名为“屏幕背景”，选择魔棒选择工具，选中这个图层，如图 4-40 所示。

图 4-40　用魔棒工具选中图层

（3）选择渐变工具，设置渐变颜色，共设置 6 段颜色，从左至右分别为：1 段 R:29,G:29.B:29，2 段 R:21,G:21,B:21，3 段 R:25,G:25,B:25，4 段 R:18,G:18,B:18，5 段 R:25,G:25,B:25，6 段 R:18,G:18,B:18，如图 4-41 和图 4-42 所示。

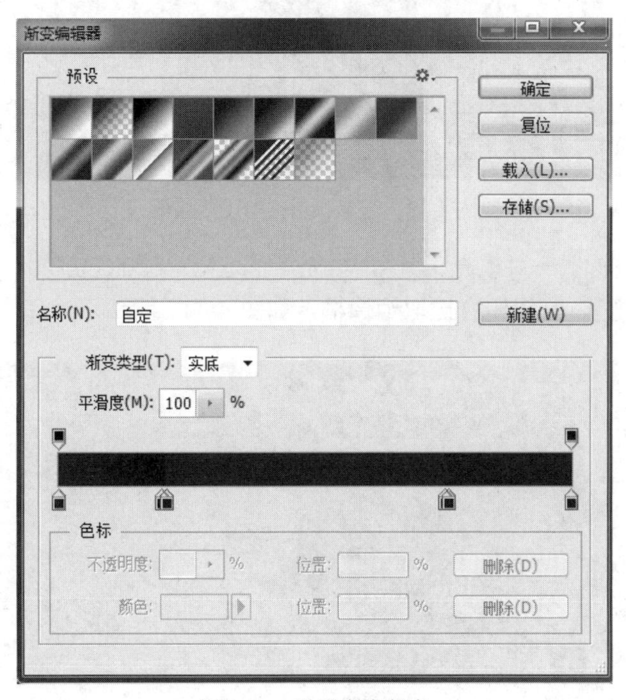

图 4-41　设置渐变颜色

图 4-42 渐变效果

（4）新建图层，命名为“状态栏”，选择矩形选框工具，设置选框样式为固定大小，宽度 750 像素，高度为 40 像素，然后创建状态栏的矩形选框，如图 4-43 所示。

图 4-43 创建状态栏的矩形选框

（5）选择“编辑”→“填充工具”，填充矩形选框：R:0,G:0,B:0，用以确定状态栏的位置，填充完毕后按 Ctrl+D 组合键取消选框，如图 4-44 所示。

图 4-44 填充选框

（6）拖入状态栏的元素，根据屏幕上状态栏的位置和尺寸调整好状态栏元素的大小，如图 4-45 所示。

图 4-45 拖入并调整状态栏元素

（7）拖入 Logo，将其位置摆放在整个屏幕的中央，如图 4-46 所示。

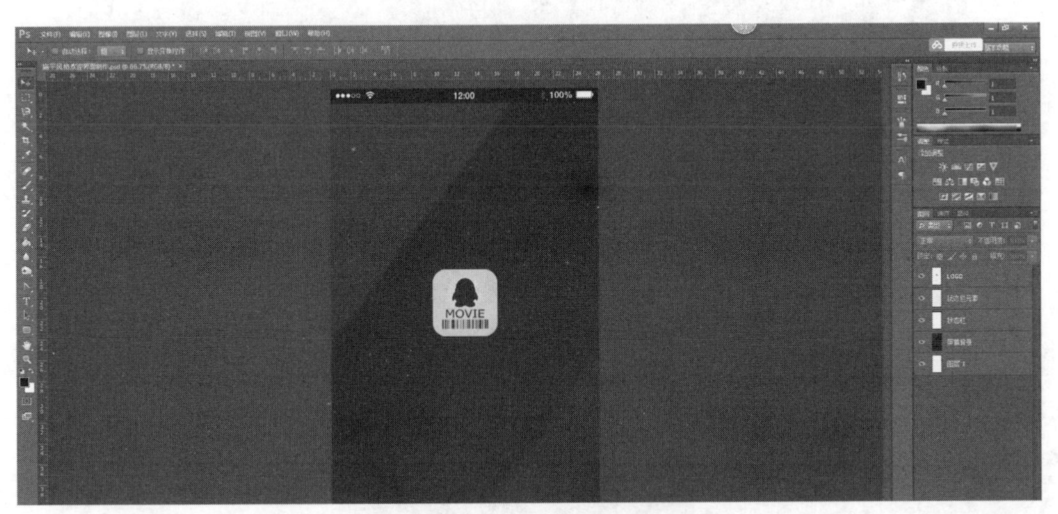

图 4-46 拖入 Logo 并调整好位置

（8）新建一个图层，开始编辑文字。输入文字“QQ 电影票”，“QQ”字体为 Tahoma，大小调整合适，“电影票”字体为微软雅黑，大小调整合适。然后分别调整字体颜色，“QQ”设置颜色为白色，“电影票”设置为和 Logo 一样的黄色。效果如图 4-47 所示。

（9）添加文字“开启你的电影生活”，字体为特殊字体，请下载字体包，然后安装在计算机上，再设置该文字的字体和大小，如图 4-48 所示。

（10）为了使内容保持在屏幕的正中央，可以单击需要对齐的几个图层，然后单击“对齐”按钮将几个图形进行对齐，调整完位置后这个界面就完成了。最终效果如图 4-49 所示。

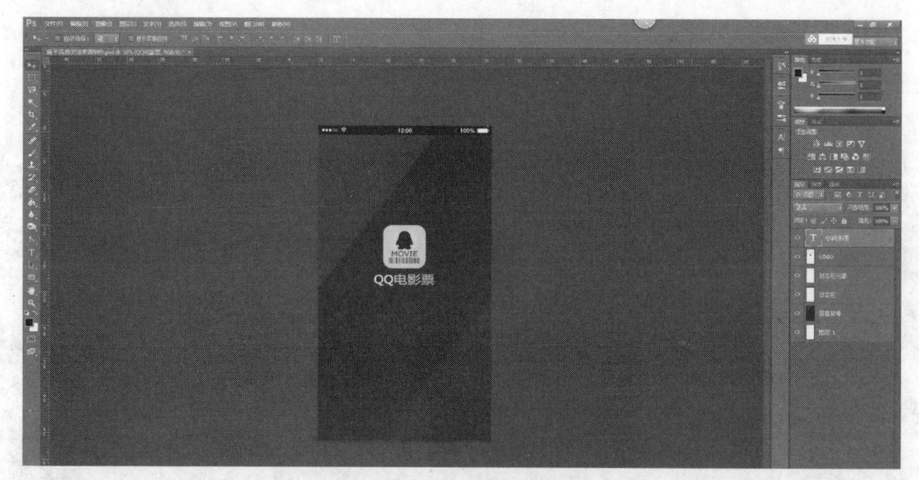

图 4-47　编辑文字效果

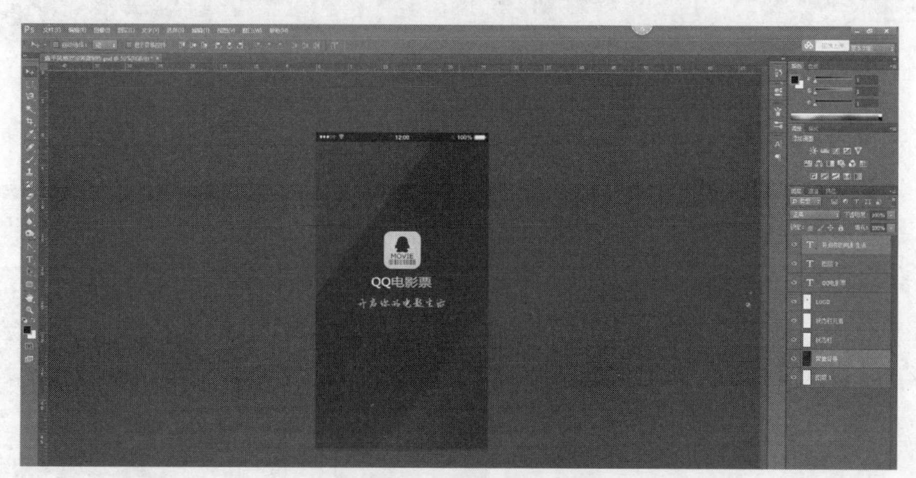

图 4-48　设置文字效果

图 4-49　最终效果

任务 5　写实风格欢迎界面设计

1. 写实风格欢迎界面设计要点

写实风格的欢迎界面设计并不意味着按照原始物体进行设计，而是指描绘出重点元素，加上一些写实的细节，如色彩、3D 效果、阴影等效果。有时候写实的效果可以通过近似、拟物的方法来实现，比如我们看到眼睛模样的图标并不是代表眼睛，而是代表着查看“视图”，还有常见的齿轮模样的图标不是代表齿轮这一零件，而是“设置”的意思。随着苹果产品扁平化风格的流行，写实设计的要求越来越高，如何通过简洁的设计表现实际物体，又能完全被识别，是设计师需要挑战的内容。在写实风格的欢迎界面设计中，通常会使用拟物、真实的元素，让人一眼看出所要表达的内容，如图 4-50 所示。

图 4-50　写实风格的欢迎界面

2. 写实风格欢迎界面制作

写实风格
欢迎界面制作

制作要点：写实风格欢迎界面。

使用工具：Photoshop 中的图层、形状、字体等。

效果图：如图 4-51 所示。

图 4-51　写实风格欢迎界面效果

制作步骤：

（1）新建画布，如图 4-52 所示。

新建
名称(N): 写实风格欢迎界面制作
预设(P): 自定
大小(I):
宽度(W): 750 像素
高度(H): 1334 像素
分辨率(R): 72 像素/英寸
颜色模式(M): RGB 颜色 8 位
背景内容(C): 透明
高级
确定
复位
存储预设(S)...
删除预设(D)...
图像大小:
2.86M

图 4-52　新建画布

（2）新建图层，拖入屏幕背景元素，调整好大小和位置，如图 4-53 所示。

图 4-53 背景元素设置

（3）新建图层，命名为“状态栏”，选择矩形选框工具，设置选框样式为固定大小，宽度 750 像素，高度为 40 像素，然后创建状态栏的矩形选框；选择“编辑”→“填充工具”，填充矩形选框：R:195,G:195,B:195，填充完毕后按 Ctrl+D 组合键取消选框，如图 4-54 所示。

图 4-54 创建状态栏

（4）拖入状态栏的元素，根据屏幕上状态栏的位置和尺寸调整好状态栏元素大小，设置该图层样式，添加颜色叠加：R:0,G:0,B:0，如图 4-55 所示。

图 4-55　状态栏元素设置

（5）拖入 Logo，调整位置到屏幕的中间，然后新建一个图层，输入文字“ELAGANCE”，字体为 Bodoni Bd BT，大小为 60；再新建一个图层，创建文本“Modern products，new trends in short，telling you all the way in this store.”字体为 Arial，大小为 26；选择这 3 个图层，单击“对齐”按钮将 3 个图层在屏幕中对齐居中，如图 4-56 所示。

图 4-56　Logo 及文字设置

（6）新建图层，选择圆角矩形工具，在画布中绘制按钮，大小：宽 240 像素、高 60 像素、半径 20 像素，颜色填充为 R:229,G:203,B:164，再设置该按钮图层的透明度为 90，如图 4-57 所示。

图 4-57　绘制按钮

（7）新建图层，创建文本“Sign Up”，字体为 Tahoma，大小为 8；同理创建文本“Sign In”，将颜色设置为白色，调整好两个文本的位置，效果如图 4-58 所示。

图 4-58　创建按钮文字

（8）选中需要对齐的图层，单击“对齐”按钮，将图层调整到合适的位置，最终效果如图 4-59 所示。

图 4-59　最终效果

任务 6　iOS 风格欢迎界面设计

1. iOS 风格欢迎界面设计要点

iOS 风格的欢迎界面没有过分华丽的外表，只给用户展示最为清晰、直观的界面，在设计过程中需要注意界面图形的叠加及颜色的深浅搭配。这里说到的 iOS 风格区别于扁平化风格，是指老版本的苹果系统。常见的 iOS 风格 UI 界面设计如图 4-60 所示。

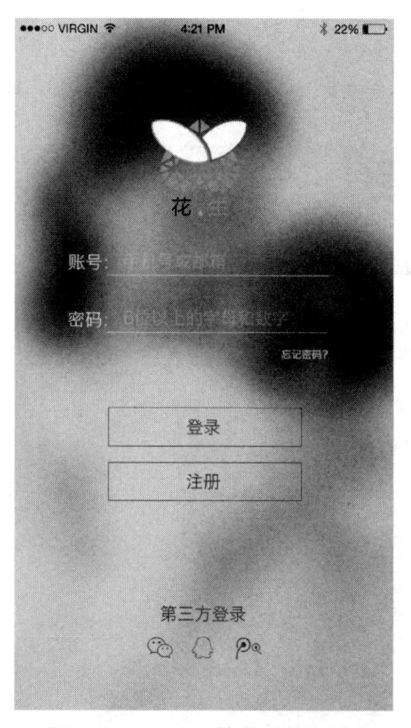

图 4-60　iOS 风格的欢迎界面

2. iOS 风格欢迎界面制作

iOS 风格
欢迎界面制作

制作要点：iOS 风格欢迎界面。

使用工具：Photoshop 中的图层、滤镜、模糊、形状、字体等。

效果图：如图 4-61 所示。

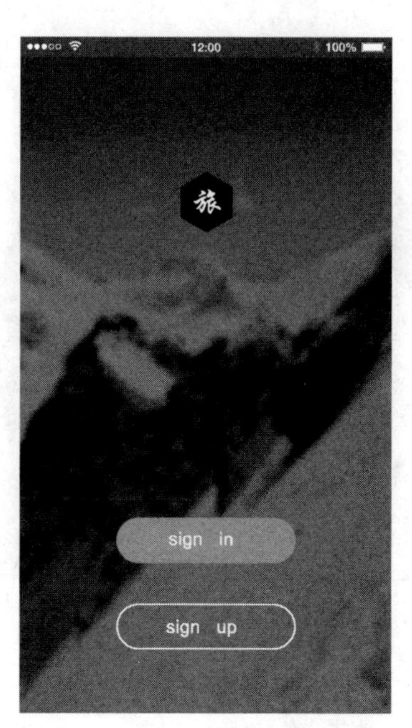

图 4-61　iOS 风格欢迎界面效果

制作步骤：

（1）新建画布，如图 4-62 所示。

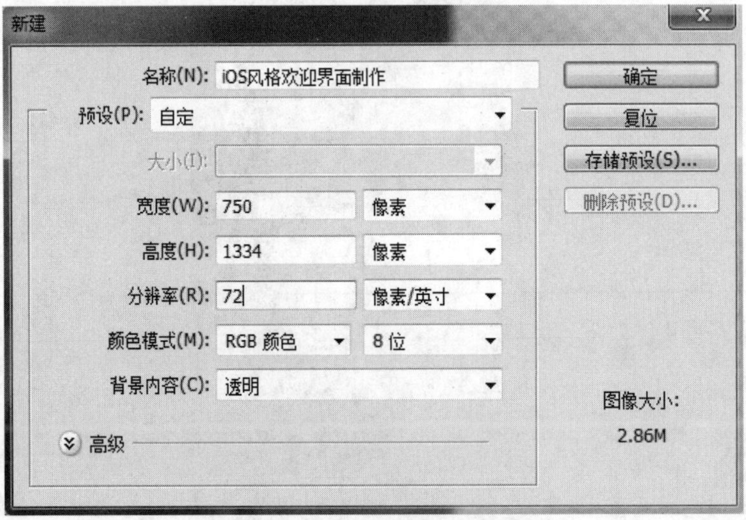

图 4-62　新建画布

（2）拖入屏幕背景图片，调整好大小，如图 4-63 所示。

图 4-63　拖入并调整背景图片

（3）单击“滤镜”→“模糊”，选择高斯模糊工具，对屏幕背景进行模糊处理，设置半径为 5，效果如图 4-64 所示。

图 4-64　屏幕背景效果

（4）新建图层，选择矩形工具，填充颜色设置为黑色，在画布中绘制一个跟屏幕背景一样大小的矩形，然后将不透明度设置为 60，如图 4-65 所示。

图 4-65　绘制矩形

（5）新建一个图层，命名为“状态栏”，选择矩形选框工具，设置选框样式为固定大小，宽度为 750 像素，高度为 40 像素，然后创建状态栏的矩形选框；选择“编辑”→“填充工具”，填充矩形选框：R:75,G:73,B:73，设置不透明度为 50，填充完毕后按 Ctrl+D 组合键取消选框，如图 4-66 所示。

图 4-66　填充状态栏

（6）拖入状态栏的元素，根据屏幕上状态栏的位置和尺寸调整好状态栏元素的大小，如图 4-67 所示。

图 4-67　状态栏元素调整

（7）新建一个图层，命名为 Logo，然后选择多边形工具，设置边为 6，在画布中绘制一个六边形，如图 4-68 所示。再新建一个图层，输入文本“旅”，字体为华文行楷，大小为 60，调整其位置放入六边形的正中，如图 4-69 所示。

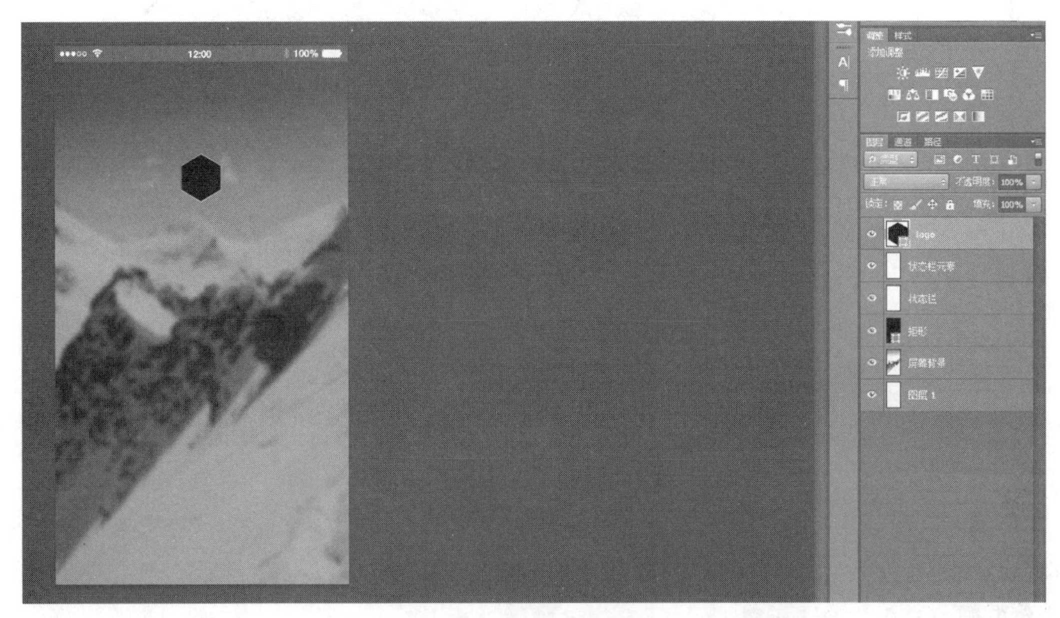

图 4-68　绘制六边形

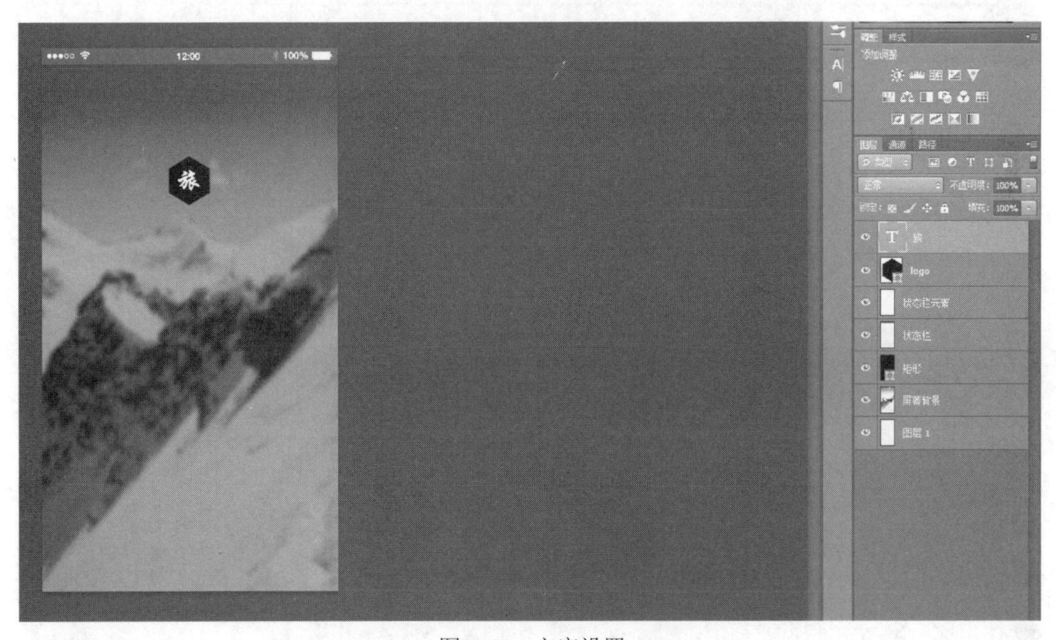

图 4-69　文字设置

（8）新建一个图层，命名为“按钮 1”，然后选择圆角矩形工具，设置填充颜色为 R:64,G:192,B:100，固定大小为宽 360 像素、高 90 像素，半径为 50 像素，在画布中绘制圆角矩形按钮，如图 4-70 所示。

图 4-70　绘制图角矩形按钮

（9）新建一个图层，命名为“按钮 2”，然后选择圆角矩形工具，设置描边颜色为白色，描边数值为 3，设置固定大小为宽 360 像素、高 90 像素，半径为 50 像素，在画布中绘制圆角矩形，如图 4-71 所示。

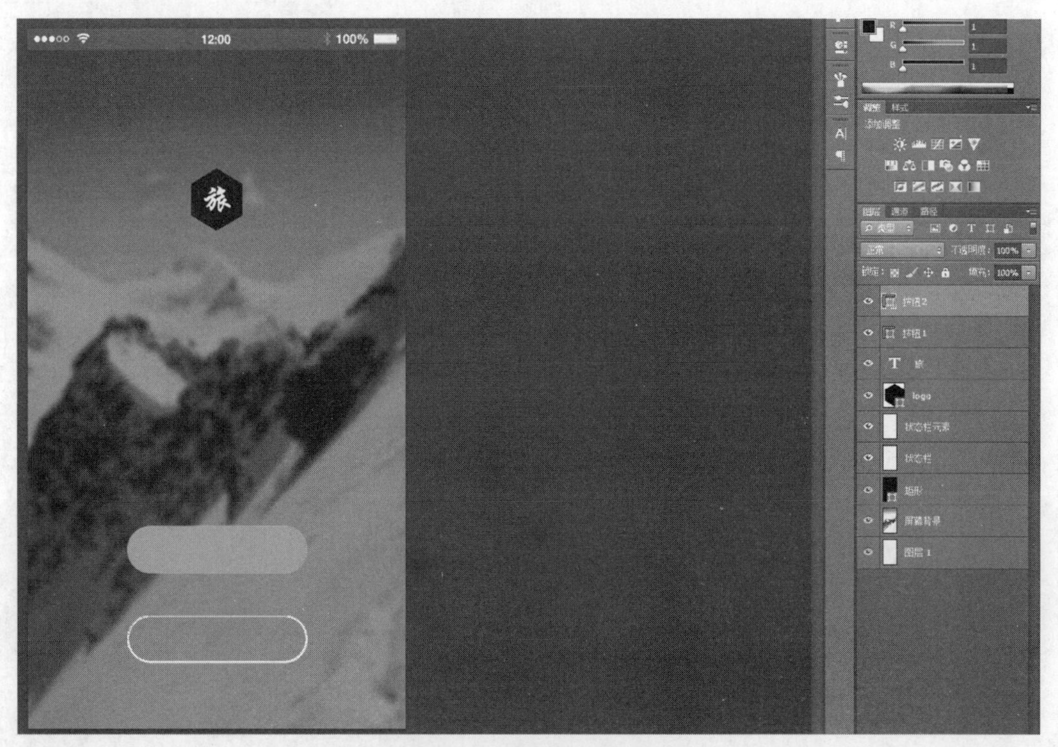

图 4-71　绘制圆角矩形按钮

（10）选择文本工具，新建两个图层，在按钮 1 形状上方输入“sign in”，在按钮 2 形状上方输入“sign up”，字体为 Arial，大小为 36，调整好文本的位置，效果如图 4-72 所示。

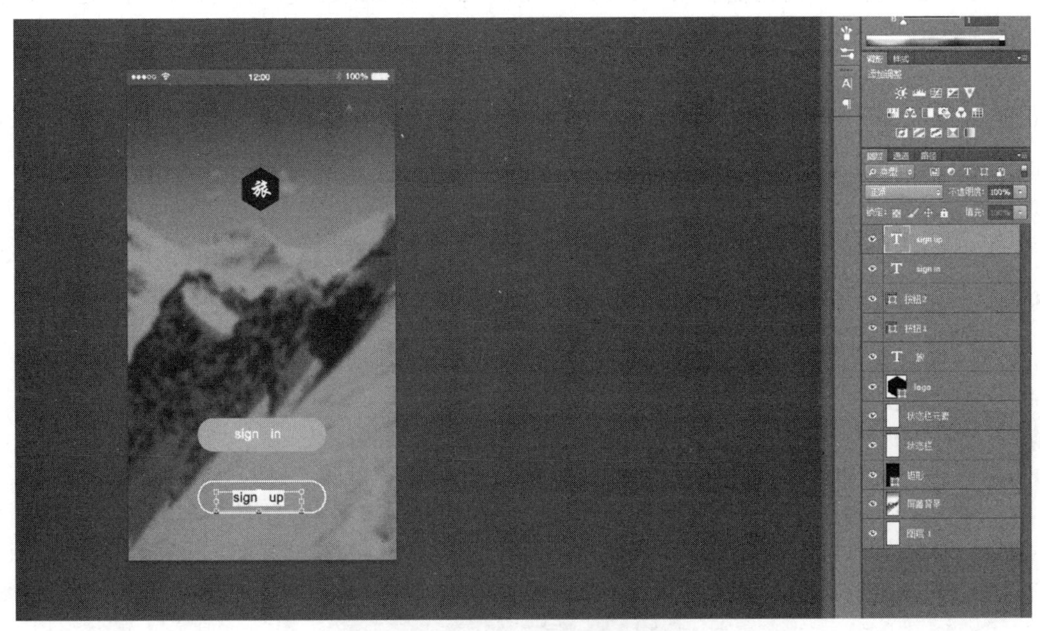

图 4-72　输入文本并调整好位置

（11）调整画布中所有内容的位置，最终效果如图 4-73 所示。

图 4-73　最终效果

项目回顾

同学 B：这次学习还挺轻松的，每一个画面制作的都很唯美，各种风格的欢迎界面都很漂亮。

同学 A：是的，对于不同的应用，我们在设计的时候就要搭配不同风格的欢迎界面。比如淡雅风格的应用就使用淡雅的界面设计，扁平风格的 App 图标，其欢迎界面也要搭配扁平风格的。

同学 A：嗯，那你学会了哪些制作欢迎界面的功能呀？

同学 B：比如说形状的绘制、界面的模糊、文字的搭配、滤镜效果的使用、图层的效果设计等等，这些基本上是 Photoshop 绘制欢迎界面的常用功能。

同学 A：好的，那我们抓紧时间找素材，多练习一下欢迎界面的设计与制作吧。

项目评价

本次项目学习与实践让我们了解了欢迎界面设计的理论知识，包括欢迎界面包含哪些内容、每一个内容具体的设计要求等等，另外列举了几种风格的欢迎界面，以实际操作案例讲解每一种风格的欢迎界面如何设计与制作，能较为深刻地理解欢迎界面如何设计与制作。

项目 5　按钮设计

项目引导

同学 A：恭喜你已经正式进入 UI 界面学习的核心环节。

同学 B：核心环节？

同学 A：是的，本次学习内容是按钮设计，按钮设计是 UI 界面设计的核心。你想想，哪一个应用里面没有按钮呢？而且不同的应用，按钮也会各有各的特色。

同学 B：好像是的呢。比如说首页这个按钮，在许多界面里面都有不一样的形象，有的像一颗钻石，有的像一座房子，有的像一辆小汽车。

同学 A：是的，那是因为不同的应用所要表达的意思是不一样的，所以在进行按钮设计的时候就要考虑到人们的联想，根据人们常规的思维习惯来设置常用按钮。

同学 B：好丰富，那我要好好学一下了。

项目实施

任务 1　按钮设计理论知识

1. 按钮设计的基本概念

按钮是一个普通的设计元素，我们基本每天都在接触它，而且按钮是一个在网页或者 App 上创造流畅会话流体验的必不可少的元素，所以值得我们为按钮这样最基本的元素提供最佳的体验做出努力。

按钮与图标很相似，但是又有所区别。往往图标着重表现图形的视觉效果，而按钮着重表现其功能性，在按钮的设计中通常采用简单直观的图形，充分表现按钮的可识别性和实用性。比如开关按钮的设计，一般直接标注“开”和“关”的字样，让人一目了然；再比如有的按钮未点击时是空心的模样，点击之后变成了实心的模样，如图 5-1 所示。

图 5-1　按钮设计

手指点击的尺寸也是设计时要仔细考虑的事情。按钮的大小在帮助用户分辨这些元素的过程中起到了决定性的作用。不同的平台提供了热区最小尺寸的不同设计规范。MIT Touch Lab 的研究结果表明手指接触面积平均为 10～14mm 之间，指尖平均为 8～10mm，所以最佳的热区尺寸应设定为 10mm×10mm。一般情况下，从拇指大小来看，72 像素的实际使用效果是最理想的按钮设计尺寸。

2. 按钮设计的原则

（1）按钮应放置在用户能够直接找到或者预期能看到的地方，如图 5-2 所示。

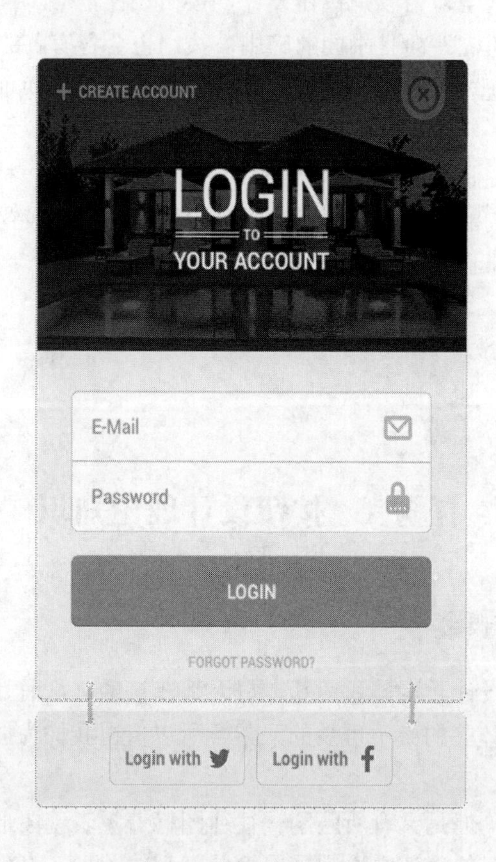

图 5-2　按钮设计原则一

（2）按钮要执行的命令和位置有一定的关系。比如比较重要的按钮通常放在右侧，如图 5-3 所示，显然删除按钮更为重要和显眼。

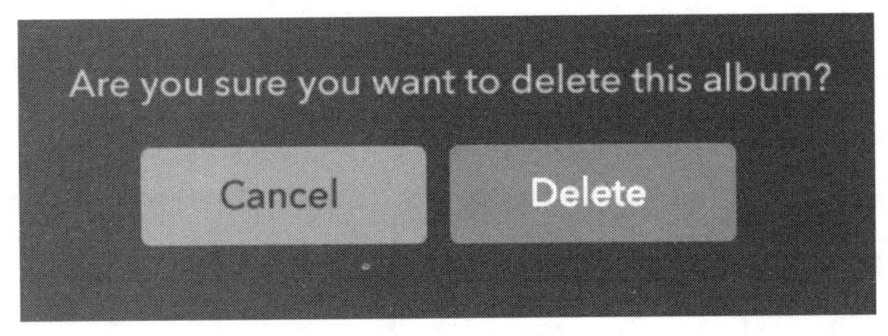

图 5-3　按钮设计原则二

（3）当没有文字出现时，往往颜色鲜艳的按钮更为重要，如图 5-4 所示。

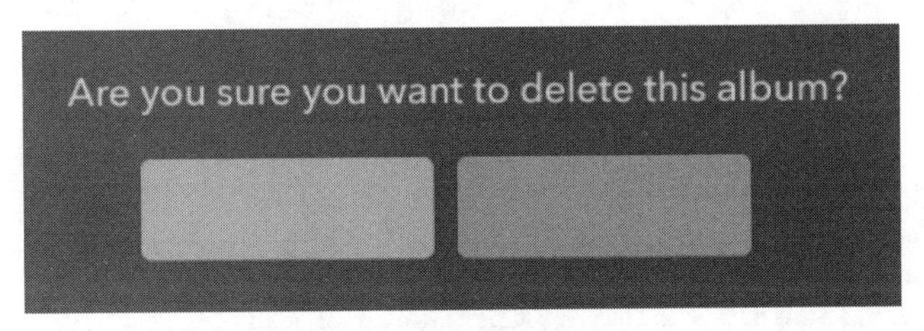

图 5-4　按钮设计原则三

（4）突出按钮比扁平按钮更加醒目，通常突出按钮的设计多增加投影，而扁平按钮的设计则是在点击后才会出现变化，如图 5-5 所示。

图 5-5　按钮设计原则四

任务 2　简约效果按钮设计

1. 扁平式简约效果按钮设计

制作要点：扁平式简约效果按钮设计。

使用工具：Photoshop 中的图层、圆角矩形、文字、椭圆形、图层样式等。

效果图：如图 5-6 所示。

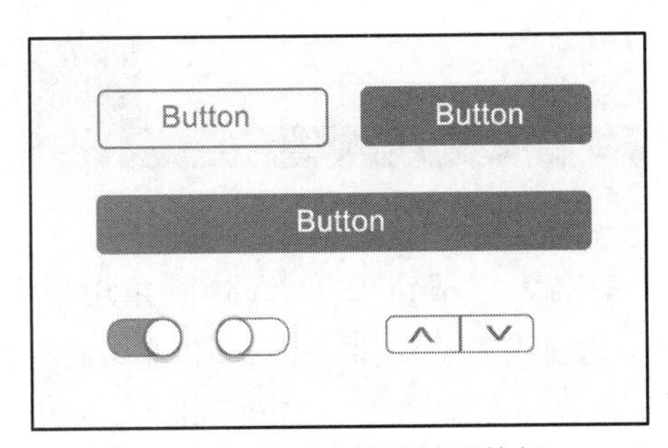

图 5-6　扁平式简约效果按钮

制作步骤：

（1）新建画布，如图5-7所示。

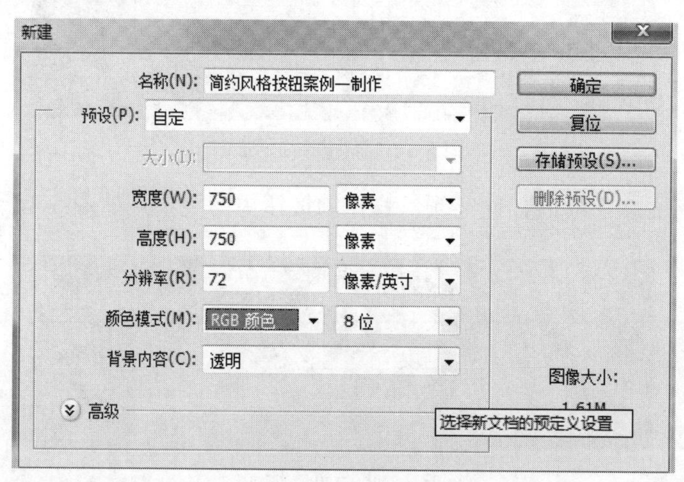

图5-7　新建画布

（2）新建一个图层，命名为“按钮1”，选择圆角矩形工具，设置描边，数值为3，描边颜色为R:71,G:176,B:237，固定大小为宽度280像素、高度70像素、半径10像素，然后在画布中绘制一个圆角矩形按钮；新建一个文本图层，在该按钮上方添加一个文本“Button”，字体为Arial，大小为36，颜色与按钮边框一致，效果如图5-8所示。

图5-8　按钮1效果

（3）新建一个图层，命名为“按钮2”，选择圆角矩形工具，设置填充颜色为R:71,G:176,B:237，固定大小为宽度280像素、高度70像素、半径10像素，然后在画布中绘制一个圆角矩形按钮；新建一个文本图层，在该按钮上方添加一个文本“Button”，字体为Arial，大小为36，颜色为白色，效果如图5-9所示。

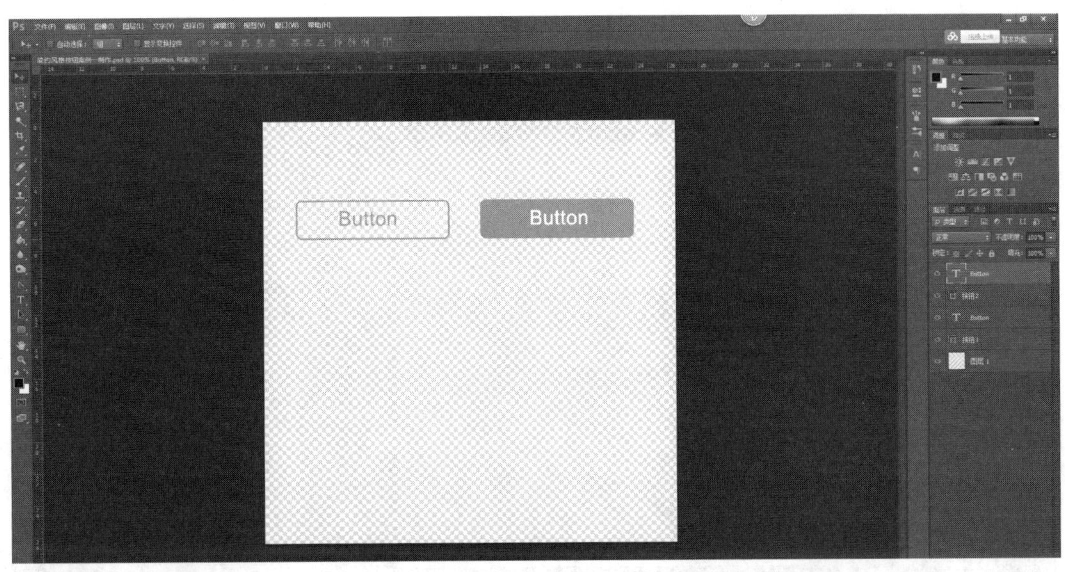

图 5-9　按钮 2 效果

（4）新建一个图层，命名为“按钮 3”，选择圆角矩形工具，设置填充颜色为 R:71,G:176,B:237，固定大小为宽度 600 像素、高度 70 像素、半径 10 像素，然后在画布中绘制一个圆角矩形按钮；新建一个文本图层，在该按钮上方添加一个文本“Button”，字体为 Arial，大小为 36，颜色为白色，效果如图 5-10 所示。

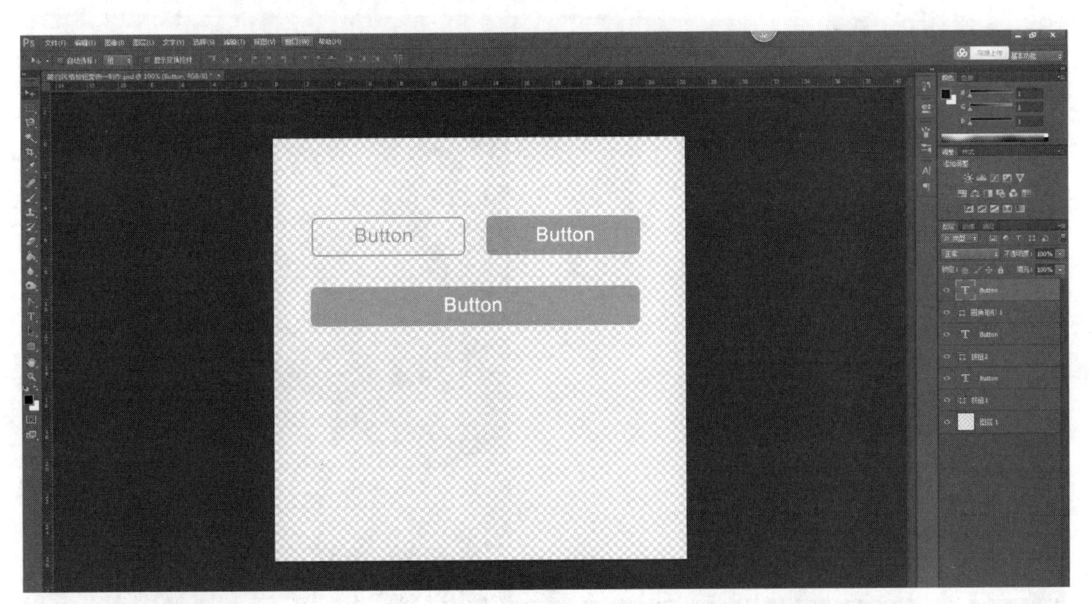

图 5-10　按钮 3 效果

（5）新建一个图层，命名为“按钮 4”，选择圆角矩形工具，设置填充颜色为 R:112,G:218,B:101，设置描边，数值为 2，描边颜色为 R:71,G:176,B:237，固定大小为宽度 90 像素、高度 45 像素、半径 20 像素，然后在画布中绘制一个圆角矩形按钮，效果如图 5-11 所示。

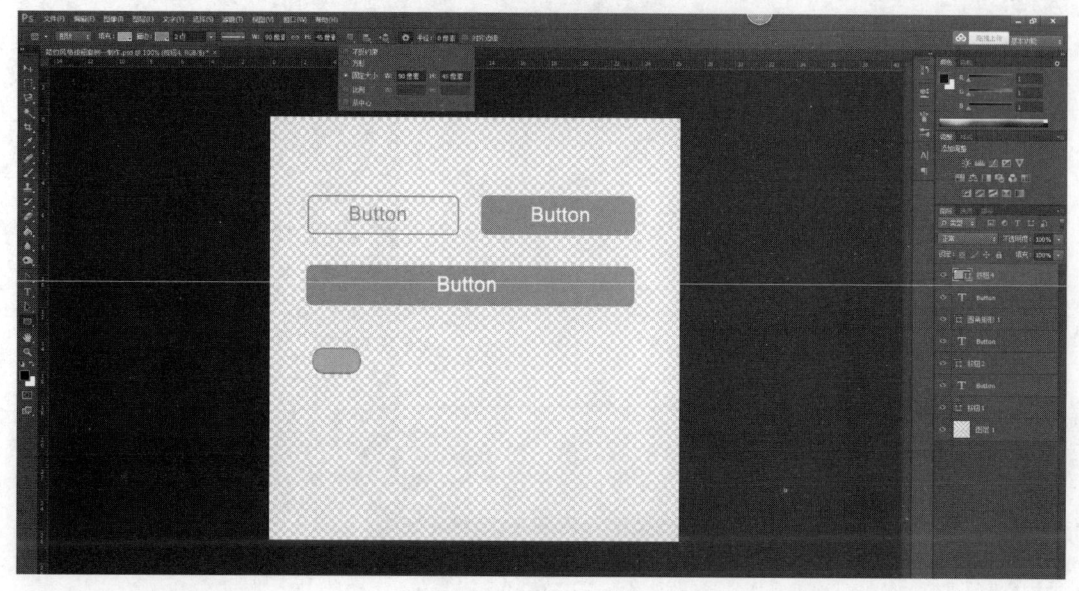

图 5-11　按钮 4 效果

（6）新建一个图层，命名为“按钮 4 开关”，选择椭圆形工具 ，设置填充颜色为白色，设置描边，数值为 2，描边颜色为 R:71,G:176,B:237，固定大小为宽度 45 像素、高度 45 像素，然后在画布中绘制一个椭圆形开关，效果如图 5-12 所示。

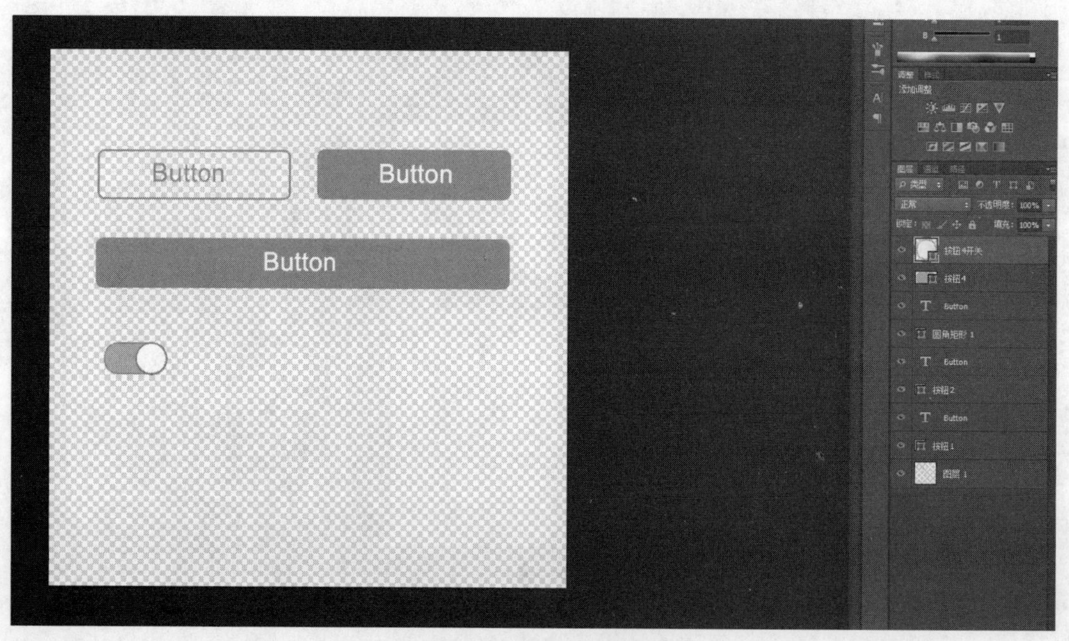

图 5-12　按钮 4 开关效果

（7）选择“按钮 4 开关”图层，打开图层样式，添加两个效果，即外发光（如图 5-13 所示）和投影（如图 5-14 所示），设置后的效果如图 5-15 所示。

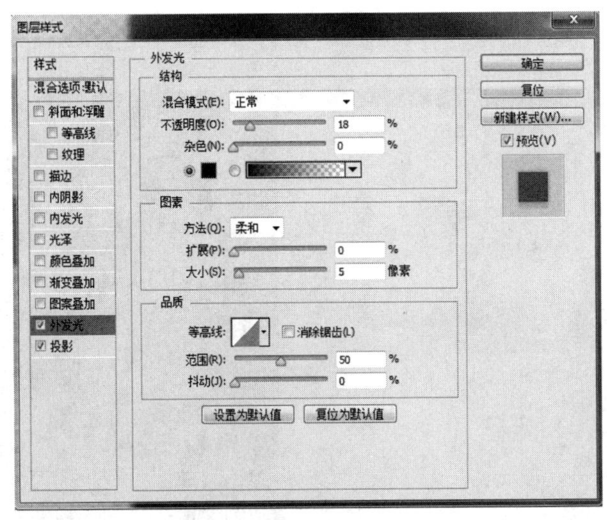

图 5-13　外发光效果设置

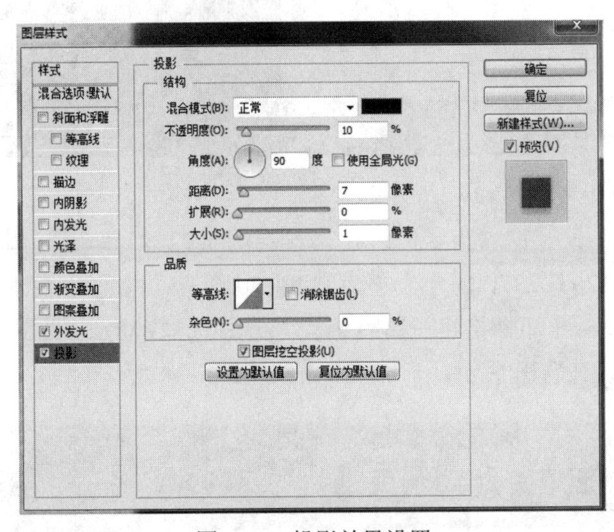

图 5-14　投影效果设置

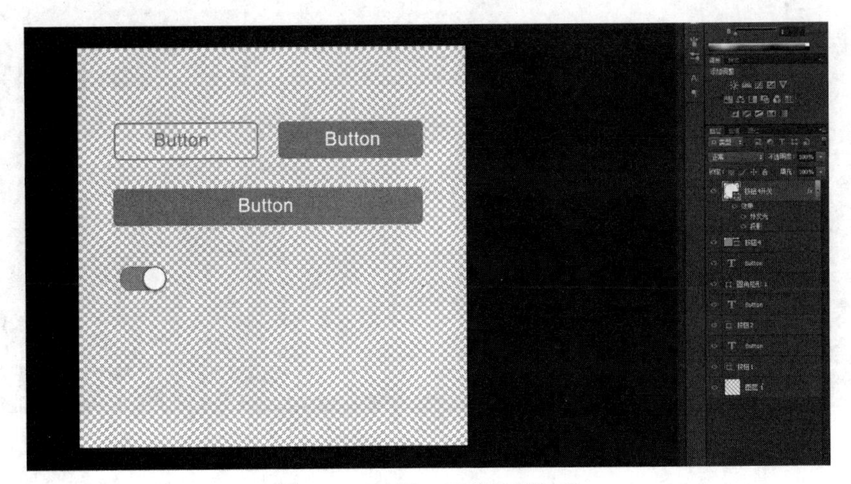

图 5-15　按钮 4 开关设置效果

（8）用制作按钮4的方法制作按钮5，效果如图5-16所示。

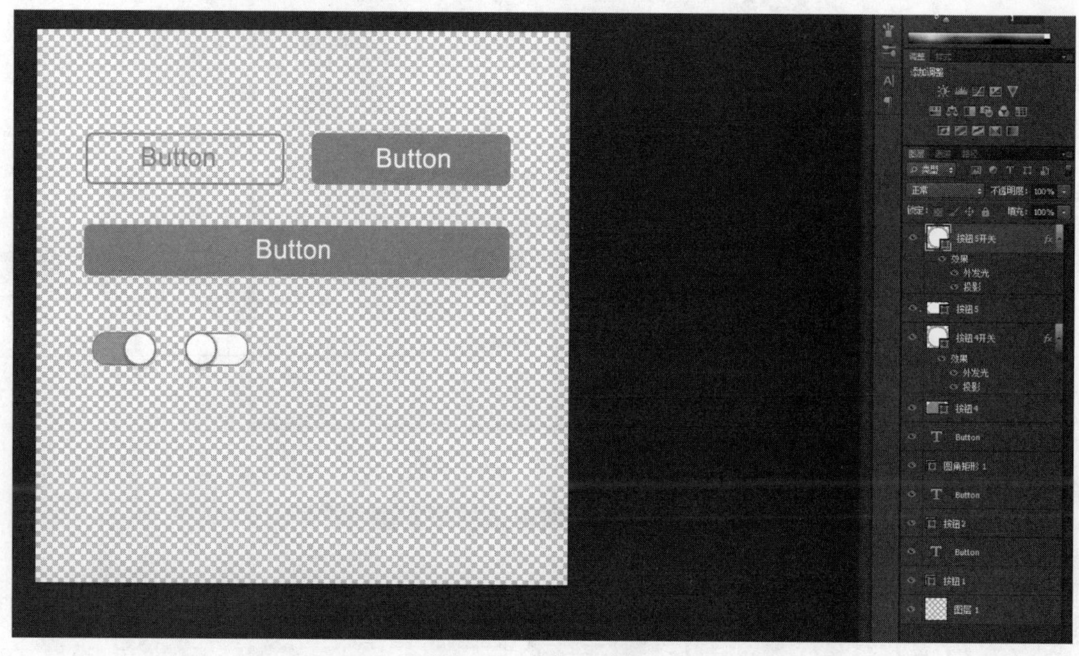

图5-16　按钮5效果

（9）新建一个图层，命名为“按钮6”，选择圆角矩形工具，设置描边，数值为2，描边颜色为R:71,G:176,B:237，固定大小为宽度180像素、高度45像素、半径10像素，然后在画布中绘制一个圆角矩形按钮，如图5-17所示；选择钢笔工具，在按钮6的中间绘制一条直线，效果如图5-18所示。

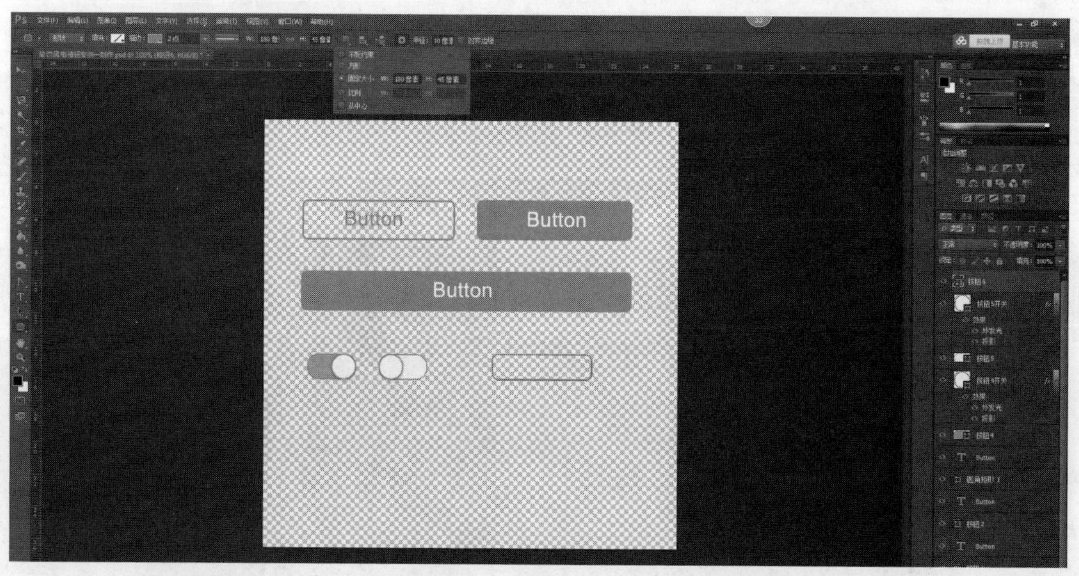

图5-17　绘制圆角矩形

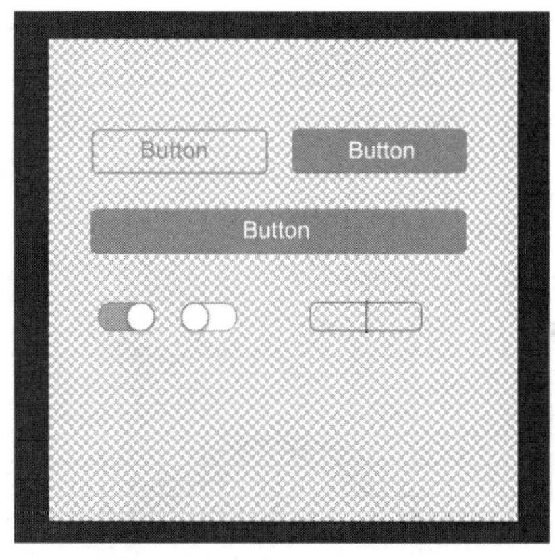

图 5-18　绘制直线

（10）新建两个图层，单击“文本”按钮，分别输入“<”和“>”，然后针对这两个图层进行方向旋转，按 Ctrl+T 组合键进行自由变换，调整出向上和向下的符号，再将这两个图层放置到按钮 6 当中，如图 5-19 所示。

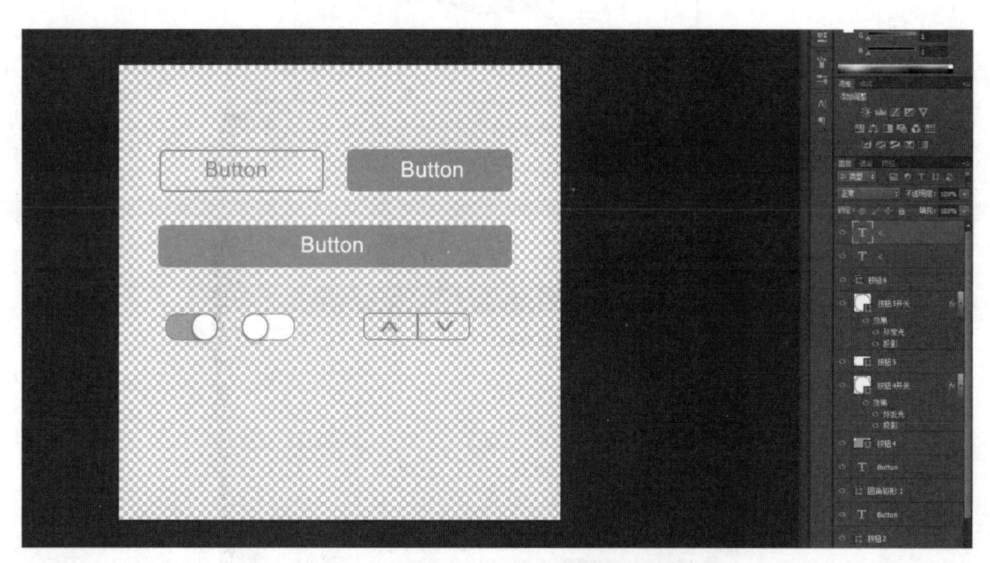

图 5-19　按钮 6 效果

（11）调整好每个元素的位置，将背景图层填充为白色，最终效果如图 5-20 所示。

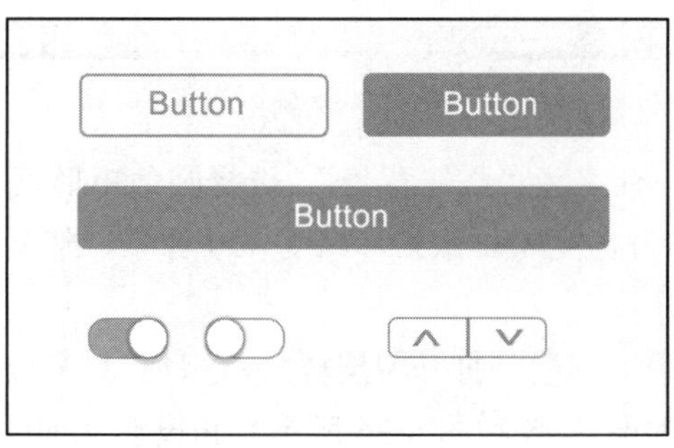

图 5-20　扁平化按钮最终效果

知识点——如何对图层进行分组

2. 立体化简约效果按钮设计

制作要点：立体化简约效果按钮设计。

使用工具：Photoshop 中的图层、椭圆形、文字、图层样式等。

效果图：如图 5-21 所示。

图 5-21　立体化简约效果按钮

制作步骤：

（1）新建画布，如图 5-22 所示。

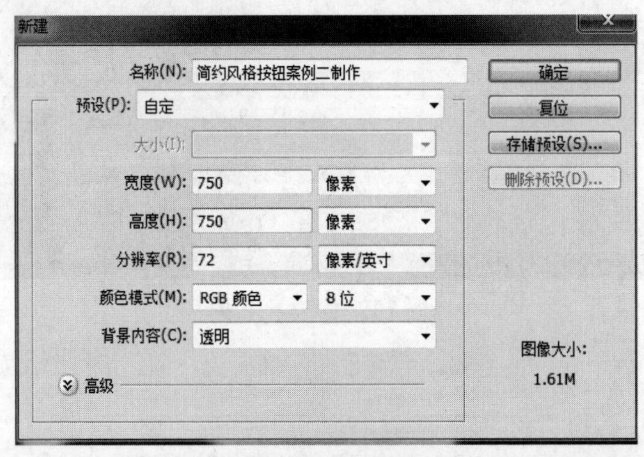

图 5-22　新建画布

（2）新建一个图层，命名为“按钮背景”，选择圆角矩形工具，关闭描边，设置填充颜色为白色，固定大小为宽度 450 像素、高度 450 像素，然后在画布中绘制一个圆角矩形按钮，效果如图 5-23 所示。

（3）选择“按钮背景”图层，打开图层样式，添加 3 个效果，即斜面和浮雕（如图 5-24 所示）、渐变叠加（如图 5-25 和图 5-26 所示）和投影（如图 5-27 所示），设置后的效果如图 5-28 所示。

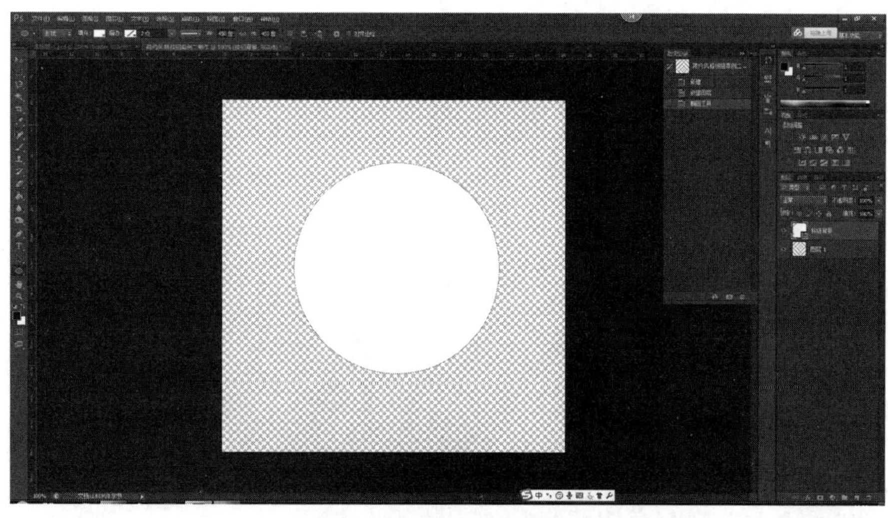

图 5-23　绘制圆角矩形

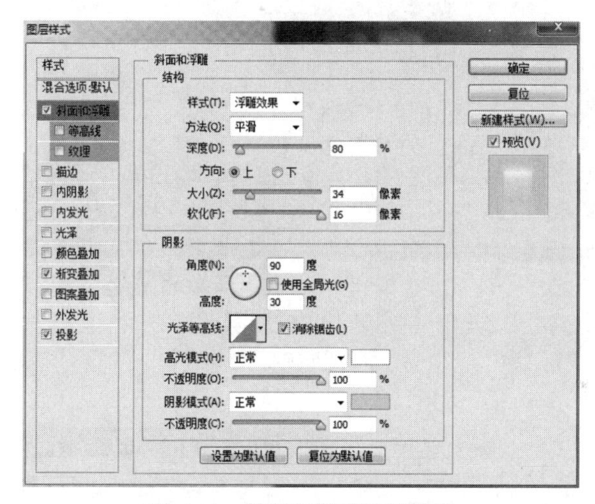

图 5-24　斜面和浮雕效果设置

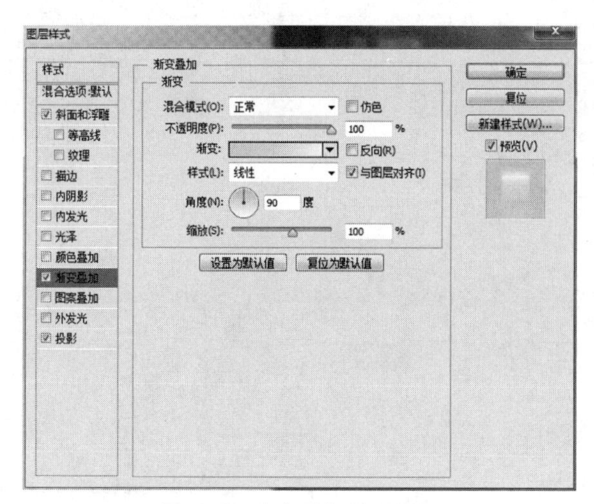

图 5-25　渐变叠加效果设置

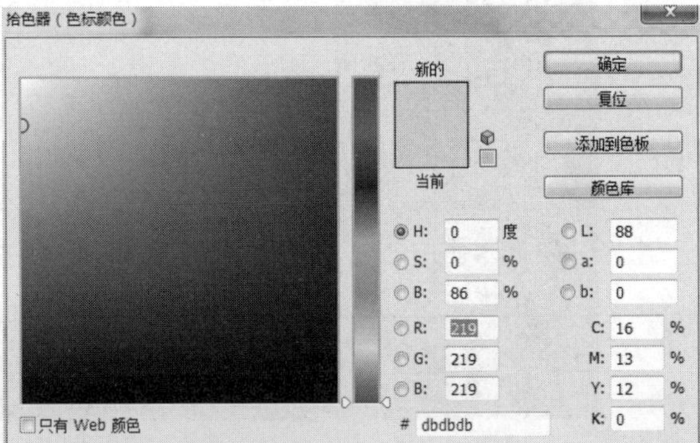

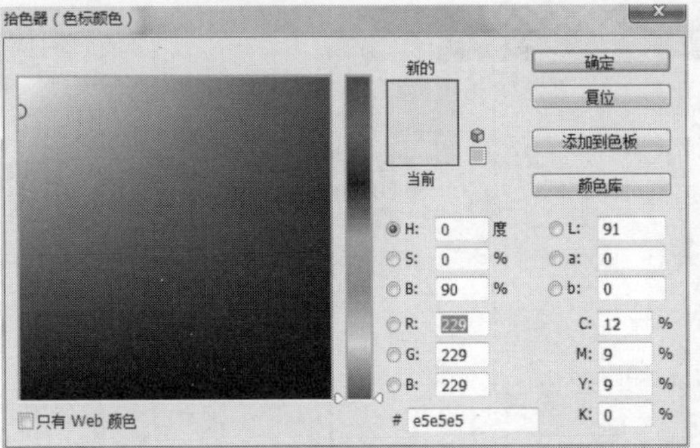

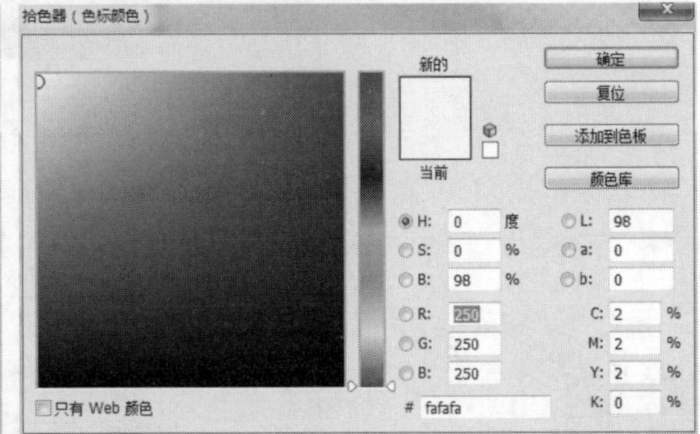

图 5-26　渐变叠加效果设置

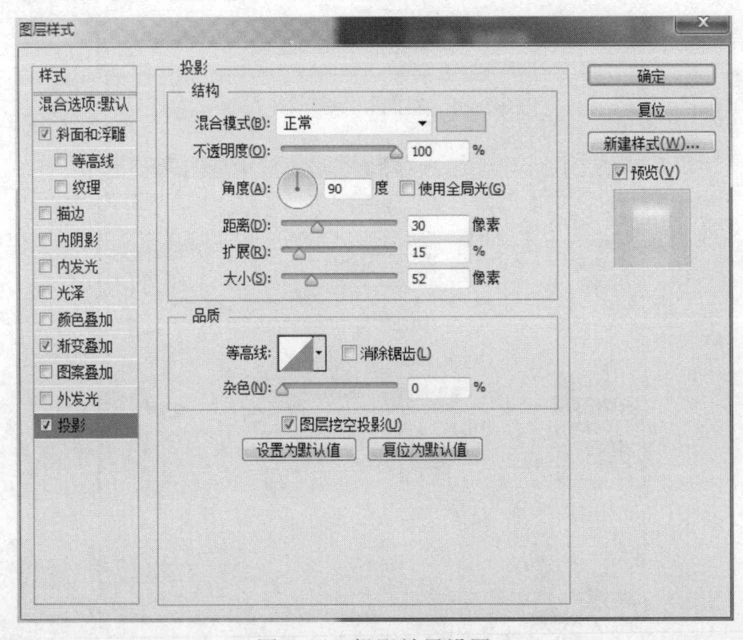

图 5-27　投影效果设置

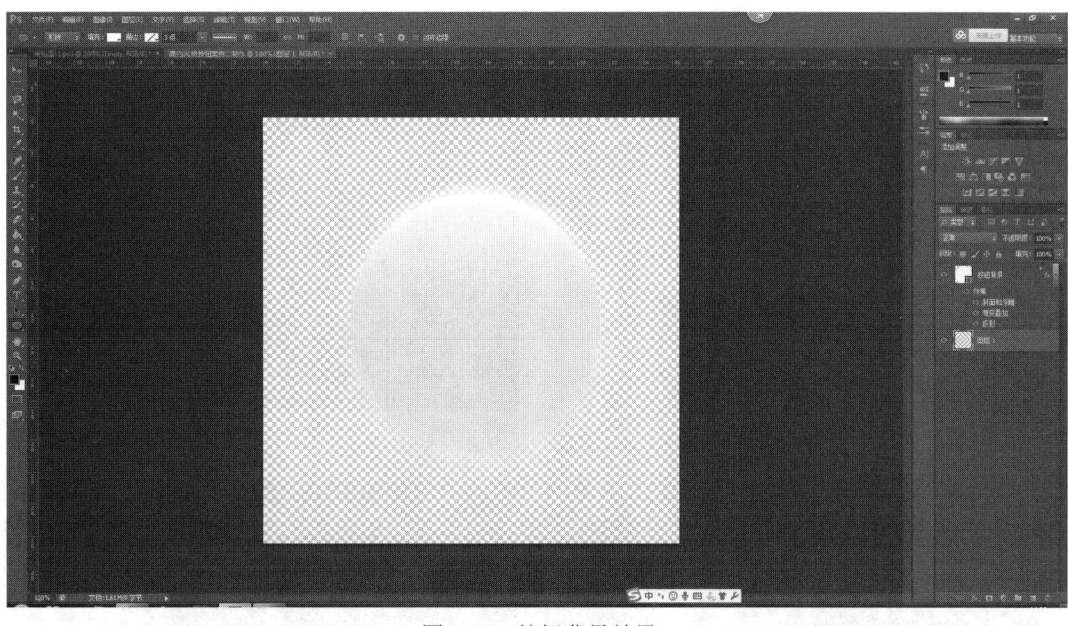

图 5-28　按钮背景效果

（4）新建一个图层，命名为“按钮背景 2”，选择圆角矩形工具，设置填充颜色为 R:1,G:1,B:1，固定大小为宽度 360 像素、高度 360 像素。选择“按钮背景 2”图层，打开图层样式，添加 5 个效果，即斜面和浮雕（如图 5-29 所示）、描边（如图 5-30 所示）、内阴影（如图 5-31 所示）、内发光（如图 5-32 所示）、渐变叠加（如图 5-33 所示），设置后的效果如图 5-34 所示。

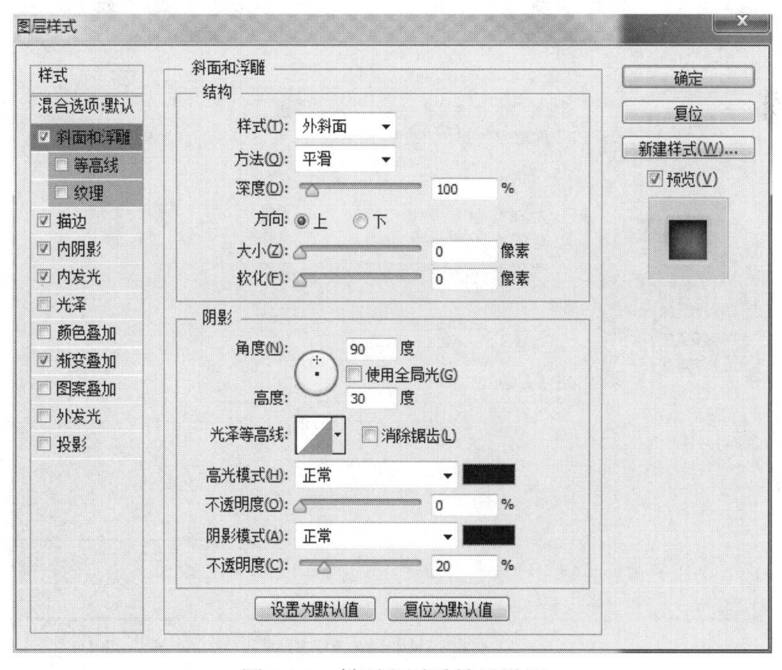

图 5-29　斜面和浮雕效果设置

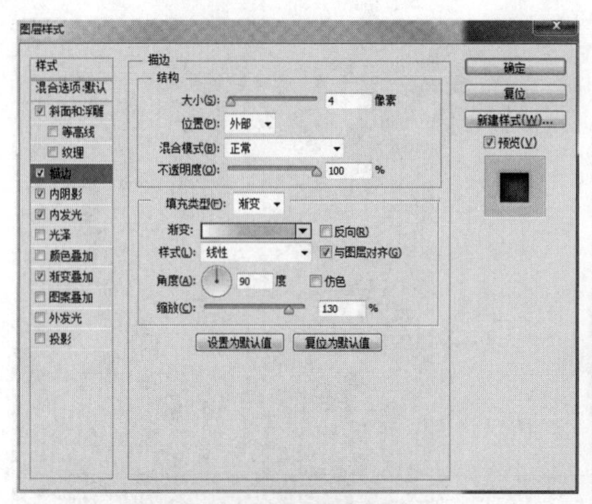

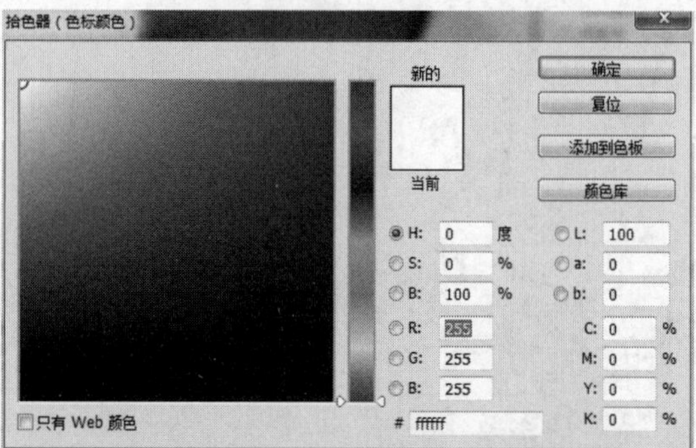

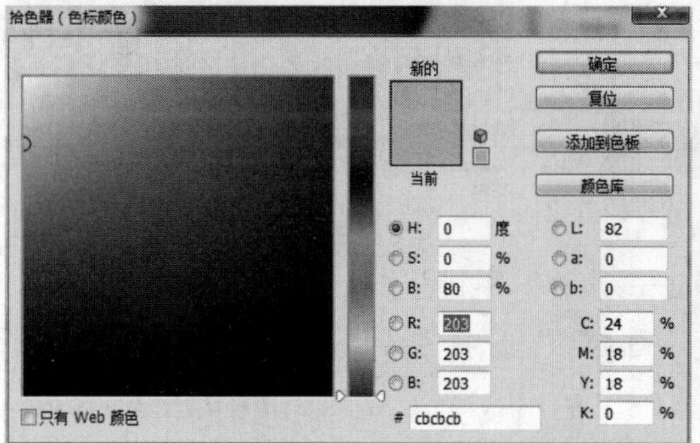

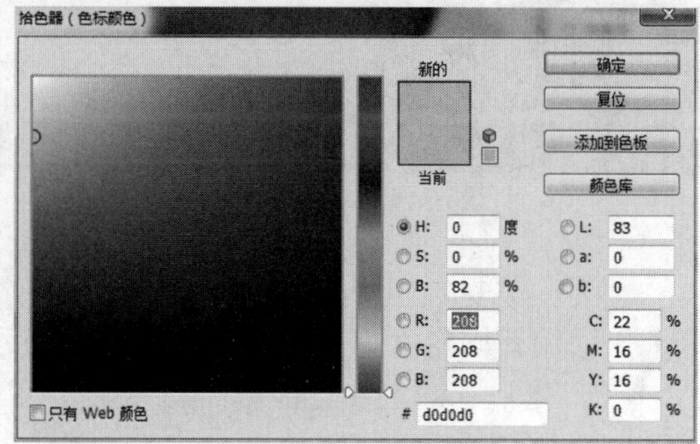

图 5-30　描边效果设置

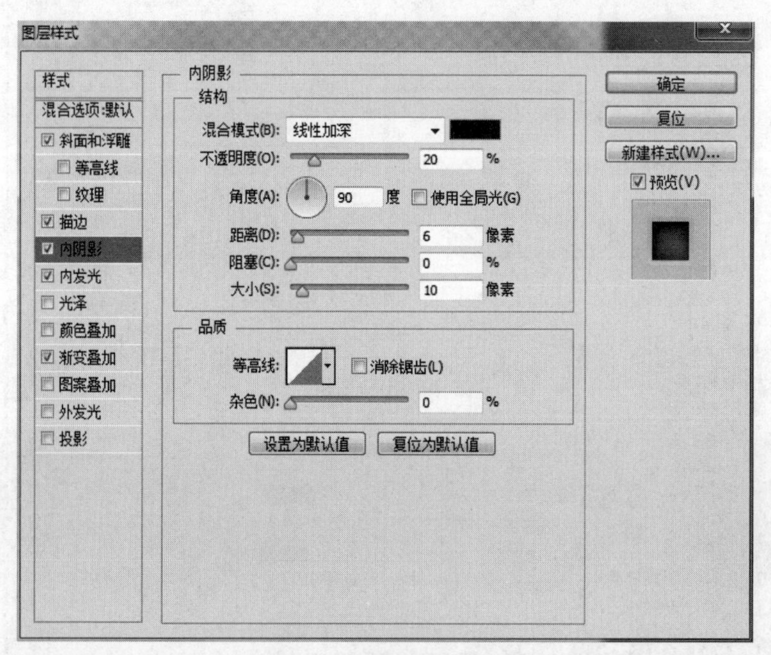

图 5-31　内阴影效果设置

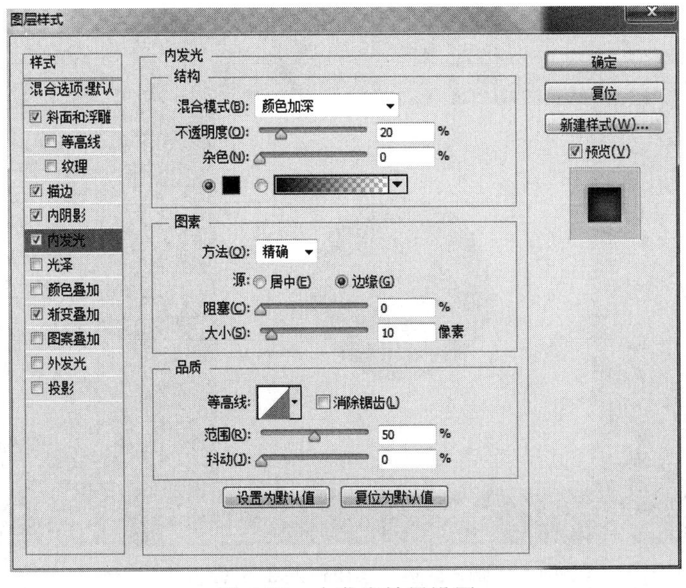

图 5-32　内发光效果设置

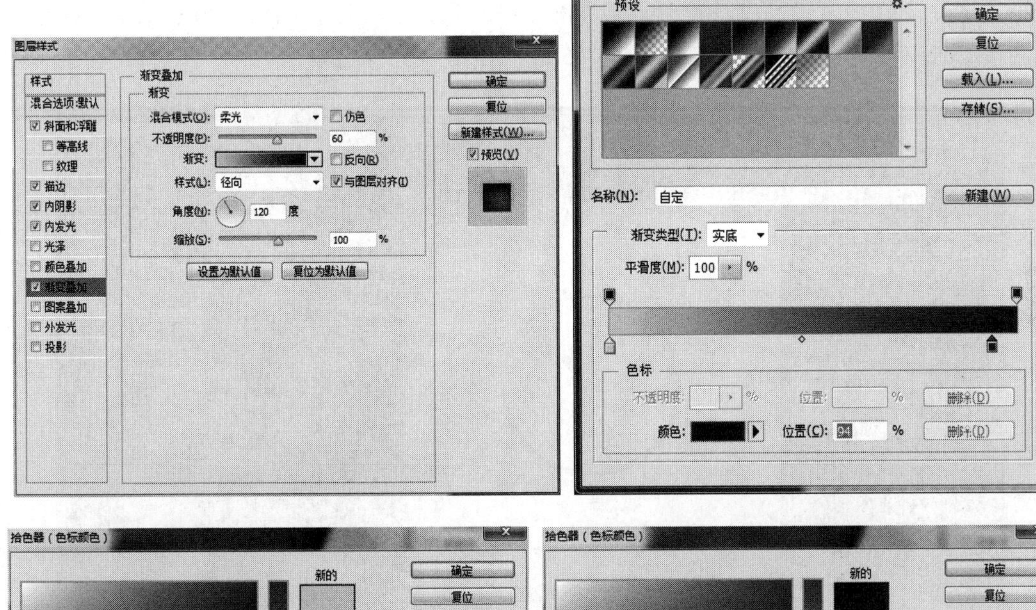

图 5-33　渐变叠加效果设置

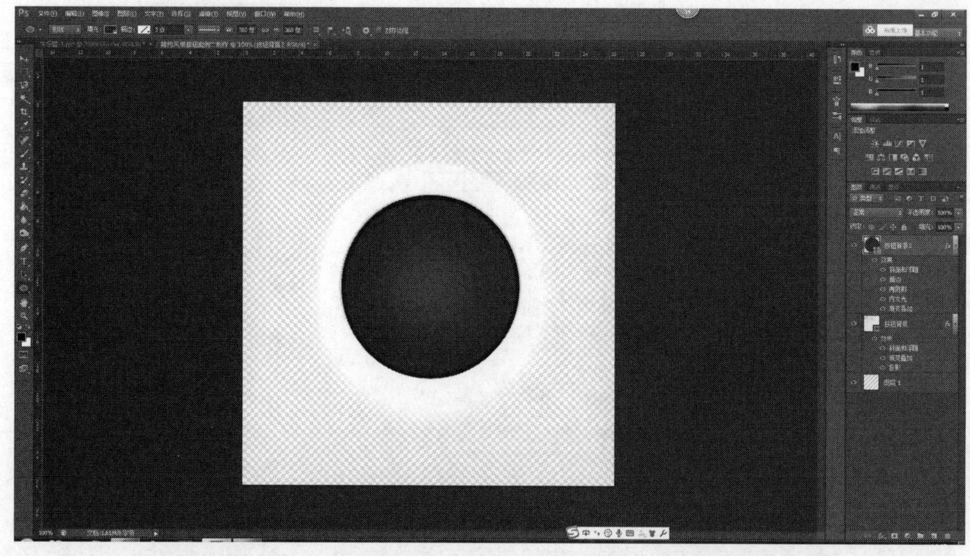

图 5-34　按钮背景 2 效果

（5）新建一个图层，命名为“按钮背景 3”，选择圆角矩形工具，设置固定大小为宽度 340 像素、高度 340 像素，如图 5-35 所示。选择减去顶层图层，单击设置固定大小为宽度 330 像素、高度 300 像素，如图 5-36 所示，在画布中画出如图 5-37 所示的椭圆，按 Ctrl+T 组合键将图形顺时针旋转 45 度，如图 5-38 所示。

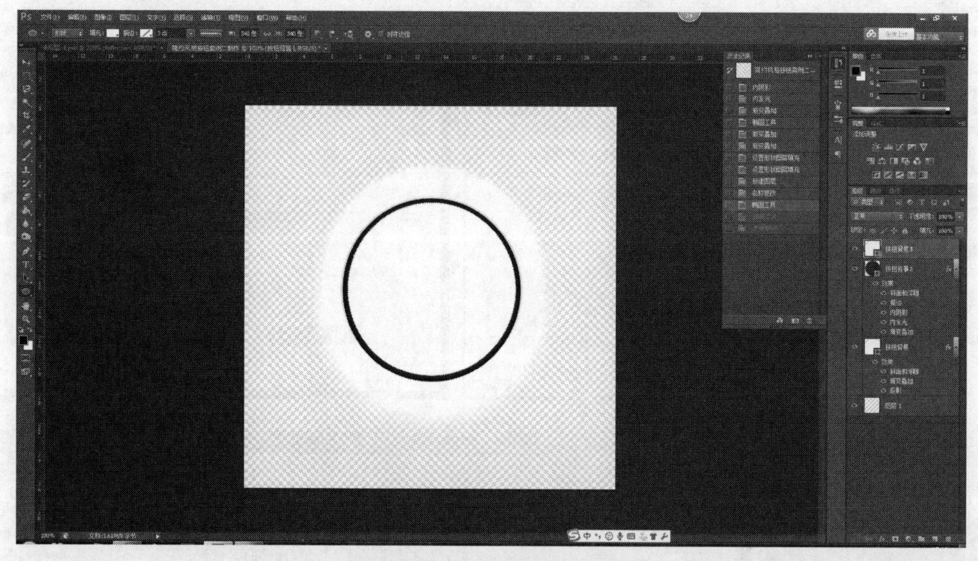

图 5-35　按钮背景 3 设置

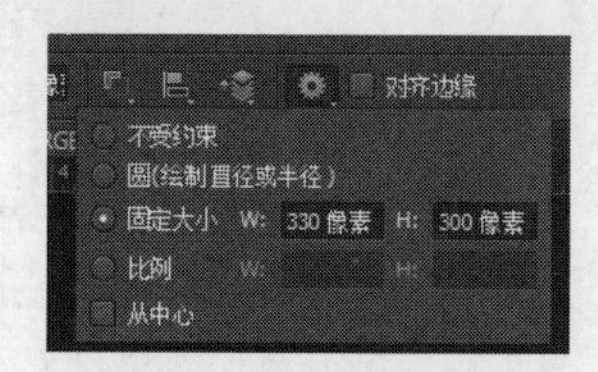

图 5-36　参数设置

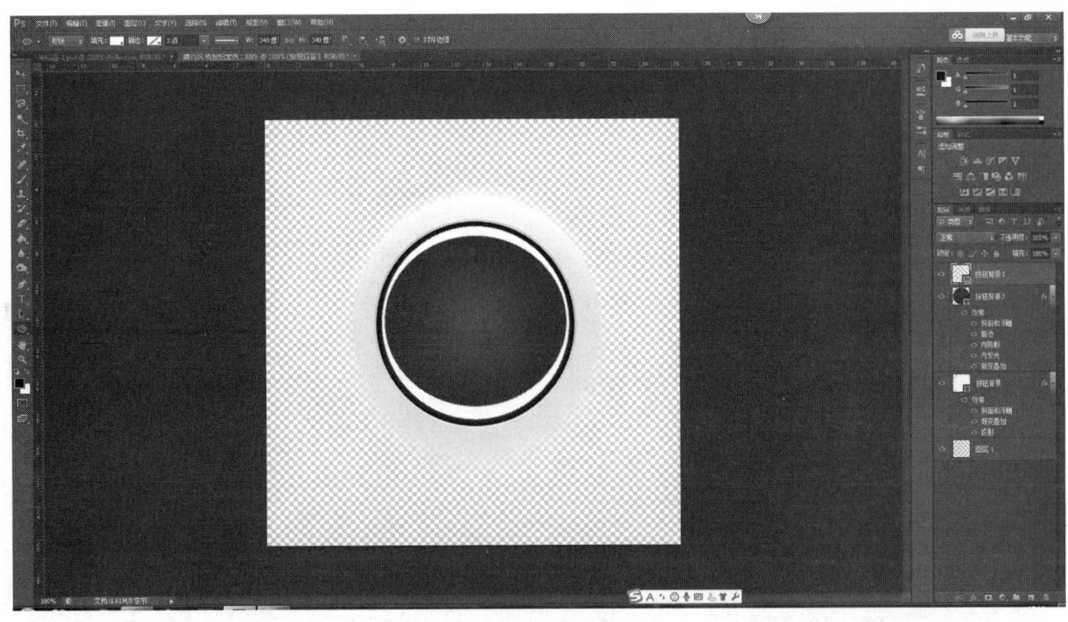

图 5-37 绘制椭圆

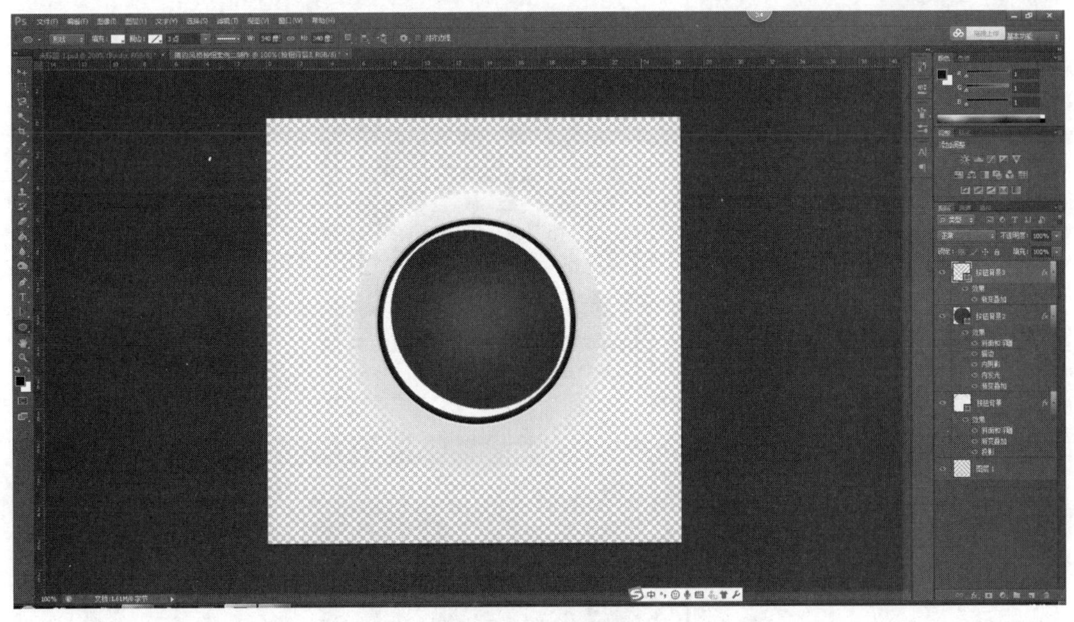

图 5-38 旋转图形

（6）选择“按钮背景 3”图层，打开图层样式，添加一个效果，即渐变叠加（如图 5-39 所示），渐变色设置如图 5-40 所示，设置后的效果如图 5-41 所示。

（7）新建一个图层，命名为“按钮背景 4”，选择圆角矩形工具，设置固定大小为宽度 340 像素、高度 340 像素，如图 5-42 所示。选择减去顶层图层（如图 5-43 所示），单击设置固定大小为宽度 345 像素、高度 320 像素，在画布中画出如图 5-44 所示的椭圆。

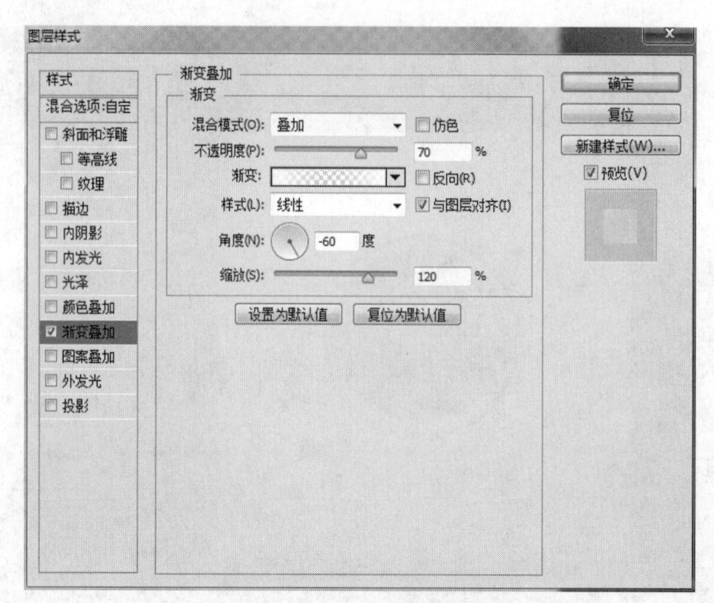

图 5-39　添加渐变叠加效果

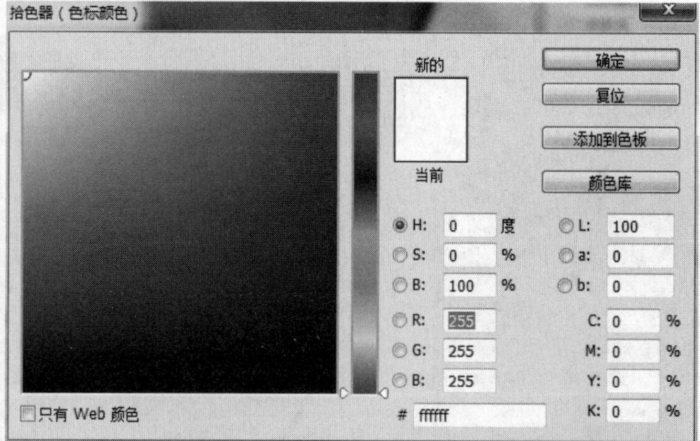

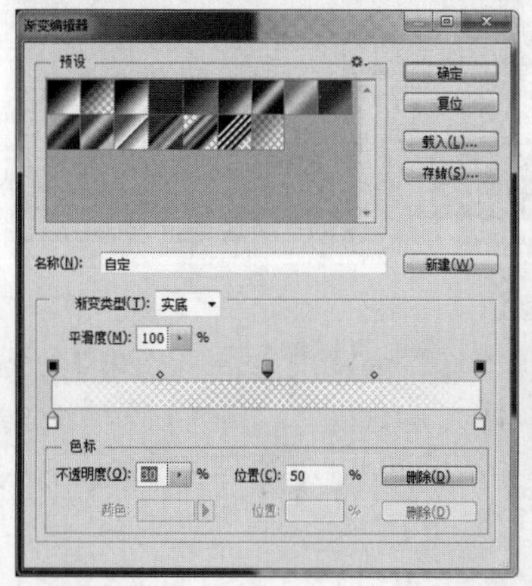

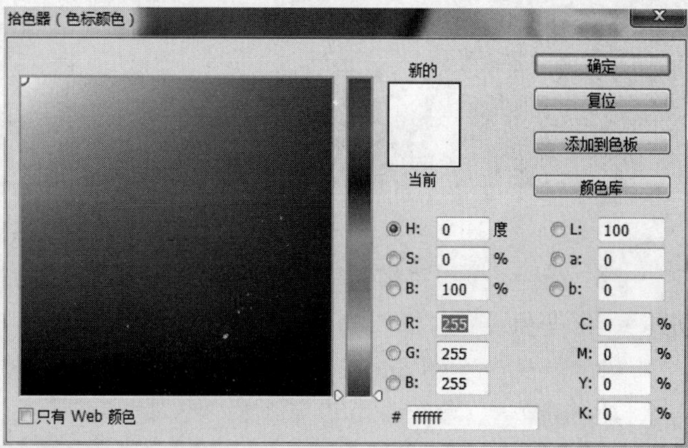

图 5-40　渐变色设置

图 5-41 按钮背景 3 效果

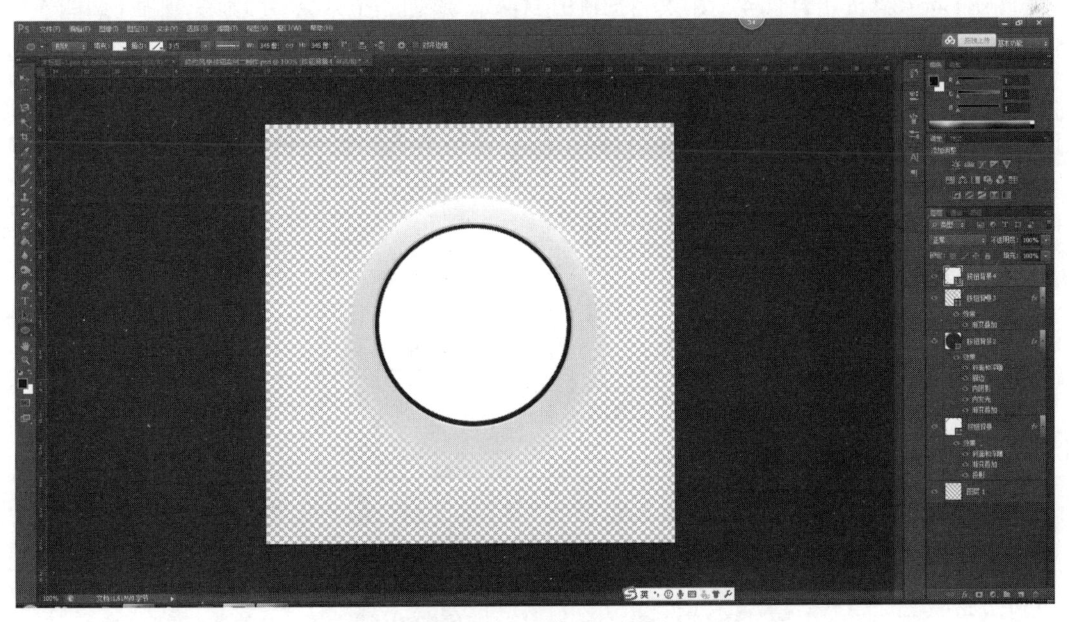

图 5-42 按钮背景 4 设置

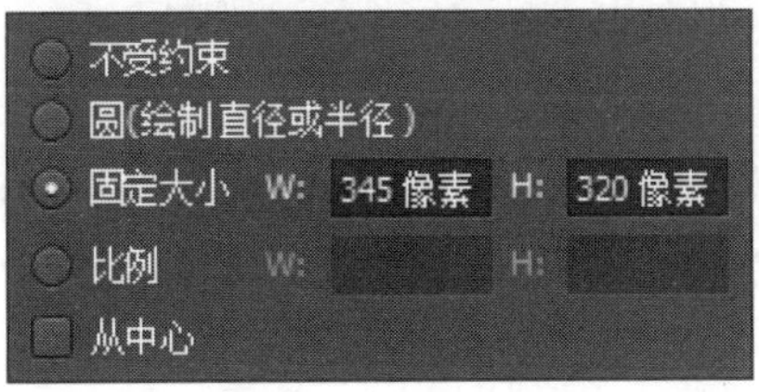

不受约束
圆(绘制直径或半径)
固定大小 W: 345 像素 H: 320 像素
比例 W: H:
从中心

图 5-43 参数设置

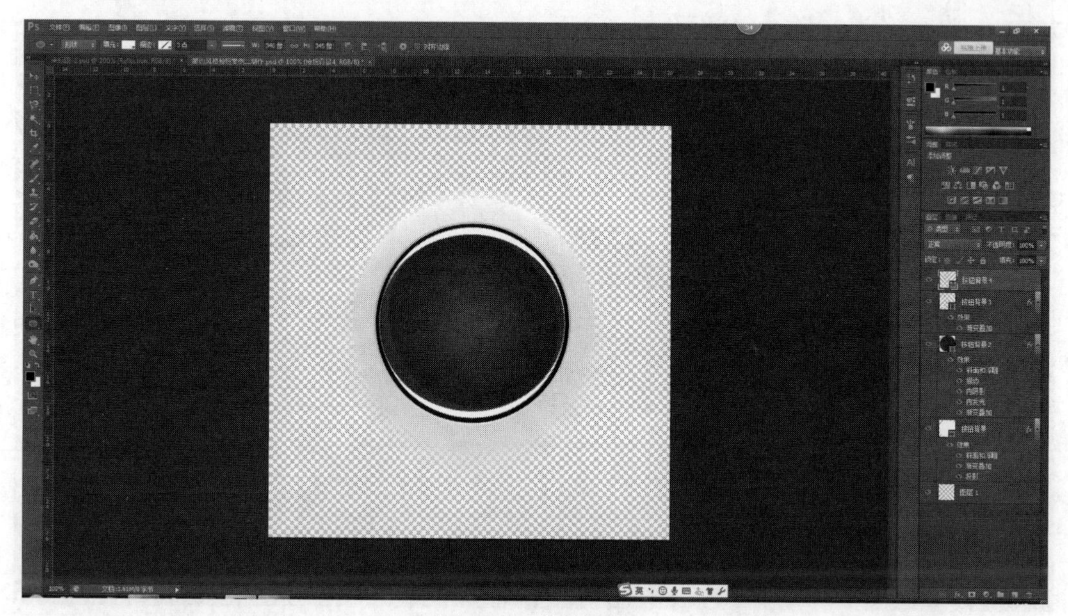

图 5-44 绘制椭圆

（8）选择“按钮背景 4”图层，打开图层样式，添加一个效果，即渐变叠加（如图 5-45 所示），设置后的效果如图 5-46 所示。重复渐变色设置，将按钮图层 2～4 建立为“组 1”。

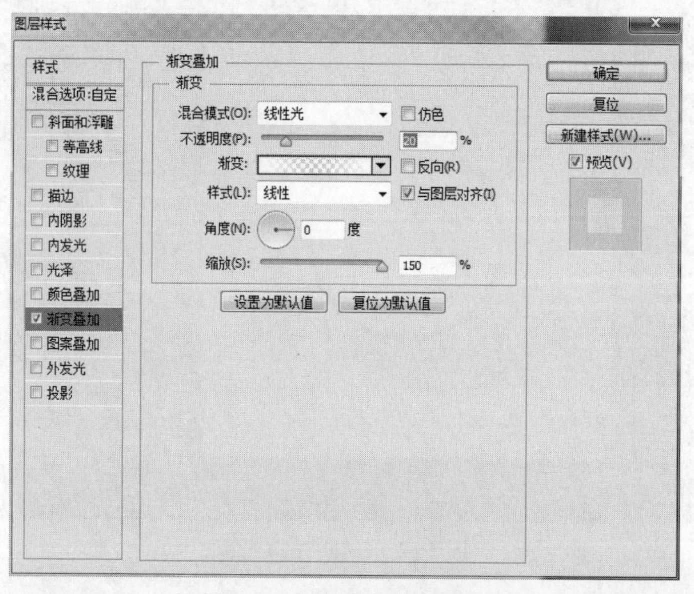

图 5-45 添加渐变叠加效果

（9）新建一个图层，命名为“按钮背景 5”，选择圆角矩形工具，设置固定大小为宽度 340 像素、高度 340 像素。双击“按钮背景 5”图层打开拾色器，设置 R:41,G:150,B:204，如图 5-47 所示。打开图层样式，添加 5 个效果，即斜面和浮雕（如图 5-48 所示）、描边（如图 5-49 所示）、内阴影（如图 5-50 所示）、内发光（如图 5-51 所示）、渐变叠加（如图 5-52 和图 5-53 所示），设置后的效果如图 5-54 所示。

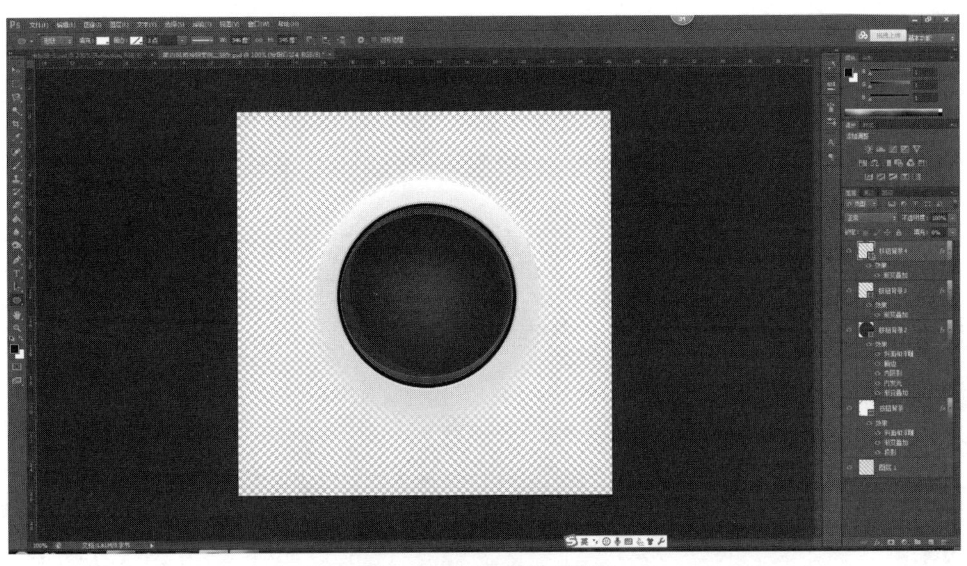

图 5-46　按钮背景 4 效果

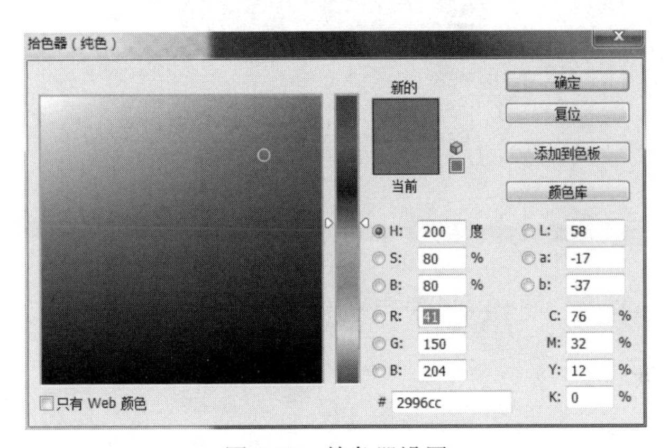

图 5-47　拾色器设置

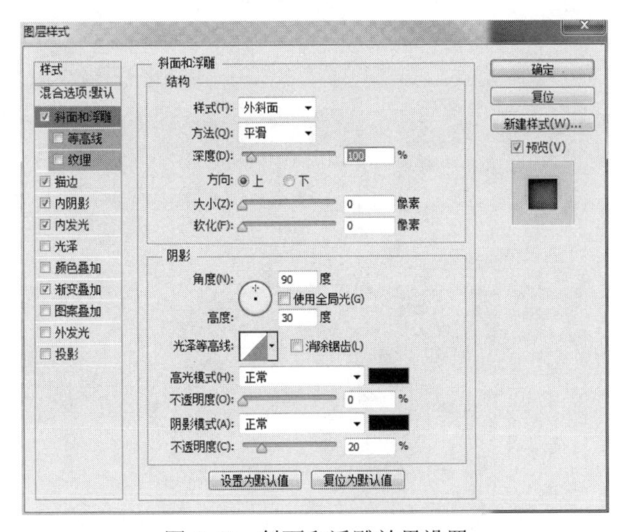

图 5-48　斜面和浮雕效果设置

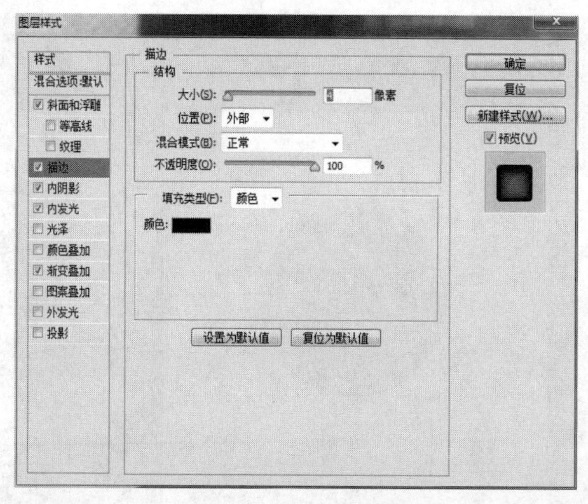

图 5-49　描边效果设置

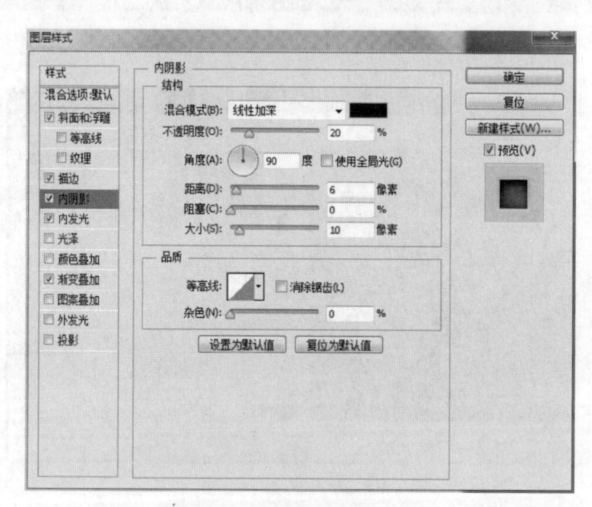

图 5-50　内阴影效果设置

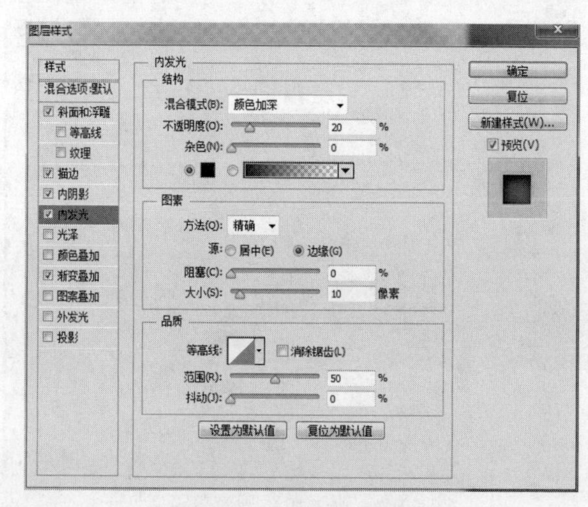

图 5-51　内发光效果设置

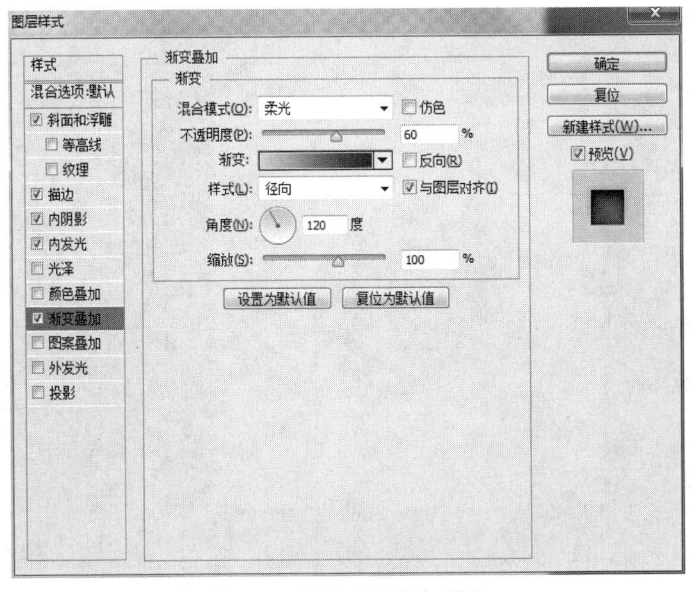

图 5-52 添加渐变叠加效果

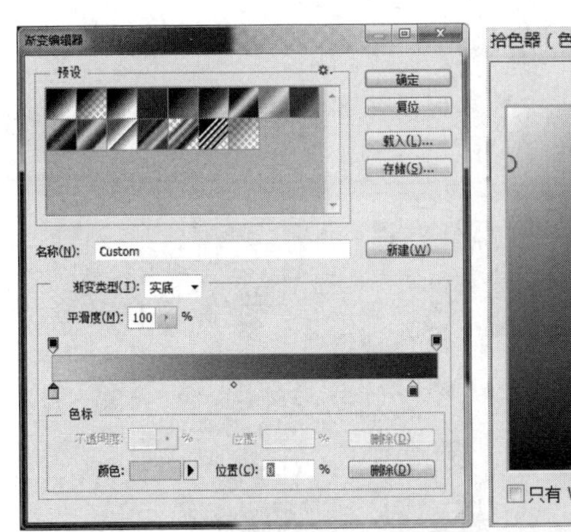

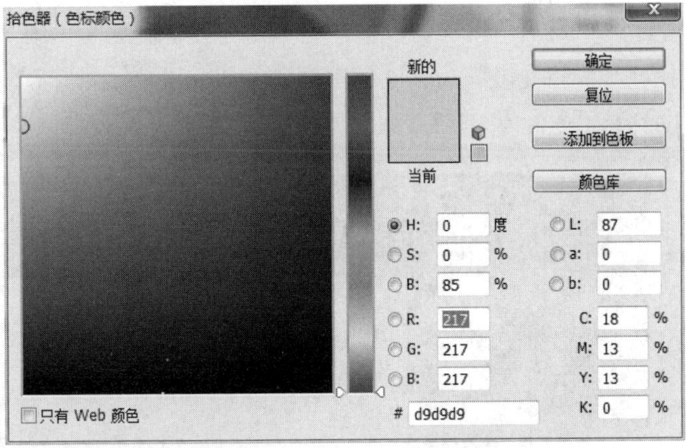

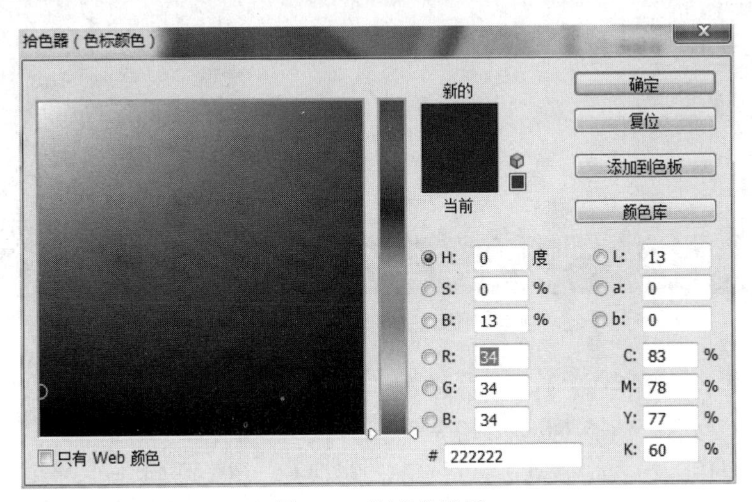

图 5-53 渐变色设置

图 5-54　按钮背景 5 效果

（10）复制“按钮背景 3”和“按钮背景 4”图层，将“按钮背景 3 副本”图层和“按钮背景 4 副本”图层与“按钮背景 5”图层建立为“组 2”，选择“组 2”，用钢笔工具绘制出如图 5-55 所示的路径，按住 Ctrl 键单击添加矢量蒙版，如图 5-56 所示，将组 1、组 2 合并为组 3，如图 5-57 所示。

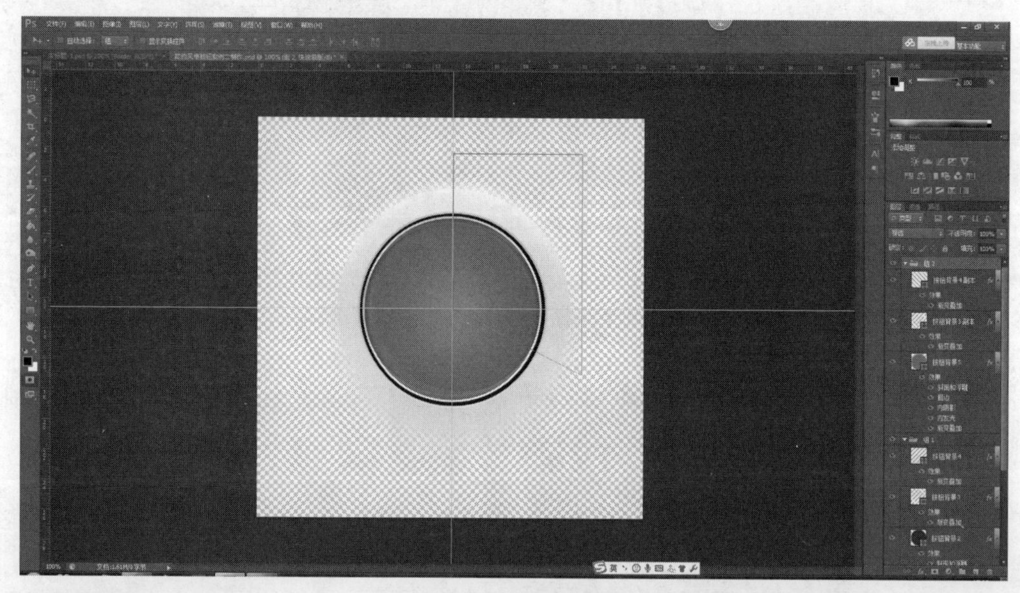

图 5-55　绘制路径

（11）新建一个图层，命名为“按钮背景 6”，选择圆角矩形工具，设置固定大小为宽度 300 像素、高度 300 像素，如图 5-58 所示。

（12）打开图层样式，添加 3 个效果，即斜面和浮雕（如图 5-59 所示）、描边（如图 5-60 所示）、渐变叠加（如图 5-61 和图 5-62 所示），设置后的效果如图 5-63 所示。

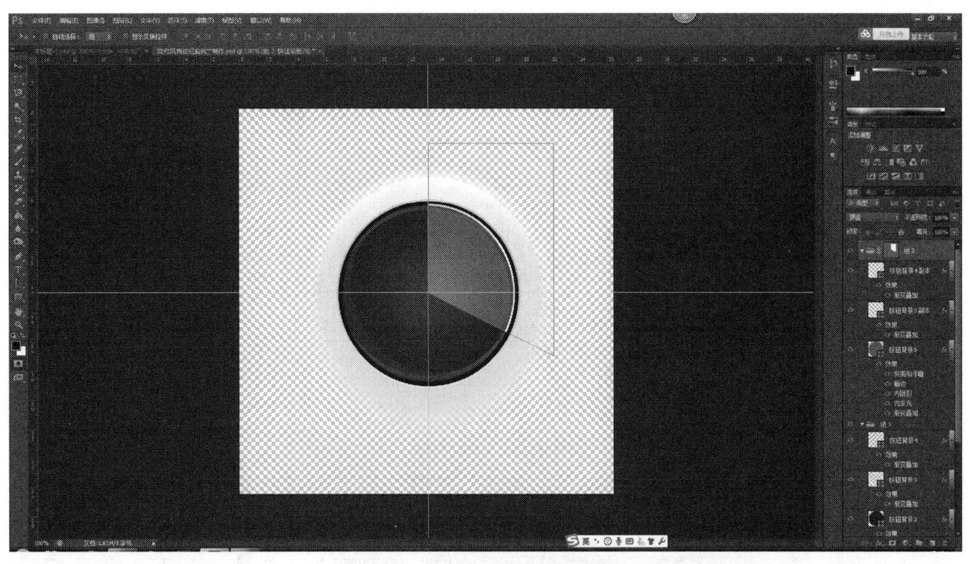

图 5-56　添加矢量蒙版

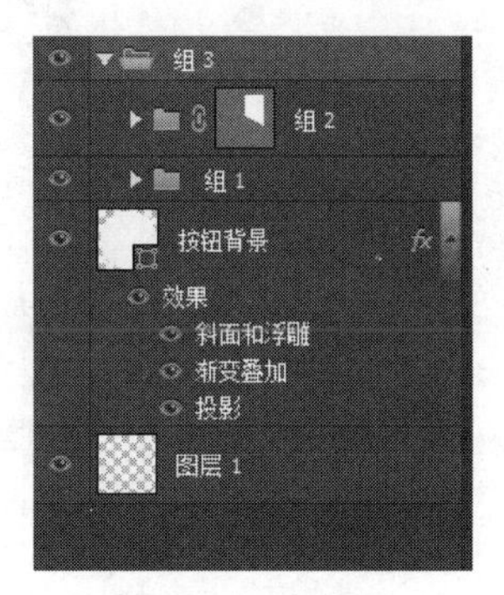

图 5-57　合并组

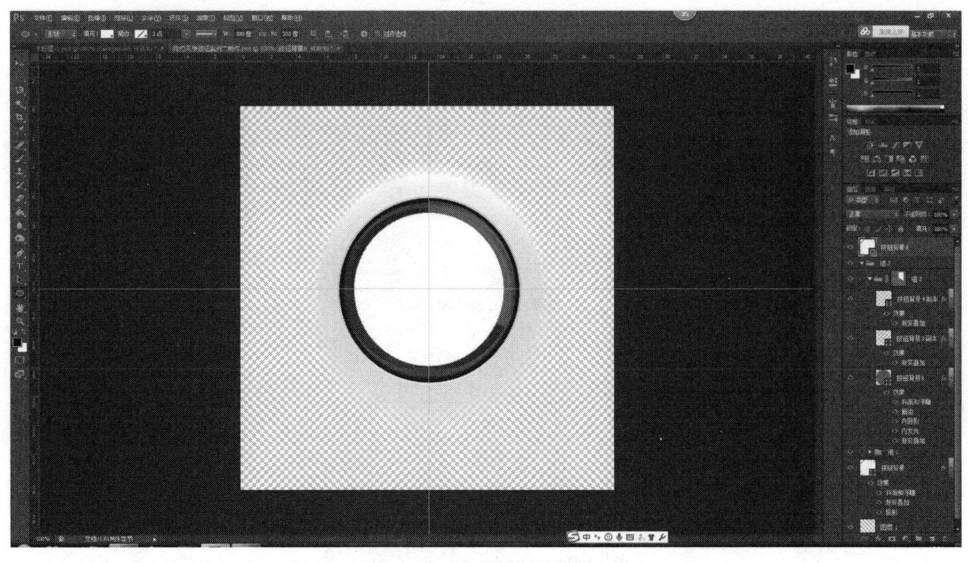

图 5-58　绘制按钮背景 6

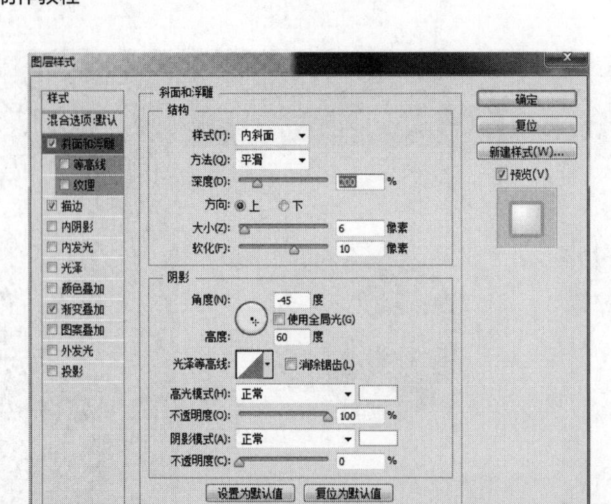

图 5-59　斜面和浮雕效果设置

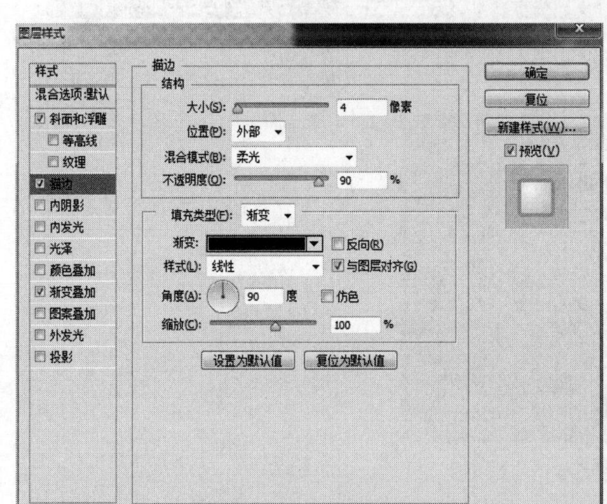

图 5-60　描边效果设置

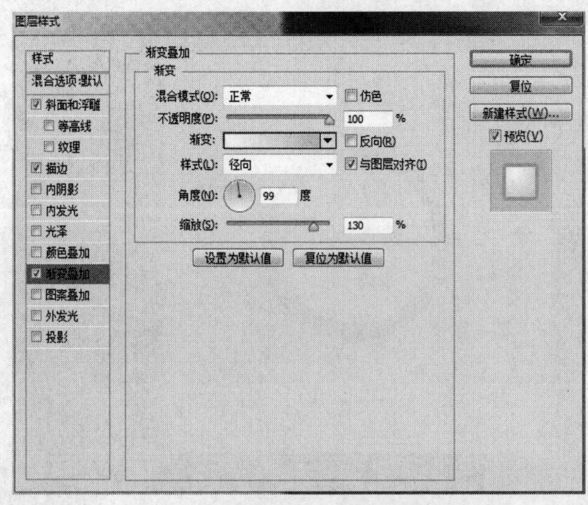

图 5-61　添加渐变叠加效果

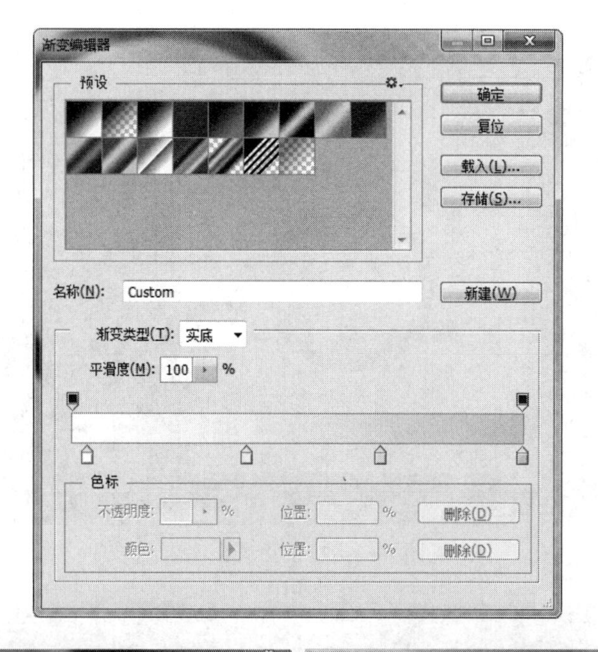

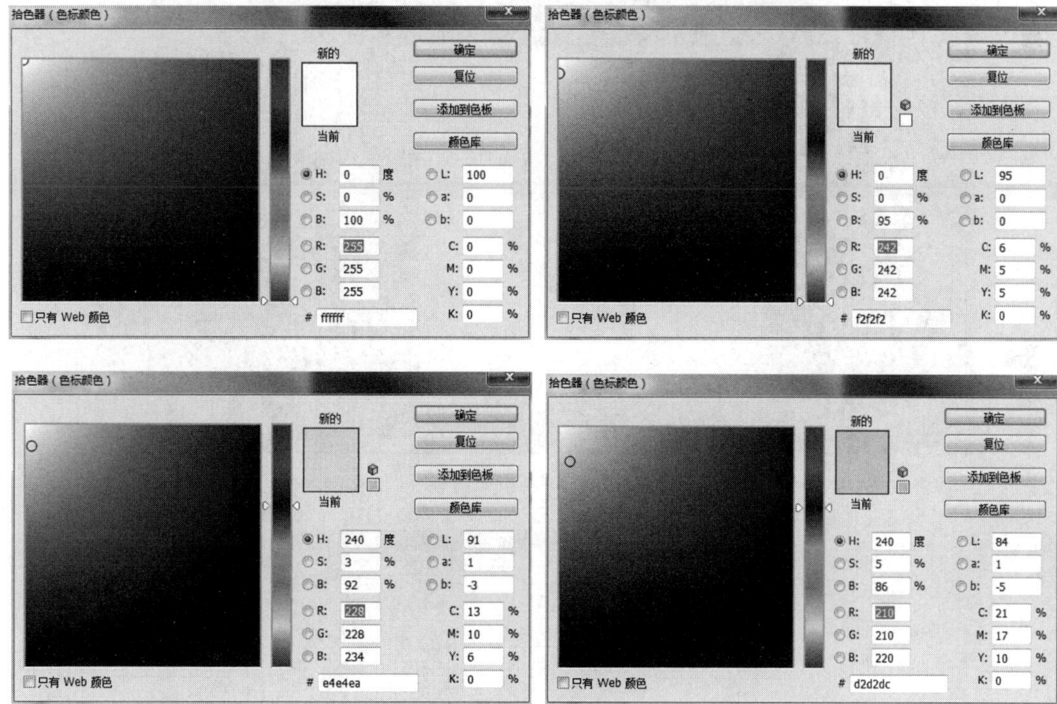

图 5-62　渐变色设置

（13）新建一个图层，命名为“按钮背景 7”，选择圆角矩形工具▢，设置固定大小为宽度 25 像素、高度 25 像素，如图 5-64 所示。

（14）打开图层样式，添加 5 个效果，即斜面和浮雕（如图 5-65 所示）、描边（如图 5-66 所示）、内发光（如图 5-67 所示）、渐变叠加（如图 5-68 和图 5-69 所示）、外发光（如图 5-70 所示），设置后的效果如图 5-71 所示。

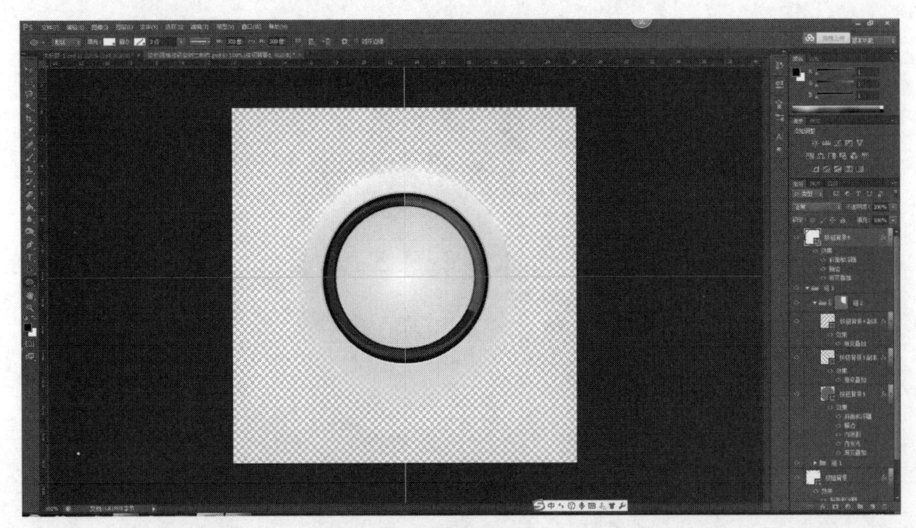

图 5-63　按钮背景 6 效果

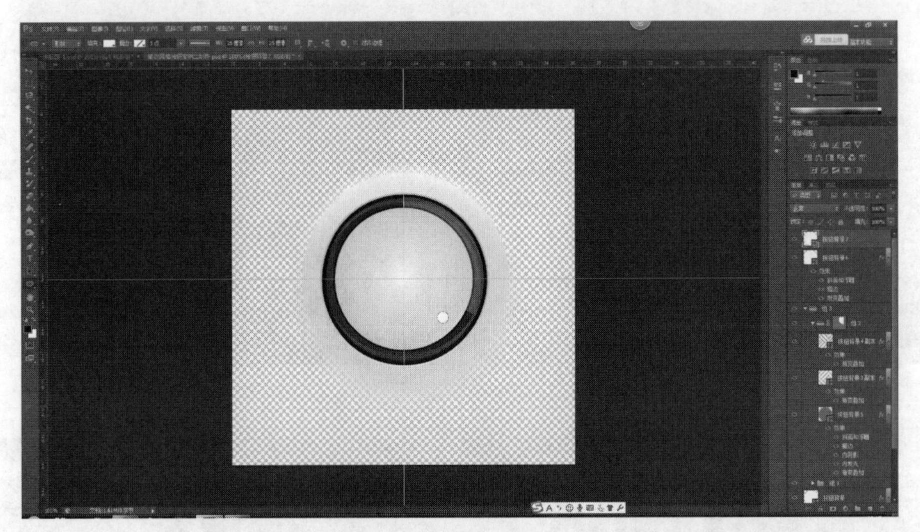

图 5-64　绘制按钮背景 7

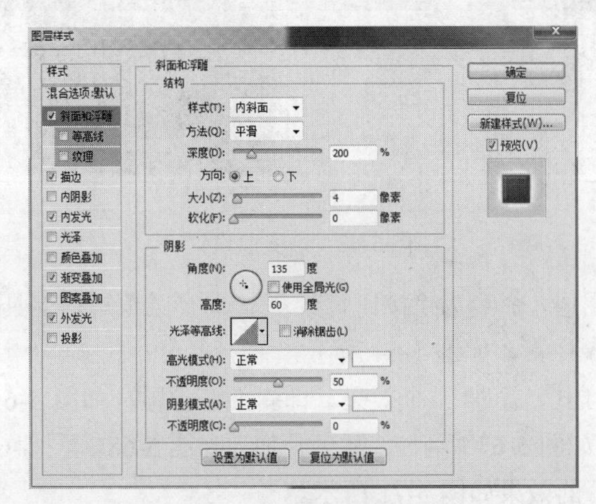

图 5-65　斜面和浮雕效果设置

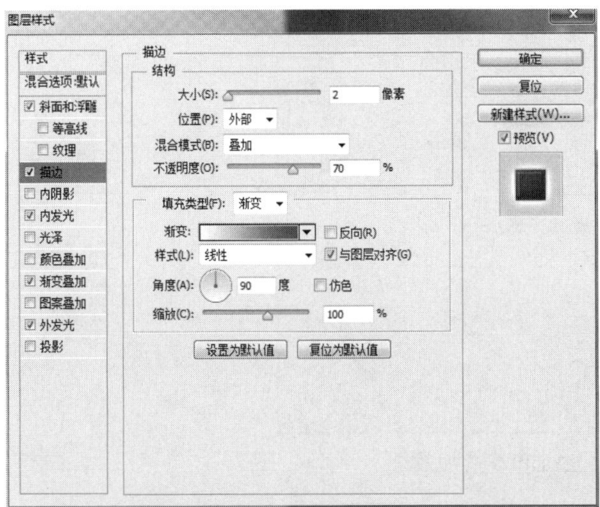

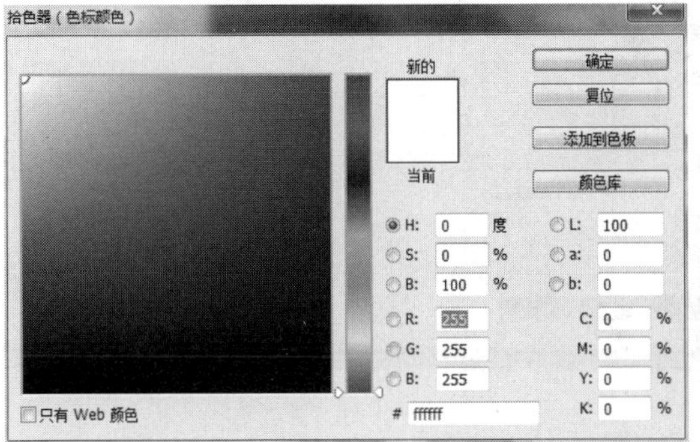

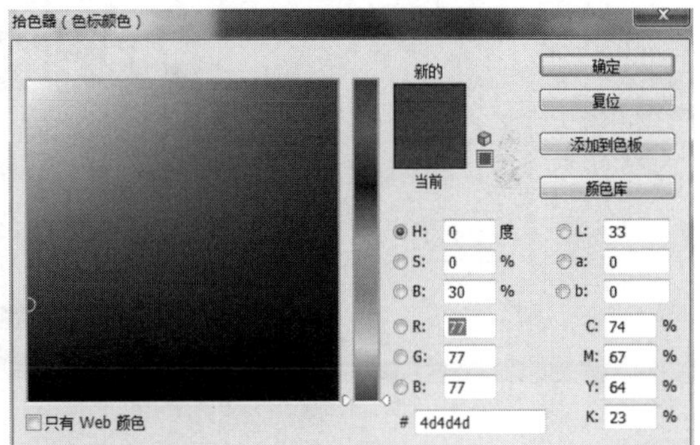

图 5-66 描边效果设置

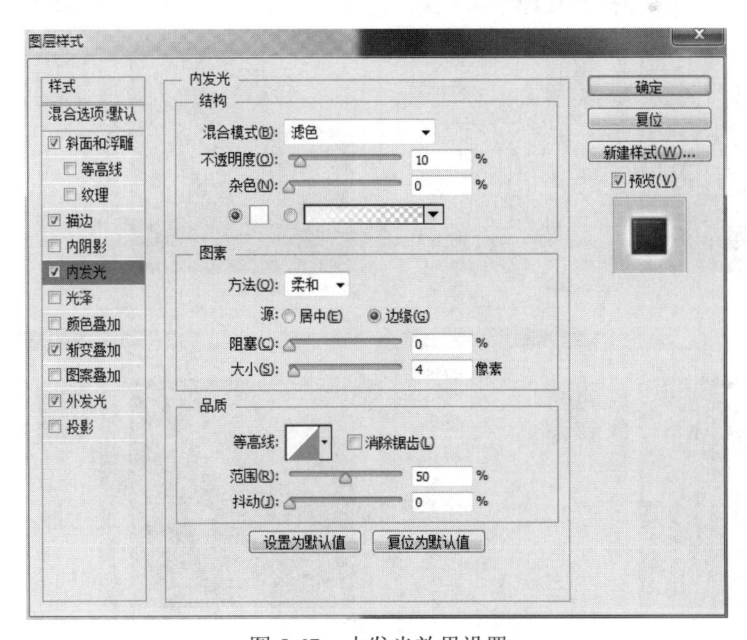

图 5-67 内发光效果设置

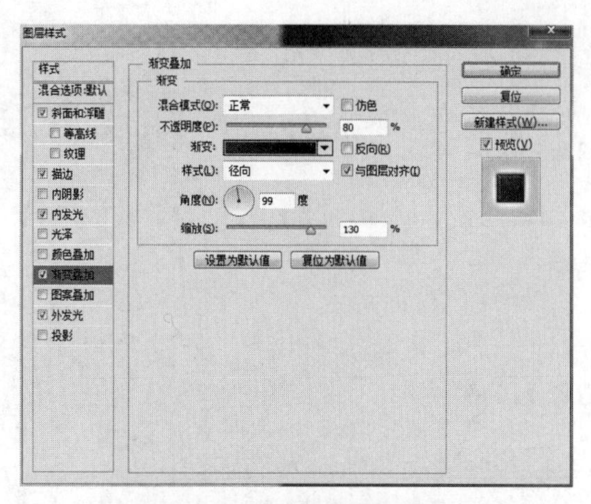

图 5-68　添加渐变叠加效果

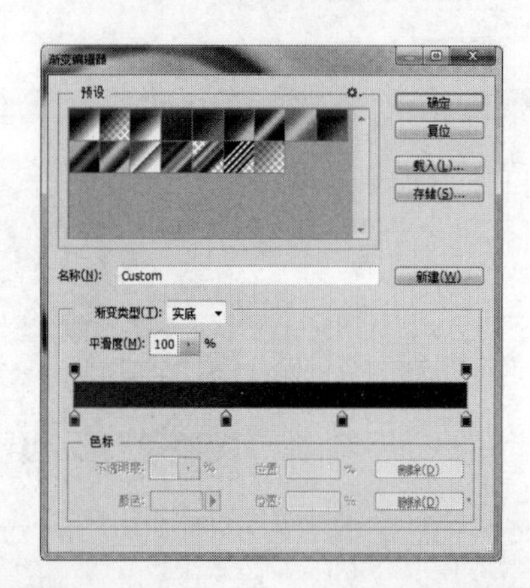

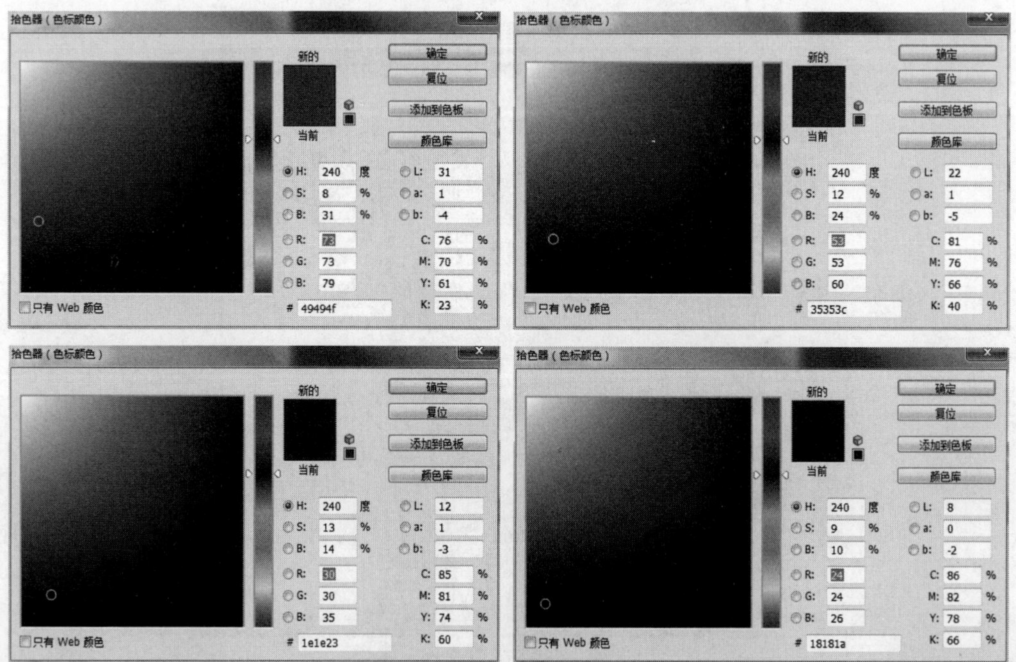

图 5-69　渐变色设置

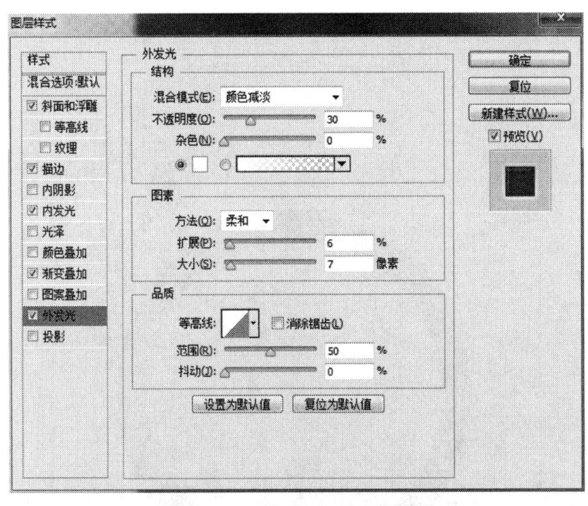

图 5-70　外发光效果设置

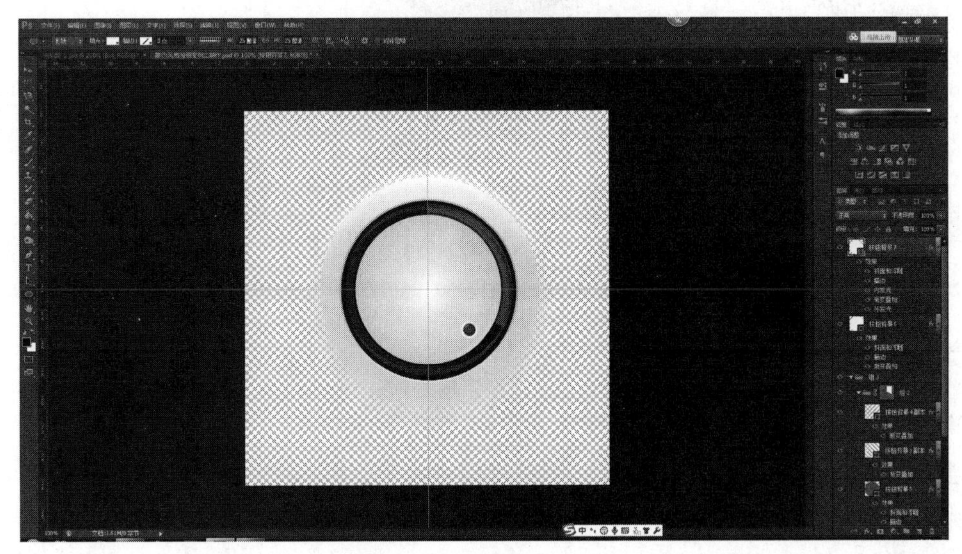

图 5-71　按钮背景 7 效果

（15）双击“按钮背景 7”图层前端打开拾色器，设置颜色为黑色，如图 5-72 所示。

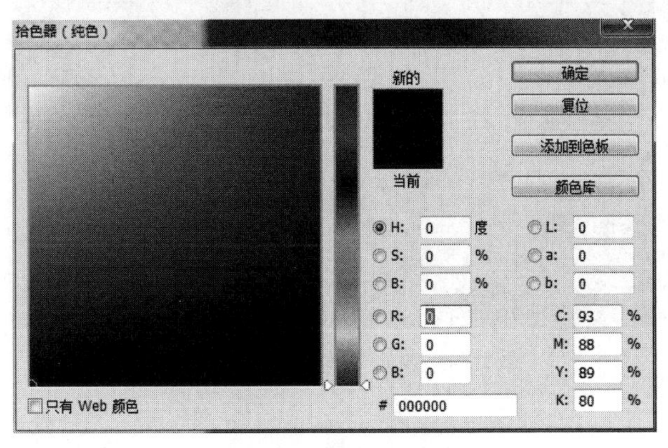

图 5-72　拾色器设置

（16）将“按钮背景 7”和“按钮背景 8”图层建立为“组 4”，按钮最终效果如图 5-73 所示。

图 5-73　按钮最终效果

任务 3　复古效果按钮设计

1．复古效果下载按钮设计

制作要点：复古效果下载按钮设计。
使用工具：Photoshop 中的图层、圆角矩形、文字、图层样式等。
效果图：如图 5-74 所示。

图 5-74　复古效果下载按钮效果图

制作步骤：
（1）新建画布，如图 5-75 所示。

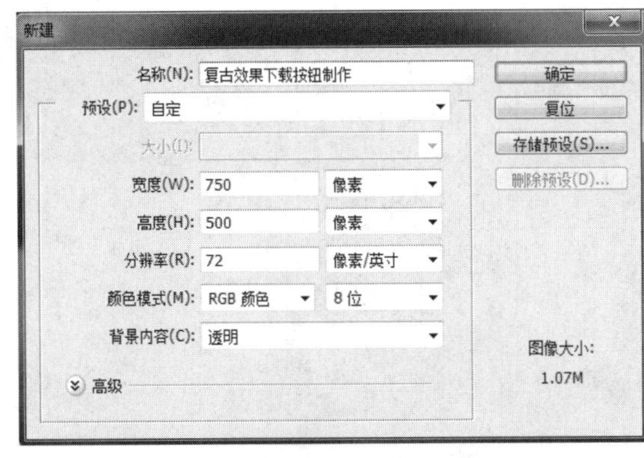

图 5-75　新建画布

（2）新建一个图层，命名为“背景图层”，选择这个图层，打开图层样式，添加 3 个效果，即颜色叠加（如图 5-76 所示）、图案叠加（如图 5-77 所示）、渐变叠加（如图 5-78 所示），设置后的效果如图 5-79 所示。

图 5-76　添加颜色叠加效果

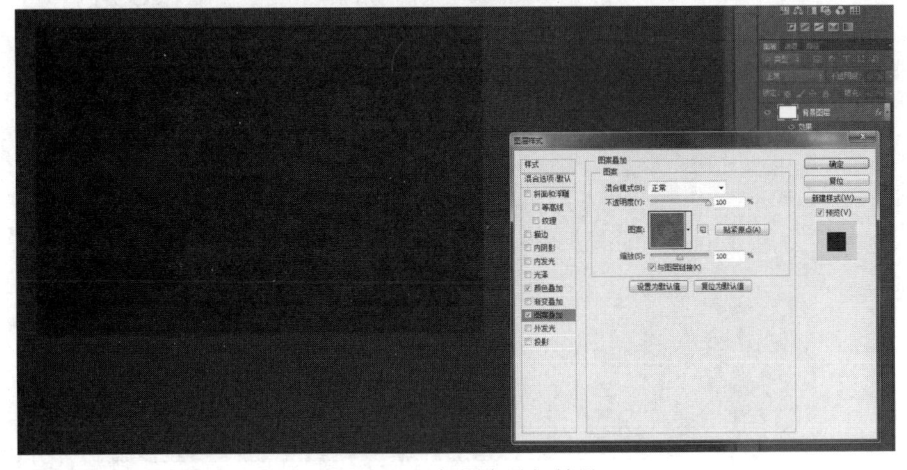

图 5-77　添加图案叠加效果

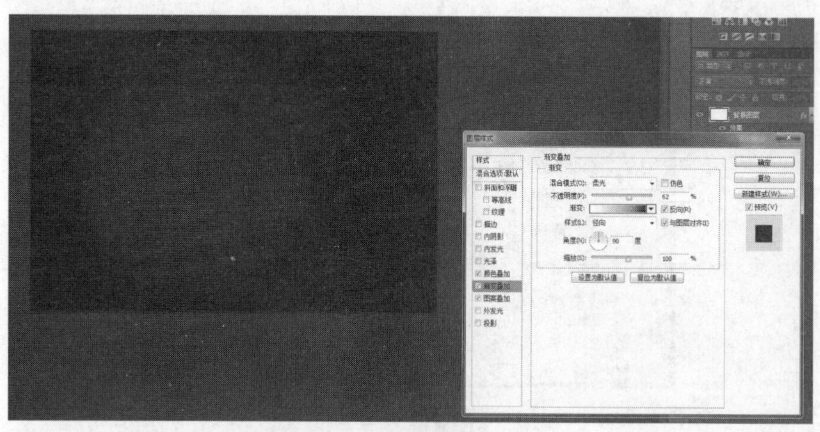

图 5-78　添加渐变叠加效果

图 5-79　背景图层效果

（3）新建一个图层，选择圆角矩形工具，设置填充颜色为 R:158,G:116,B:17，固定大小为宽度 450 像素、高度 150 像素、半径 20 像素，然后在画布中绘制一个圆角矩形，如图 5-80 所示。

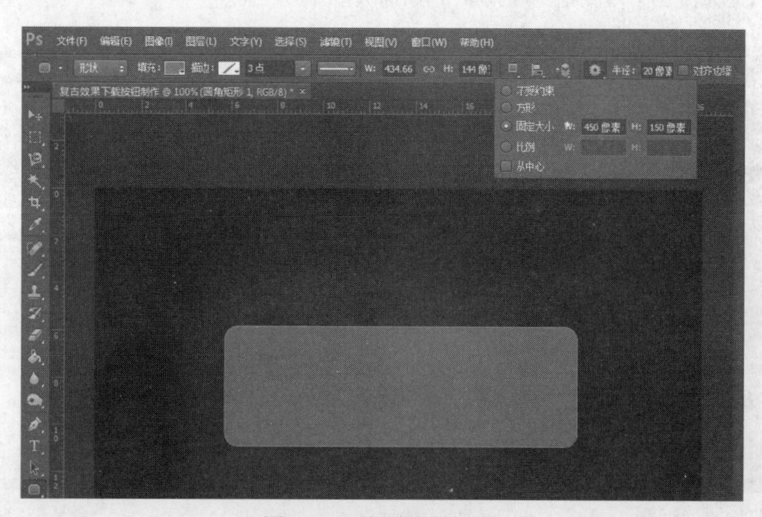

图 5-80　绘制圆角矩形

（4）选择圆角矩形的图层，打开图层样式，添加 4 个效果，即描边（如图 5-81 所示）、图案叠加（如图 5-82 所示）、渐变叠加（如图 5-83 所示）、投影（如图 5-84 所示），设置后的效果如图 5-85 所示。

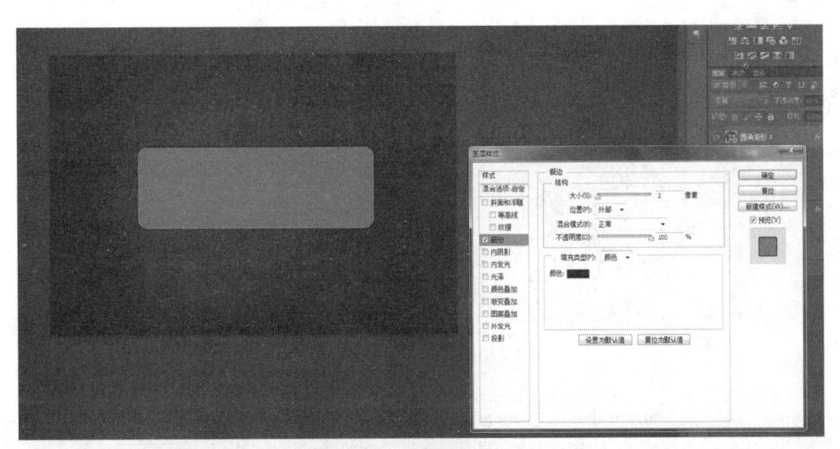

图 5-81　添加描边效果

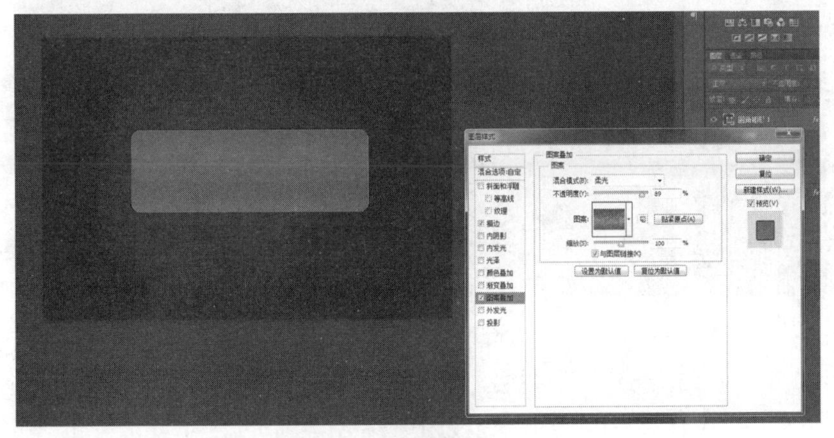

图 5-82　添加图案叠加效果

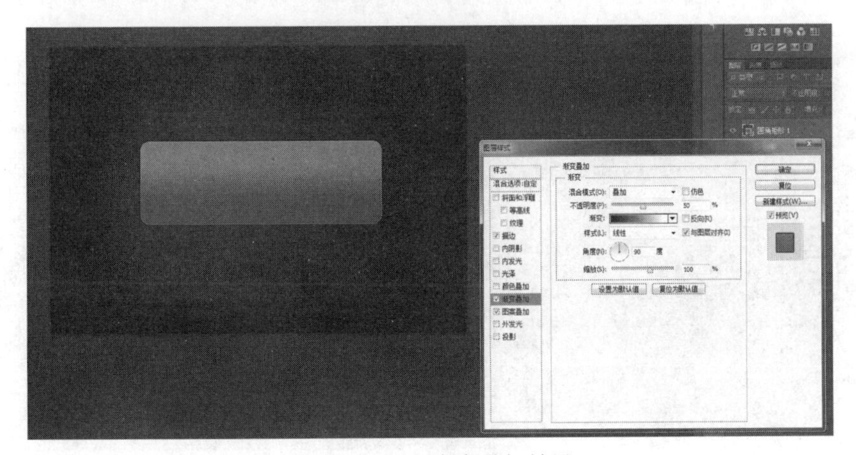

图 5-83　添加渐变叠加效果

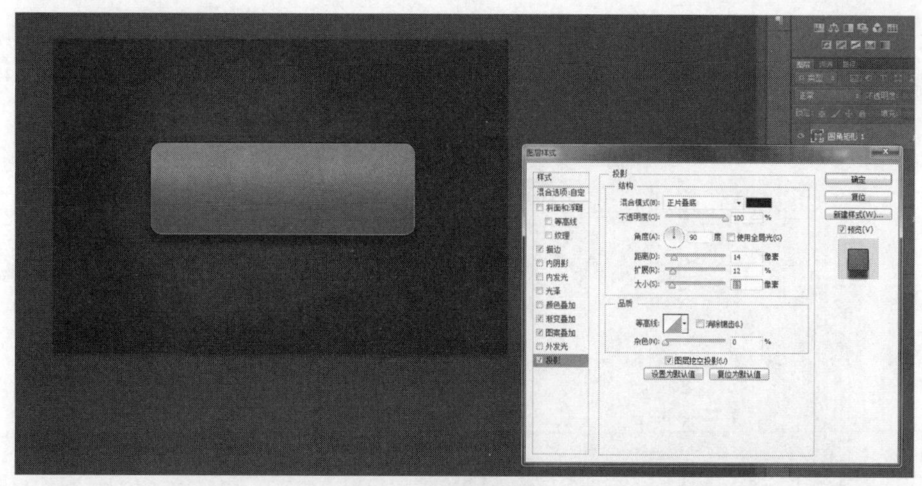

图 5-84 添加投影效果

图 5-85 圆角矩形图层效果

下载按钮的光亮效果制作方法

（5）新建一个图层，命名为“按钮光亮效果”，然后选择圆形选框工具，设置羽化为 20 像素，在按钮中上部创建圆形选区，然后单击“编辑”→“填充”命令填充选框，最后设置填充透明度为 40，效果如图 5-86 所示。

图 5-86 按钮光亮效果

（6）新建一个图层，命名为“按钮纹理效果”，拖入纹理素材放到按钮的右下方（如图 5-87 所示），然后打开图层样式，添加两个效果，即颜色叠加（如图 5-88 所示）和内阴影（如图 5-89 所示），效果如图 5-90 所示。

图 5-87　拖入纹理素材

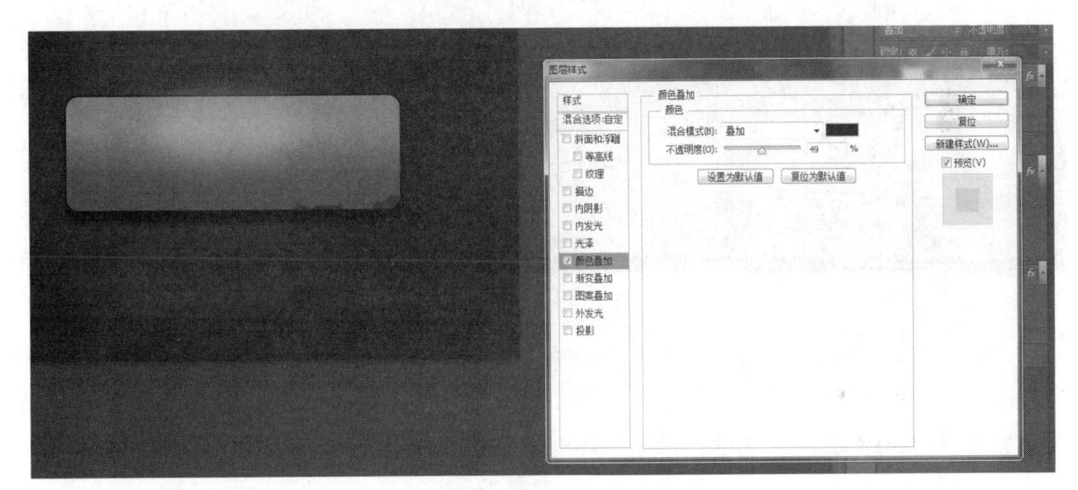

图 5-88　添加颜色叠加效果

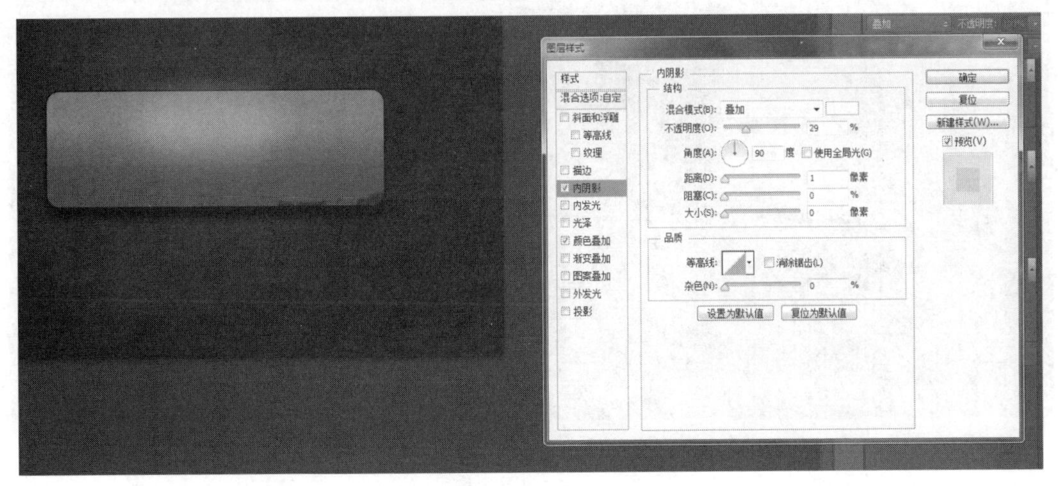

图 5-89　添加内阴影效果

图 5-90　按钮纹理效果

（7）复制“按钮纹理效果”图层，围绕按钮周边制作纹理效果，如图 5-91 所示。

图 5-91　纹理效果

（8）新建一个图层，选择文本工具，输入文字“下载”，字体为黑体，大小为 48。然后为该图层添加 4 个效果，即内阴影（如图 5-92 所示）、图案叠加（如图 5-93 所示）、渐变叠加（如图 5-94 所示）、投影（如图 5-95 所示），效果如图 5-96 所示。

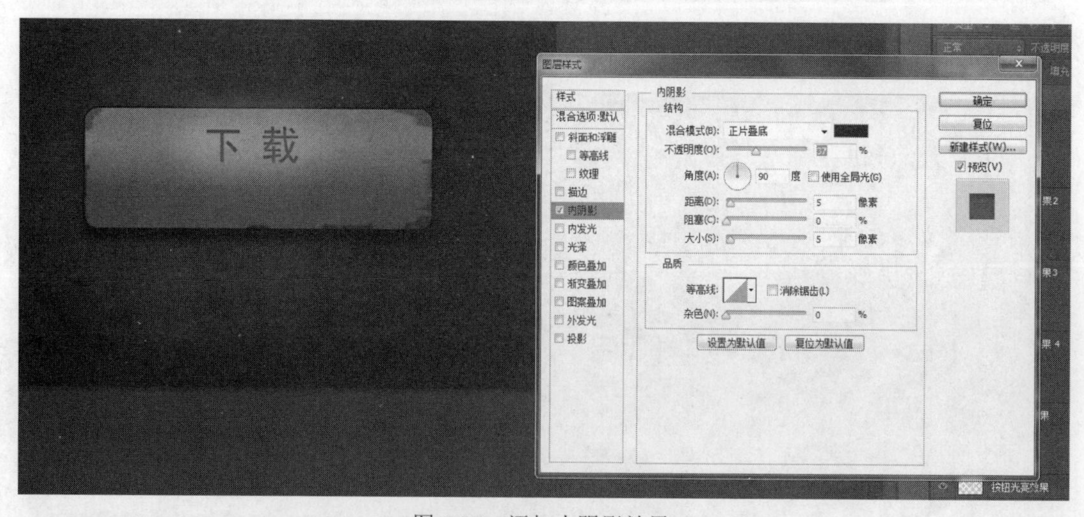

图 5-92　添加内阴影效果

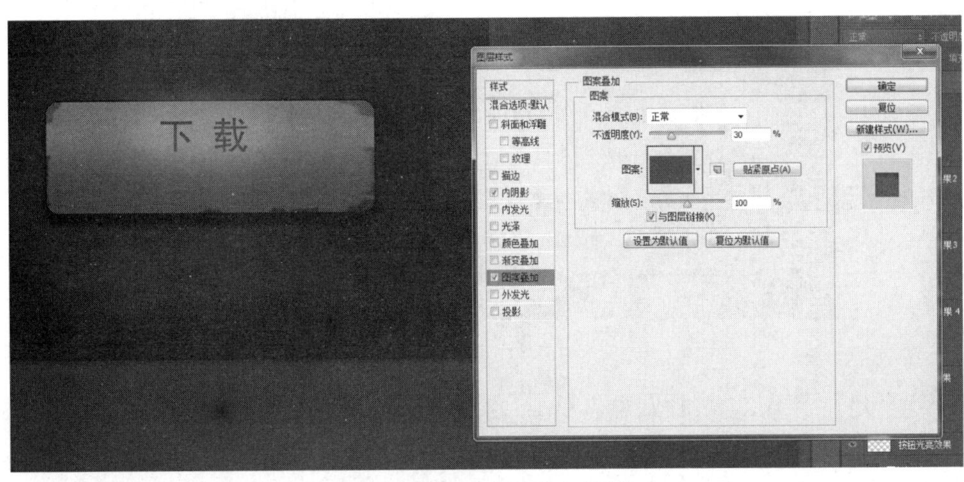

图 5-93　添加图案叠加效果

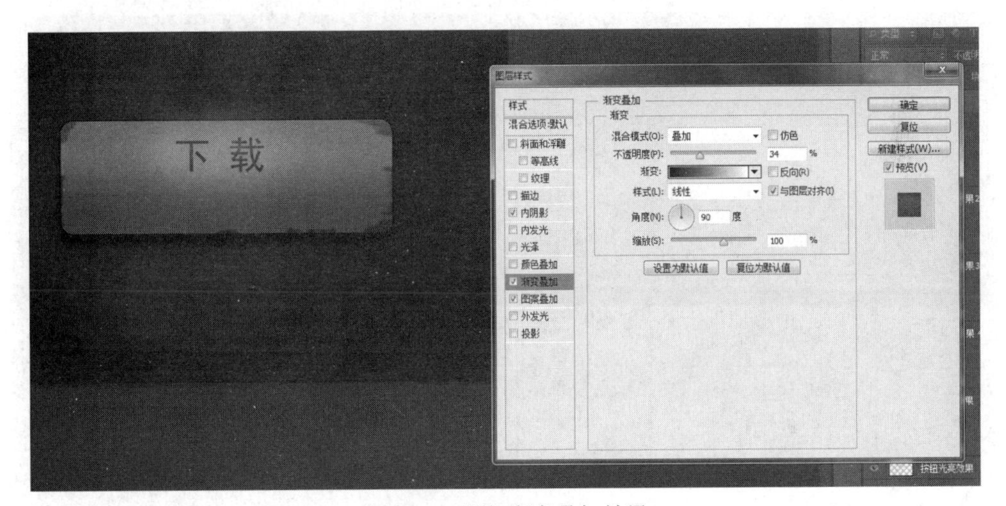

图 5-94　添加渐变叠加效果

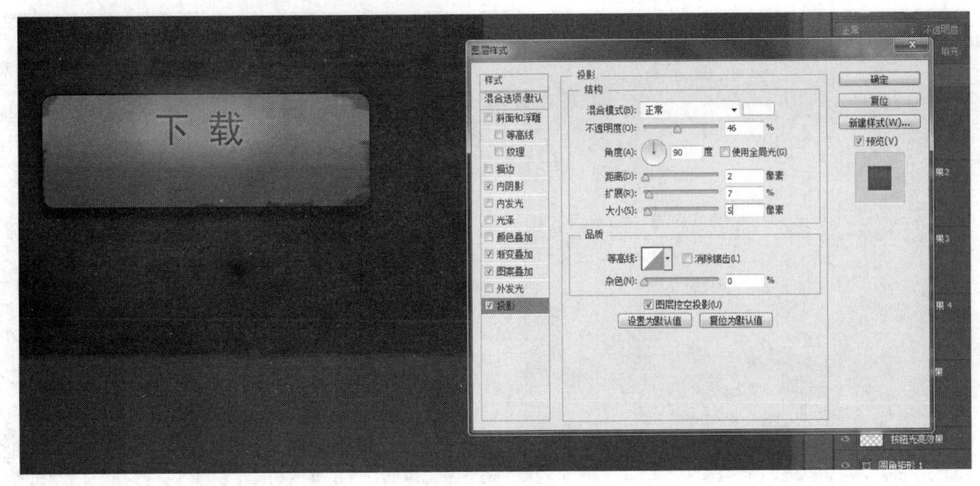

图 5-95　添加投影效果

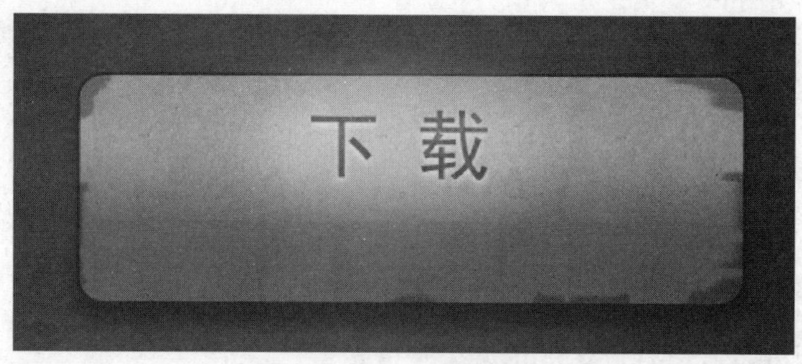

图 5-96 图层效果

（9）新建一个图层，选择圆角矩形工具，设置固定大小为宽度 340 像素、高度 2 像素、半径 20 像素，绘制形状；打开图层样式，设置渐变叠加，效果如图 5-97 所示；复制这个图层，对渐变叠加参数做一定修改，如图 5-98 所示，最后完成效果如图 5-99 所示。

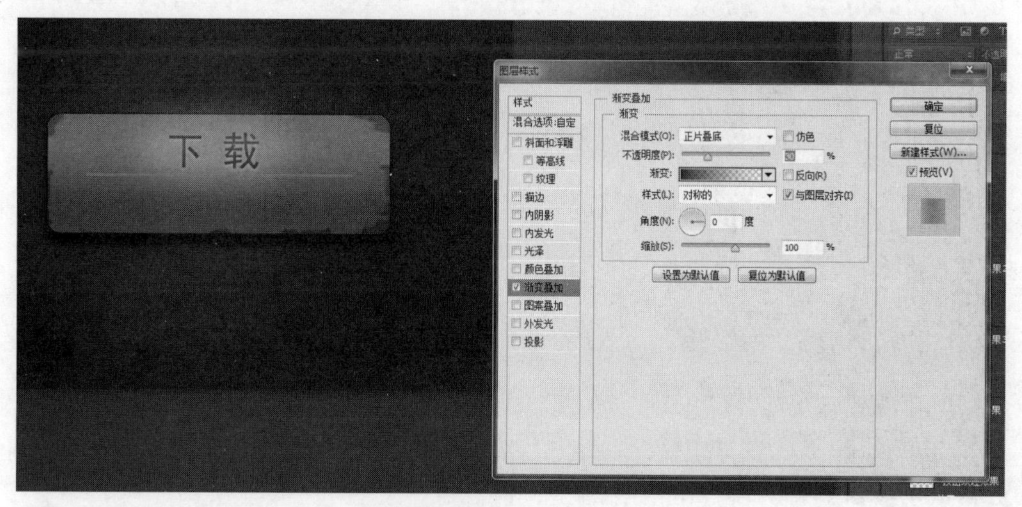

图 5-97 添加渐变叠加效果

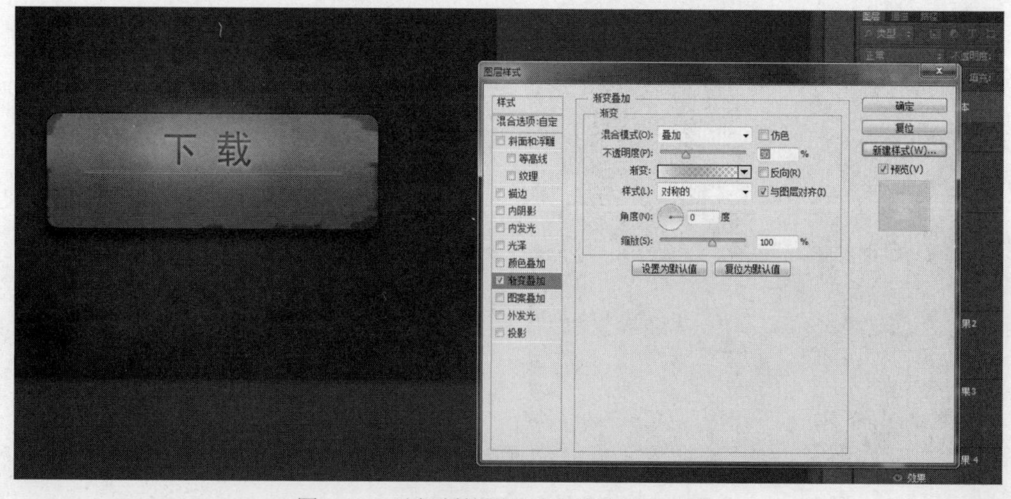

图 5-98 对复制的图层添加渐变叠加效果

图 5-99　圆角矩形设置效果

（10）新建一个图层，选择文本工具，输入文字“DOWNLOAD”，字体为黑体，大小为 30；打开图层样式，添加 4 个效果，即内阴影（如图 5-100 所示）、图案叠加（如图 5-101 所示）、渐变叠加（如图 5-102 所示）、投影（如图 5-103 所示）。

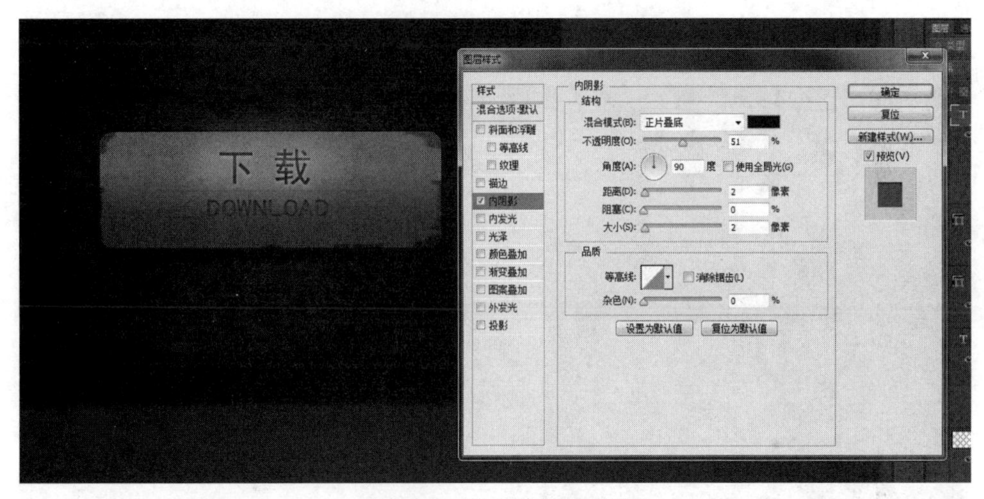

图 5-100　添加内阴影效果

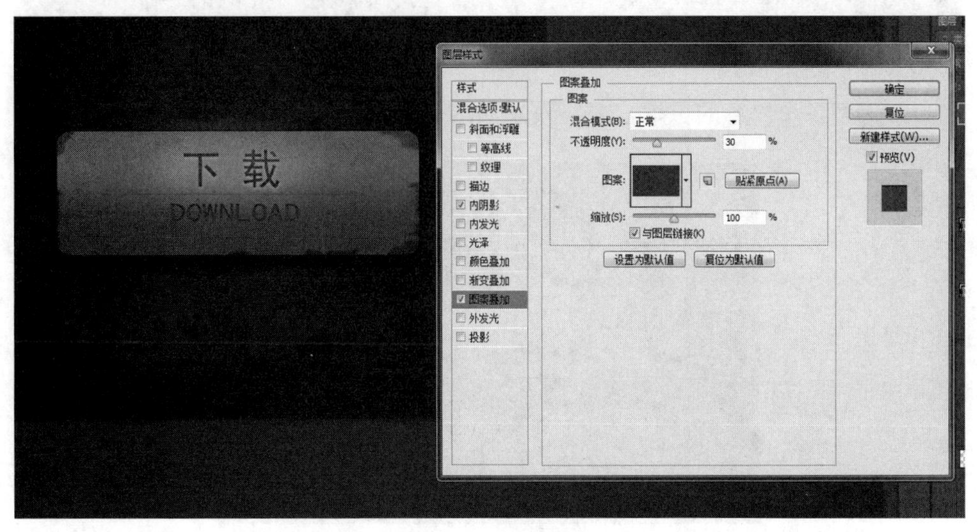

图 5-101　添加图案叠加效果

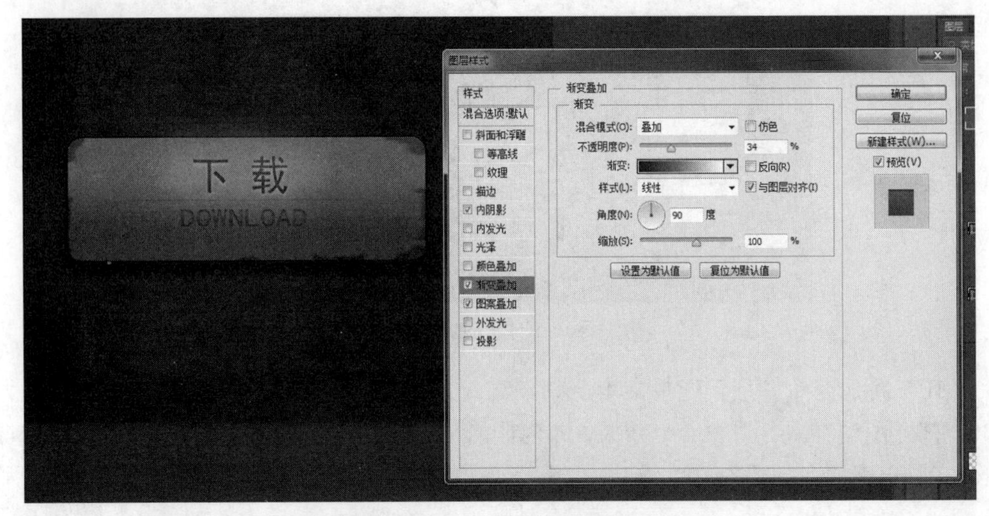

图 5-102　添加渐变叠加效果

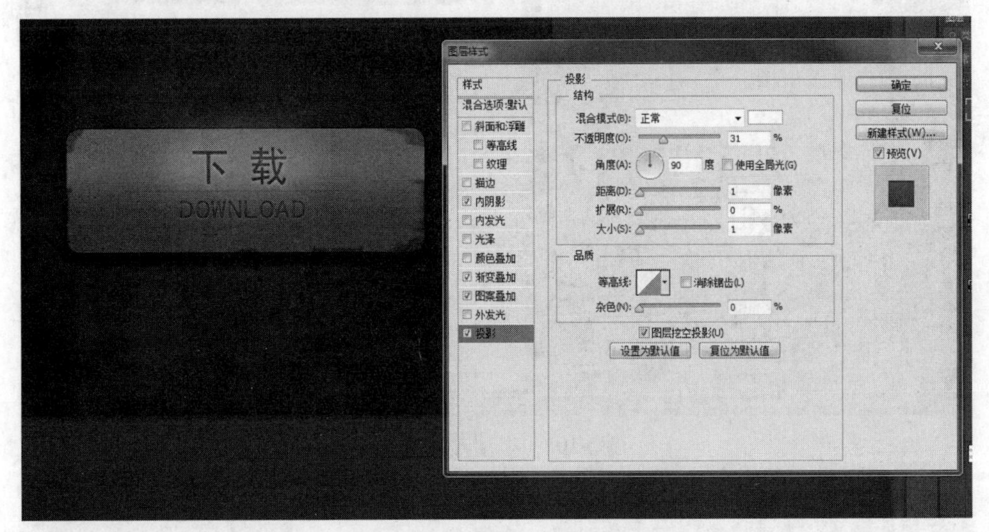

图 5-103　添加投影效果

（11）调整各个内容的位置，最终效果如图 5-104 所示。

图 5-104　最终效果

2. 复古效果开关按钮设计

制作要点：复古效果开关按钮设计。

使用工具：Photoshop 中的图层、圆角矩形、文字、图层样式等。

效果图：如图 5-105 所示。

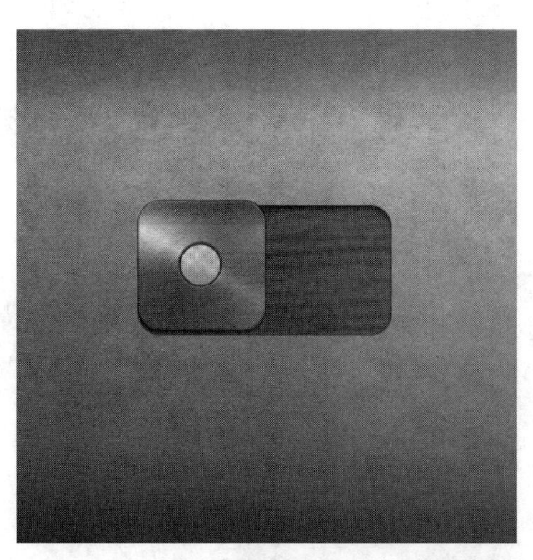

图 5-105　复古效果开关按钮设计效果图

复古效果开关按钮设计（第 1 步至第 7 步）

制作步骤：

（1）新建画布，如图 5-106 所示。

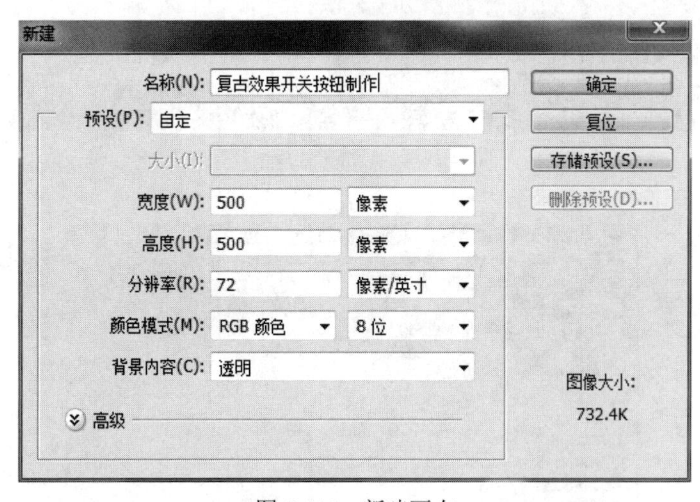

图 5-106　新建画布

（2）新建一个图层，命名为“图层背景”，拖入背景图片素材，如图 5-107 所示。

（3）新建一个图层，命名为“材质图层 1”，选择矩形选框工具，在画布中创建矩形选框，然后填充黑色，如图 5-108 所示；打开图层样式，添加两个效果，即图案叠加（如图 5-109 所示）和渐变叠加（如图 5-110 所示），效果如图 5-111 所示。

图 5-107　背景图片素材

图 5-108　矩形选框

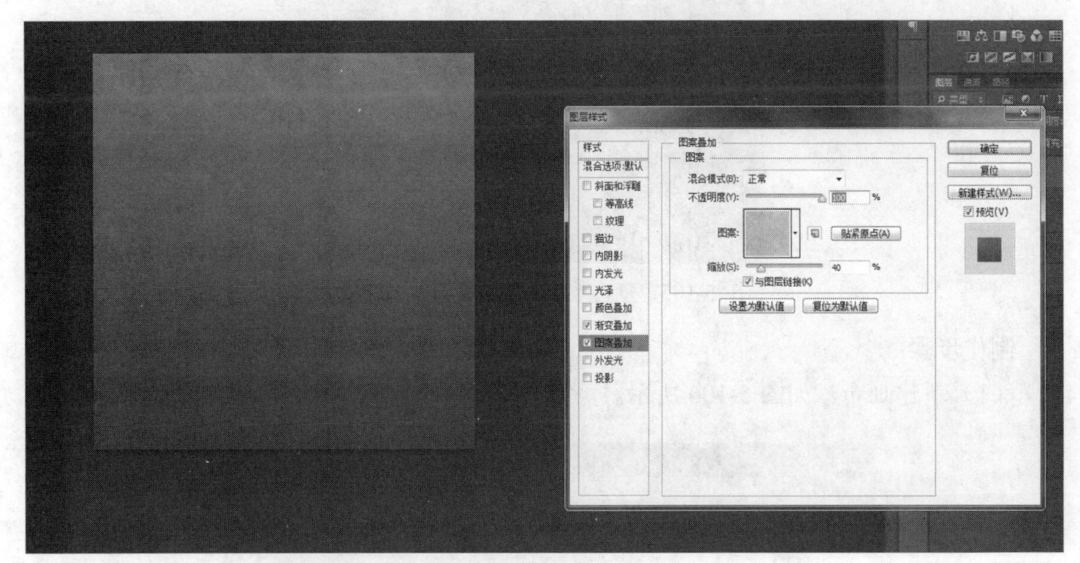

图 5-109　添加图案叠加效果

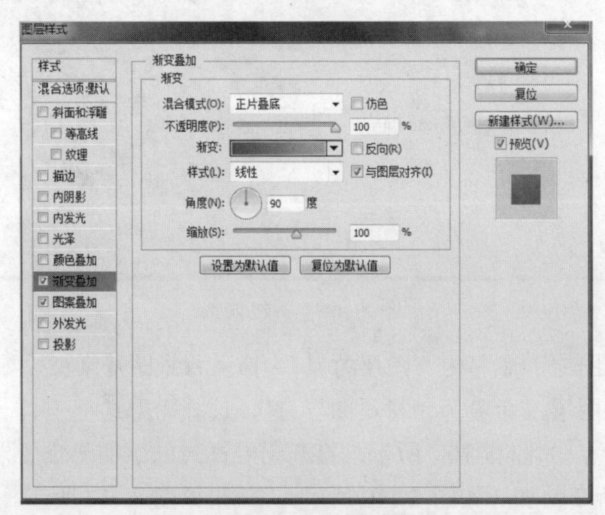

图 5-110　添加渐变叠加效果

图 5-111　材质图层 1 效果

（4）新建一个图层，命名为“材质图层 2”，选择矩形选框工具，在画布中创建矩形选框，然后填充深灰色，填充设置为 0，如图 5-112 所示；打开图层样式，添加一个效果，即渐变叠加（如图 5-113 所示），效果如图 5-114 所示。

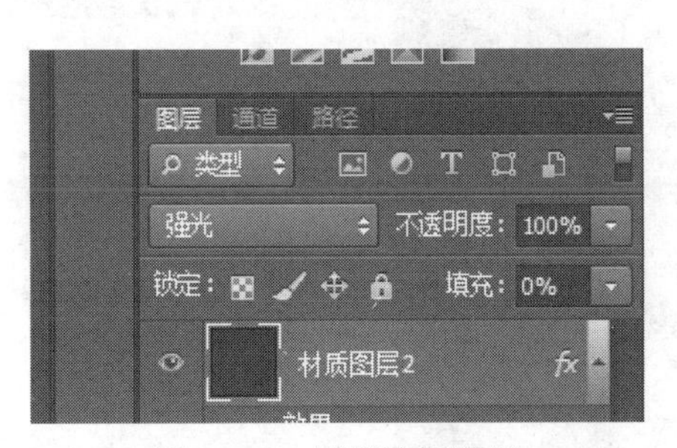

图 5-112　矩形选框设置

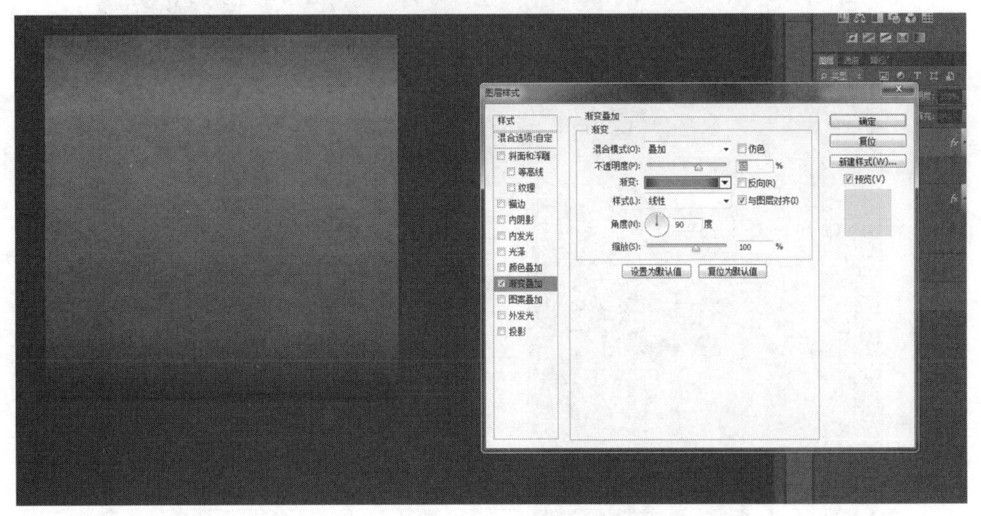

图 5-113　添加渐变叠加效果

（5）新建一个图层，命名为“按钮底色”，选择圆角矩形工具，在画布中绘制一个圆角矩形，如图 5-115 所示。

图 5-114 材质图层 2 效果

图 5-115 绘制圆角矩形

（6）选择这个图层，打开图层样式，添加 7 个效果，即斜面和浮雕（如图 5-116 所示）、描边（如图 5-117 所示）、内阴影（如图 5-118 所示）、内发光（如图 5-119 所示）、渐变叠加（如图 5-120 所示）、图案叠加（如图 5-121 所示）、外发光（如图 5-122 所示）。

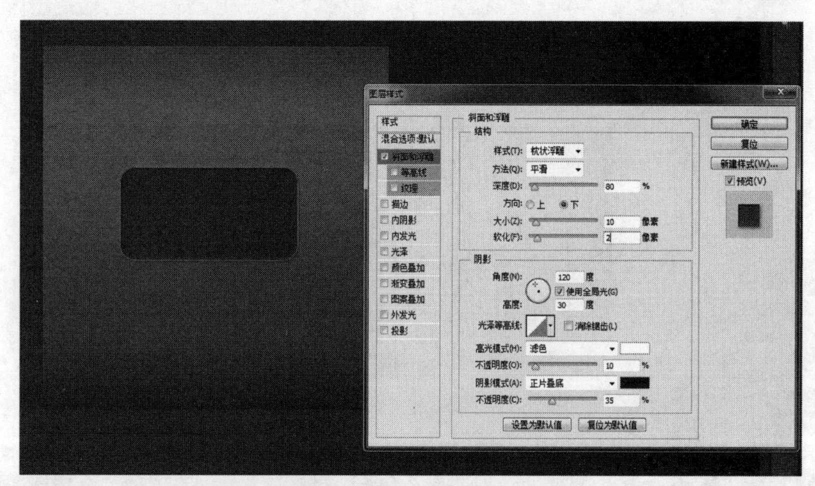

图 5-116 添加斜面和浮雕效果

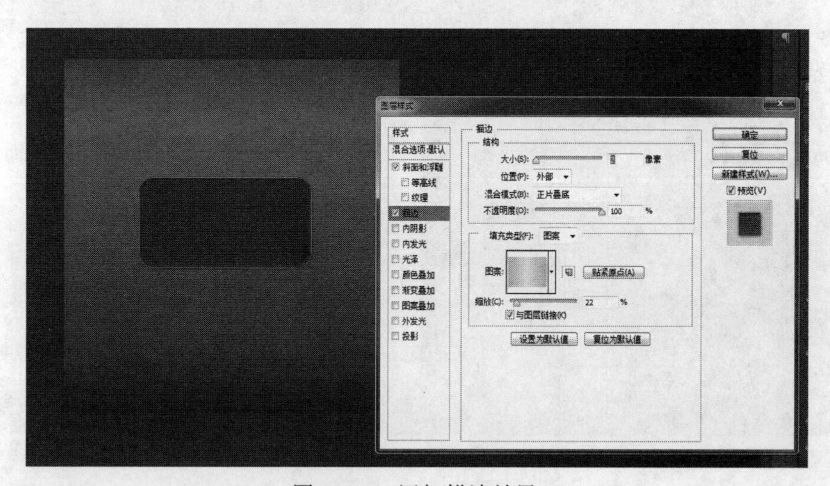

图 5-117 添加描边效果

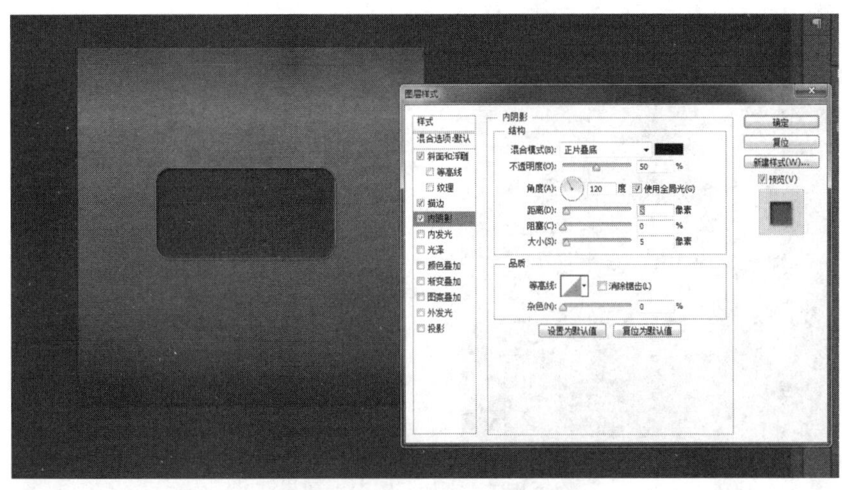

图 5-118 添加内阴影效果

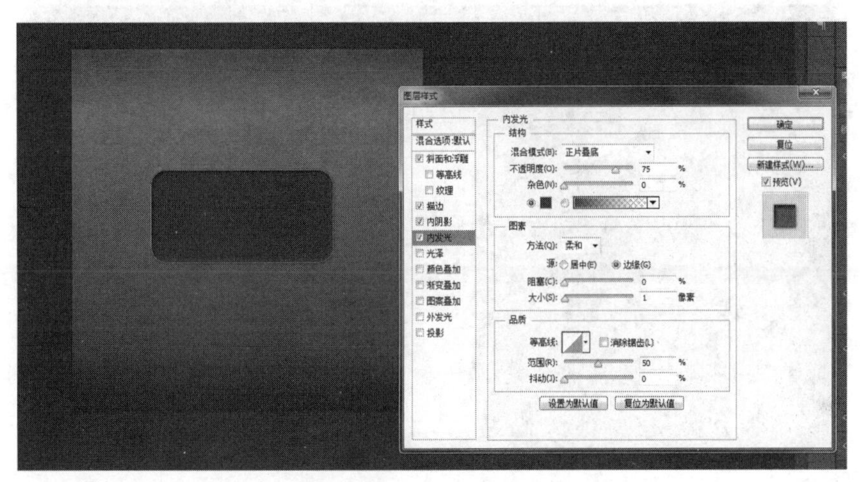

图 5-119 添加内发光效果

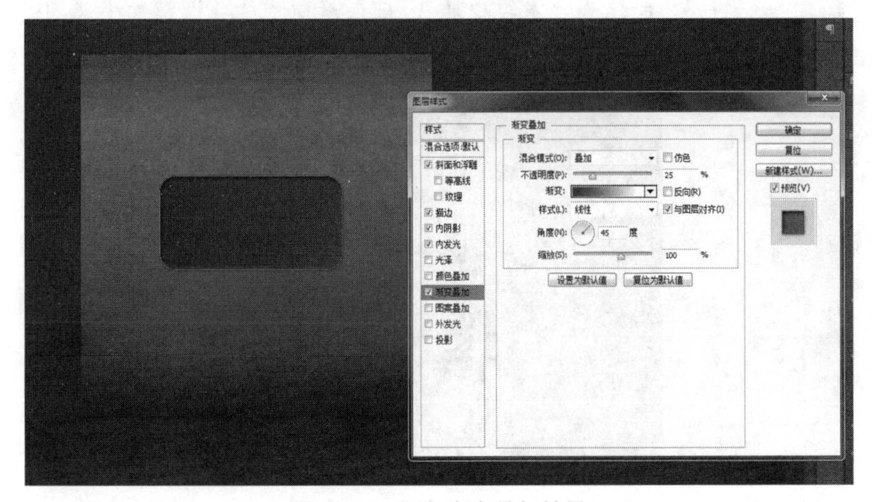

图 5-120 添加渐变叠加效果

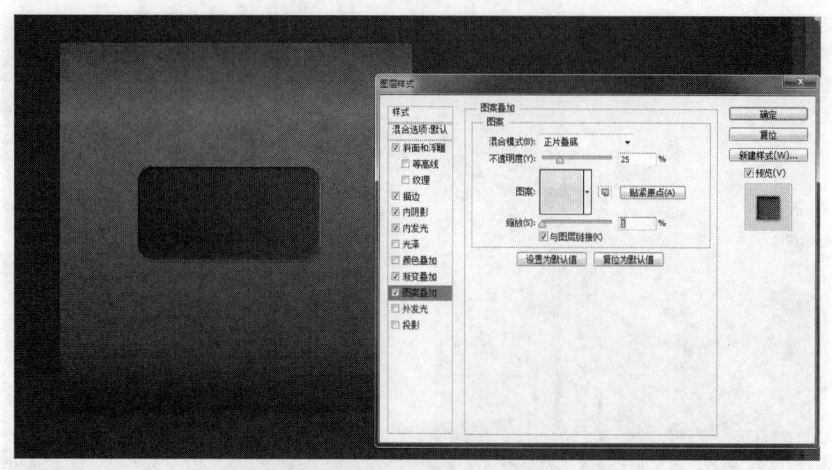

图 5-121　添加图案叠加效果

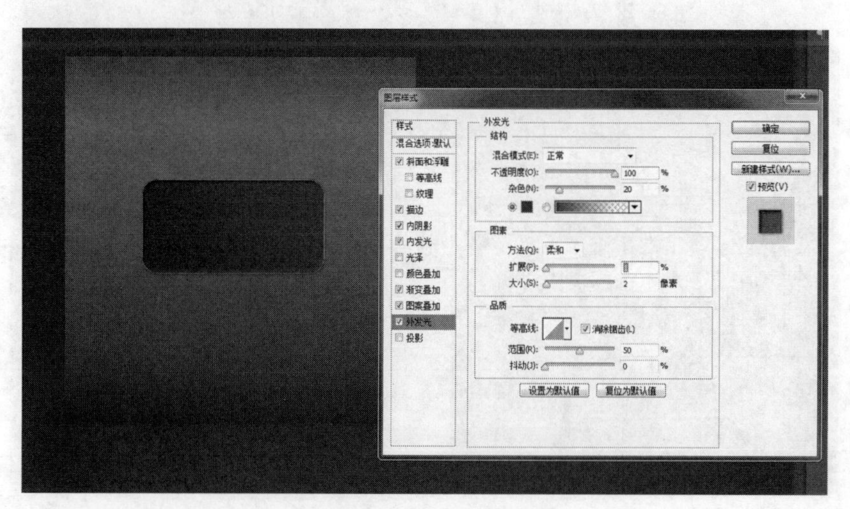

图 5-122　添加外发光效果

（7）新建一个图层，命名为“木纹材质”，拖入素材图片并调整大小（如图 5-123 所示），然后设置其不透明度为 30，效果如图 5-124 所示。

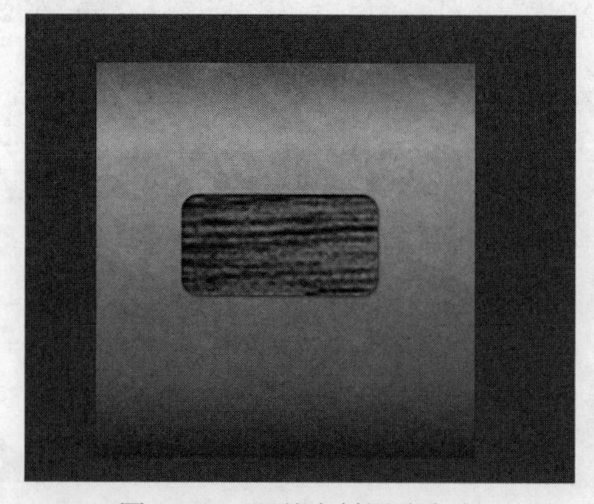

图 5-123　调整素材图片大小

图 5-124　木纹材质效果

（8）新建一个图层，命名为“开关”，选择圆角矩形工具，在画布中绘制按钮形状，如图 5-125 所示；打开图层样式，添加 5 个效果，即投影（如图 5-126 所示）、图案叠加（如图 5-127 所示）、渐变叠加（如图 5-128 所示）、描边（如图 5-129 所示）、斜面和浮雕（如图 5-130 所示），效果如图 5-131 所示。

复古效果开关按钮设计
（第 8 步至第 9 步）

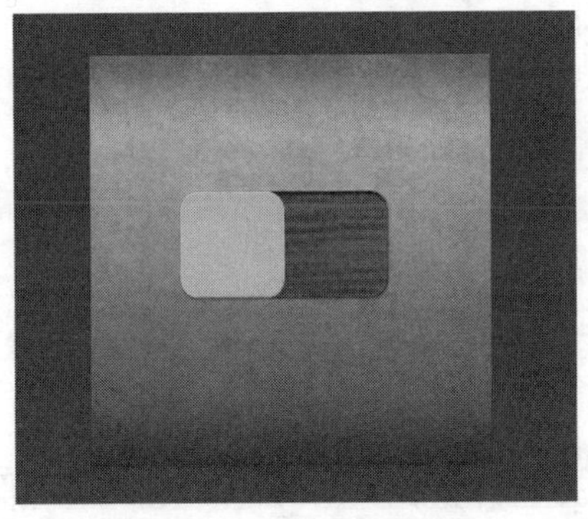

图 5-125　绘制按钮形状

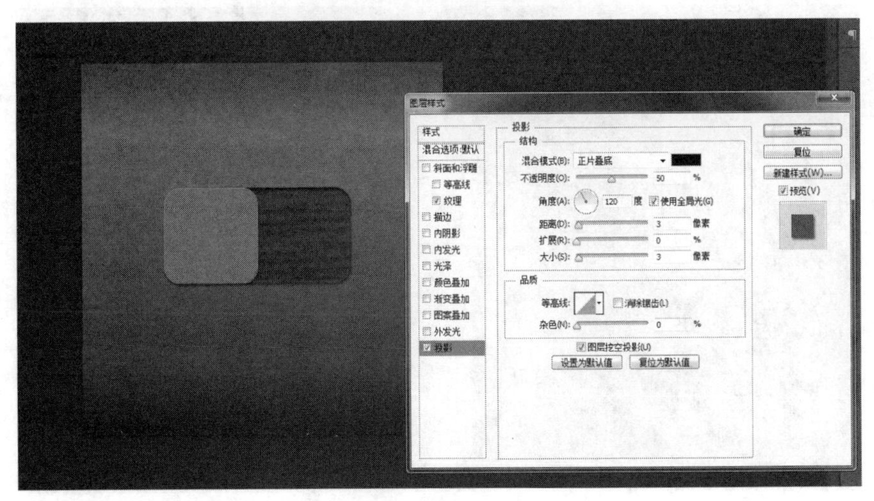

图 5-126　添加投影效果

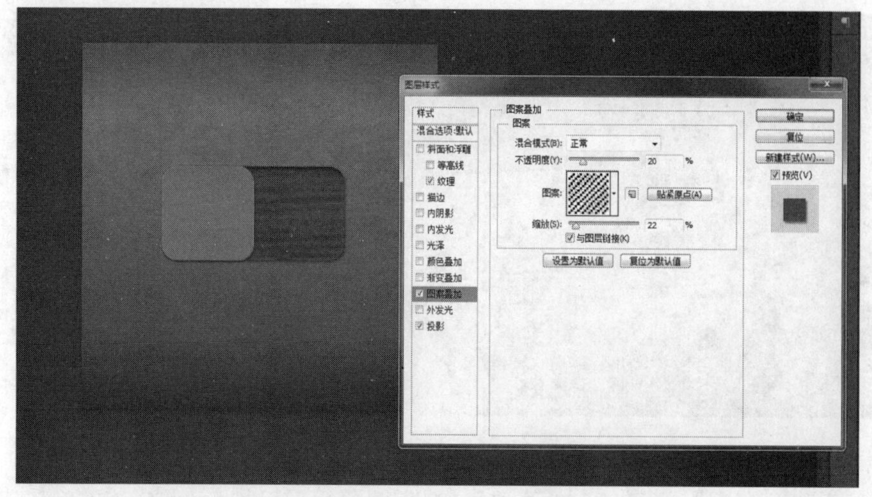

图 5-127　添加图案叠加效果

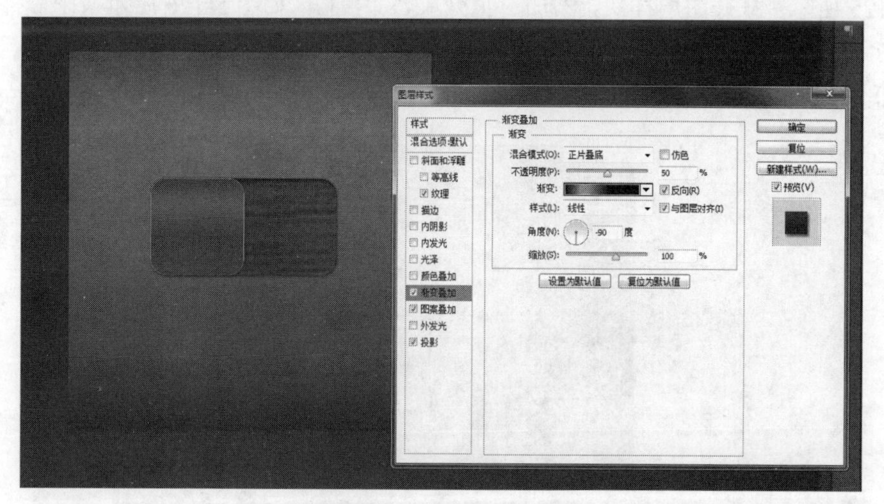

图 5-128　添加渐变叠加效果

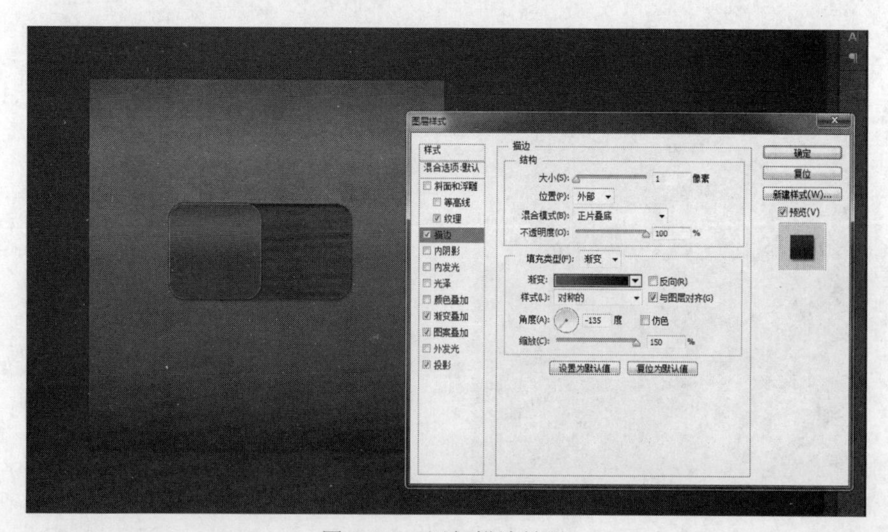

图 5-129　添加描边效果

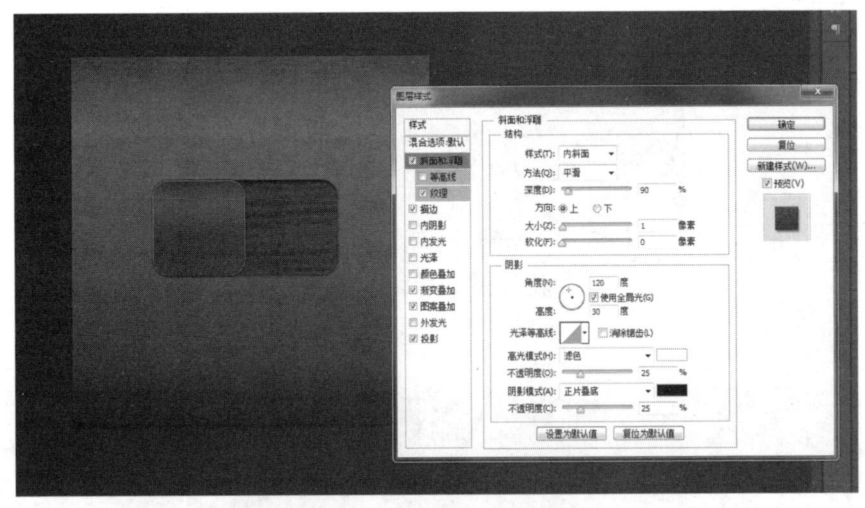

图 5-130　添加斜面和浮雕效果

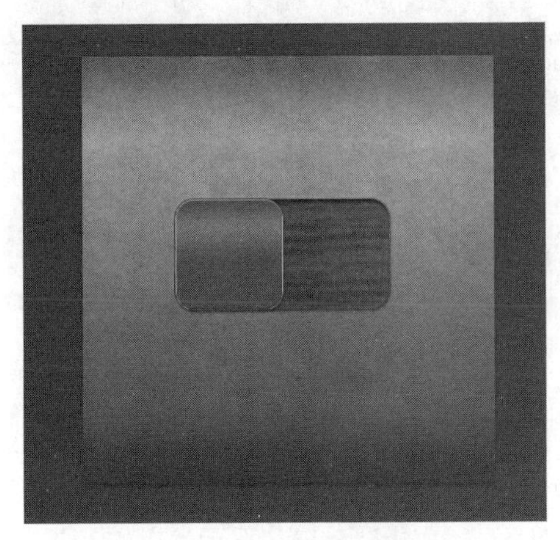

图 5-131　开关图层效果

（9）新建一个图层，命名为“开关特效”，拖入素材图片，如图 5-132 所示；选择钢笔工具，绘制出如图 5-133 所示的路径，按住 Ctrl 键单击添加矢量蒙版，如图 5-134 所示。

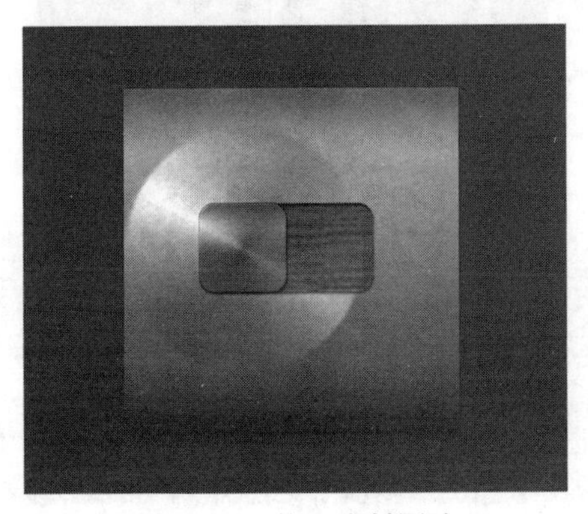

图 5-132　拖入素材图片

图 5-133　绘制路径

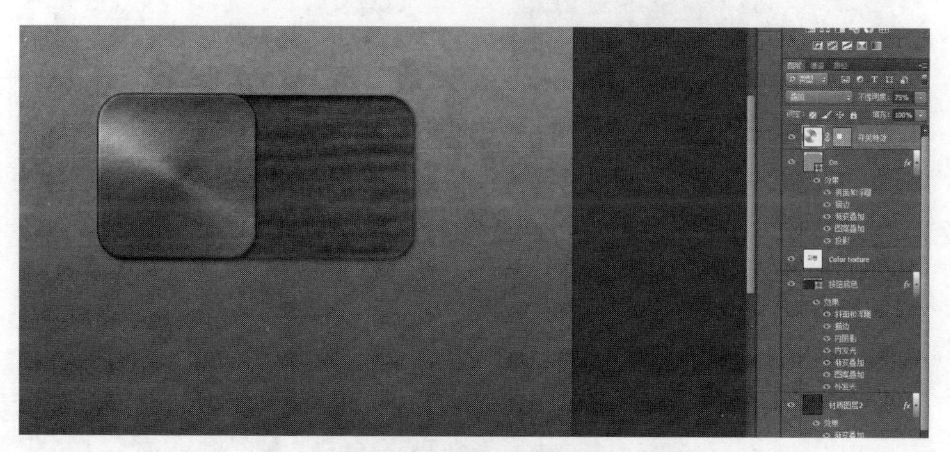

图 5-134　添加矢量蒙版

（10）新建一个图层，命名为“绿色形状”，选择椭圆形工具，在画布中绘制圆形，如图 5-135 所示，设置填充为 10，如图 5-136 所示；打开图层样式，添加 5 个效果，即斜面和浮雕（如图 5-137 所示）、描边（如图 5-138 所示）、渐变叠加（如图 5-139 所示）、图案叠加（如图 5-140 所示）、外发光（如图 5-141 所示），效果如图 5-142 所示。

复古效果开关按钮设计
（第 10 步至第 11 步）

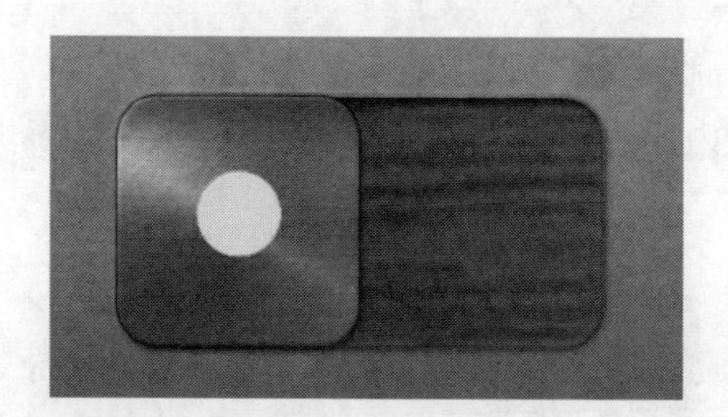

图 5-135　绘制圆形

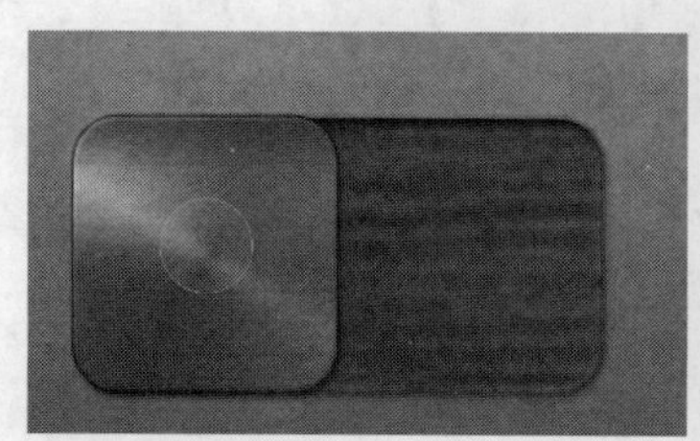

图 5-136　填充设置

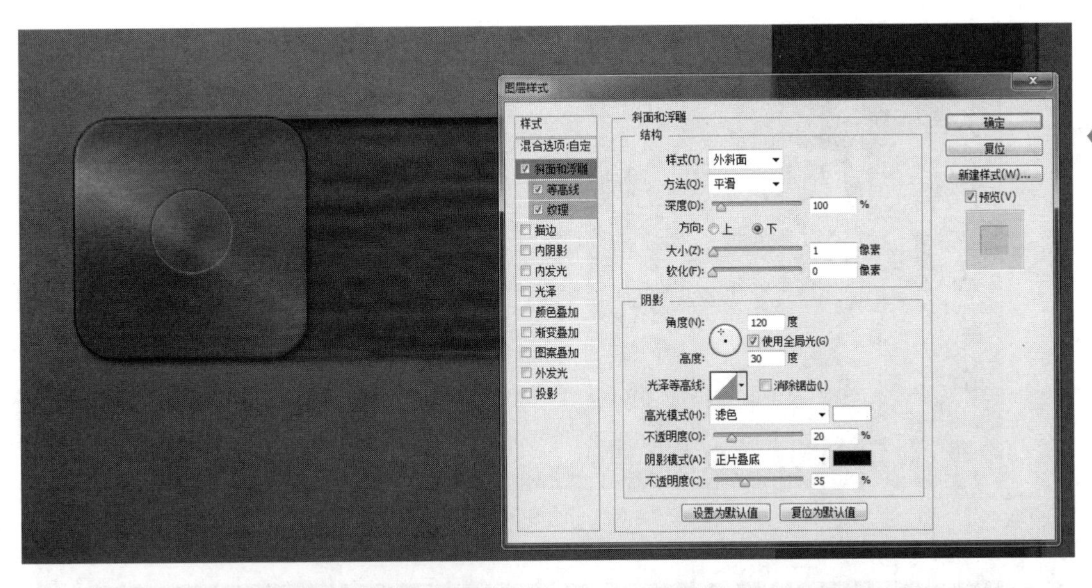

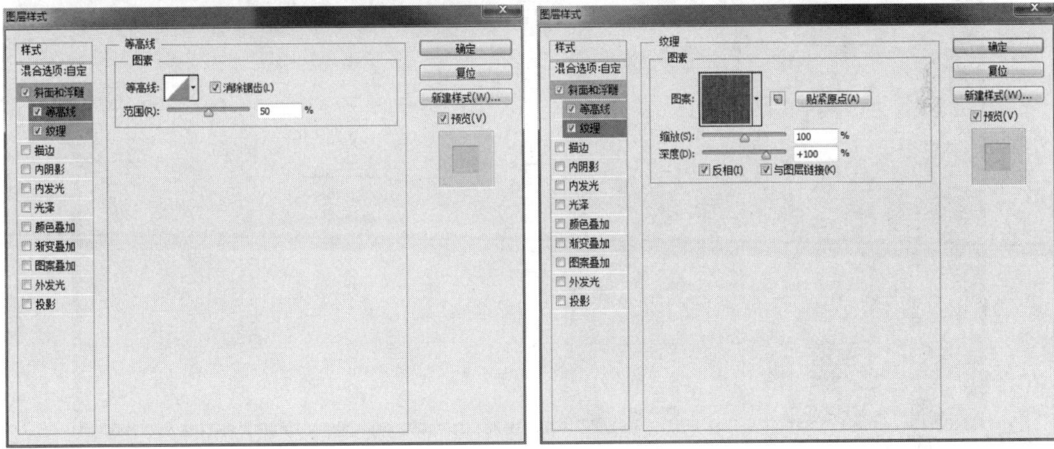

图 5-137　添加斜面和浮雕效果

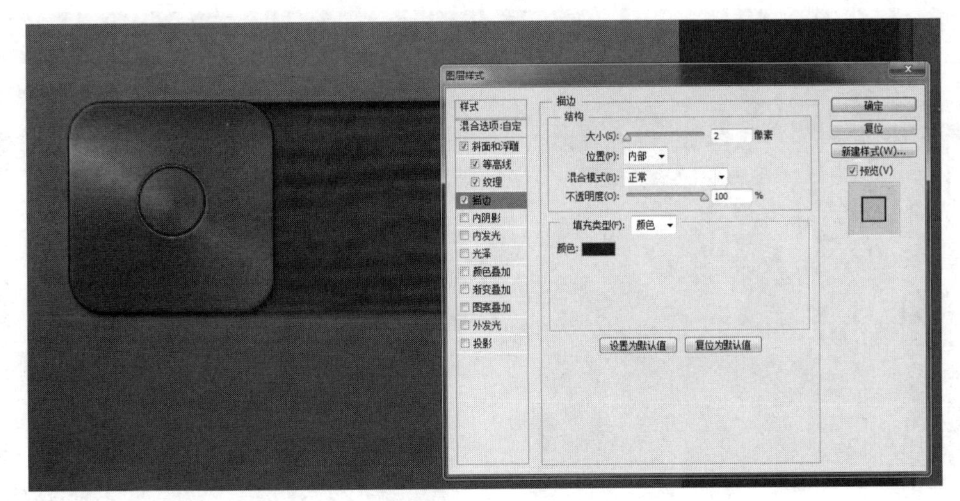

图 5-138　添加描边效果

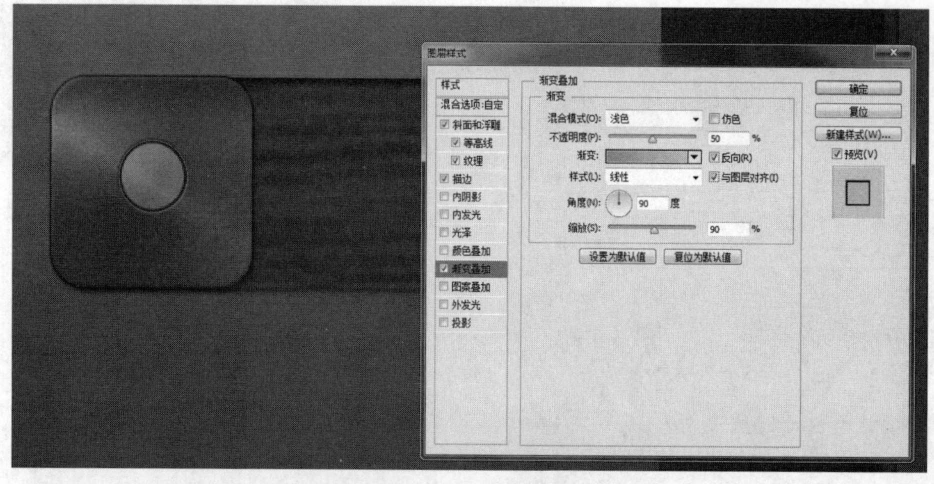

图 5-139　添加渐变叠加效果

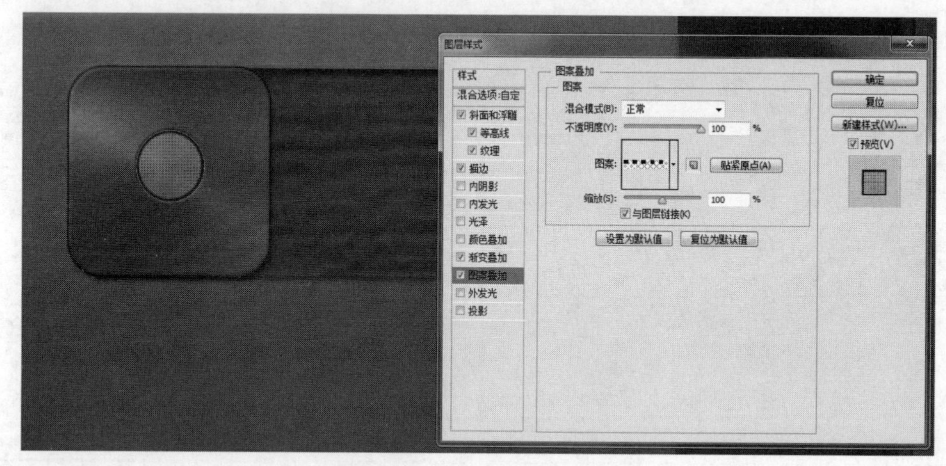

图 5-140　添加图案叠加效果

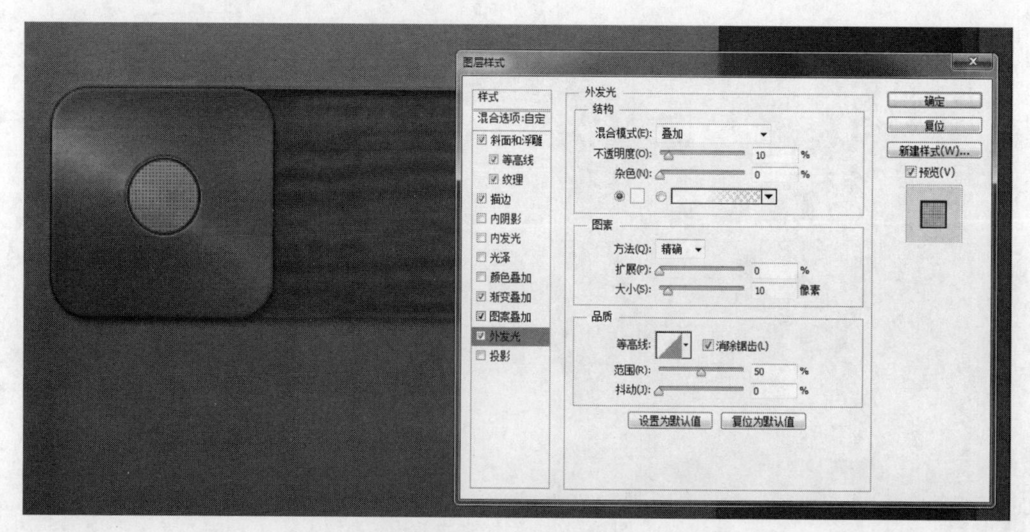

图 5-141　添加外发光效果

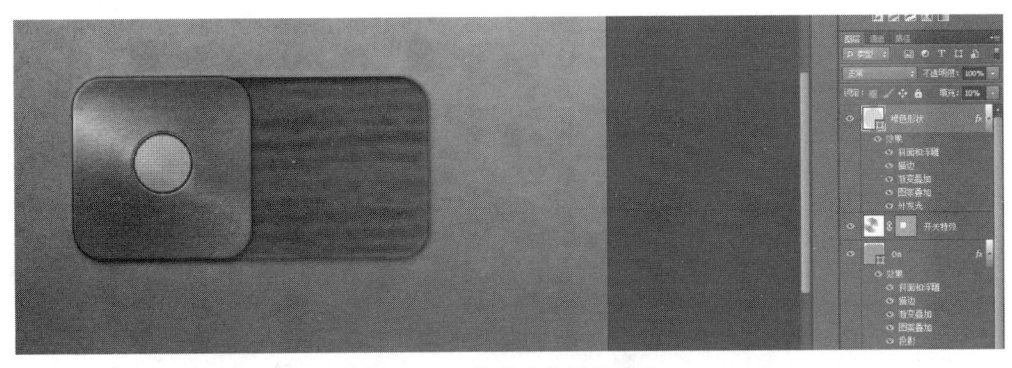

图 5-142　绿色形状图层效果

（11）将各个形状或者内容进行位置调整，最终效果如图 5-143 所示。

图 5-143　复古效果开关按钮最终效果

任务 4　写实效果按钮设计

制作要点：写实效果按钮设计。

使用工具：Photoshop 中的图层、圆角矩形、椭圆形、文字、图层样式等。

效果图：如图 5-144 所示。

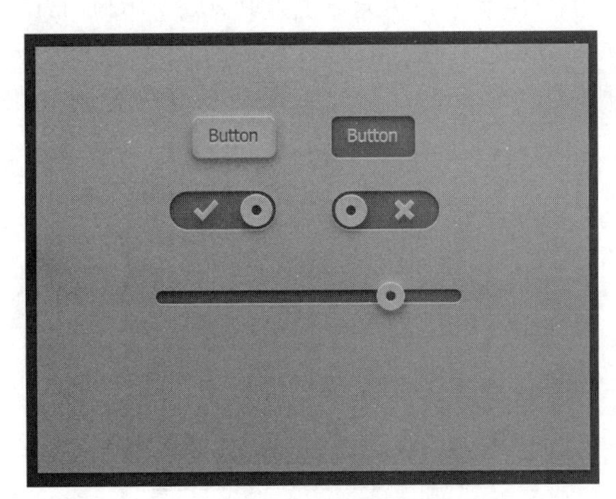

图 5-144　写实效果按钮设计效果图

制作步骤：

（1）新建画布，如图 5-145 所示。

写实效果按钮设计
（第 1 步至第 7 步）

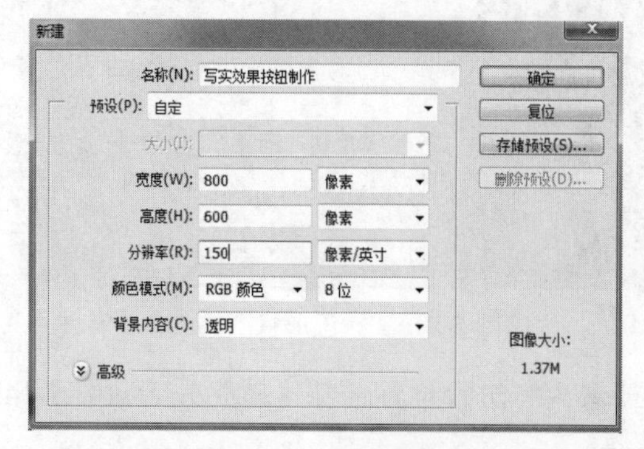

图 5-145　新建画布

（2）拖入背景素材，如图 5-146 所示。

图 5-146　背景素材

（3）新建一个图层，命名为 Button1，选择圆角矩形工具，设置固定大小为宽度 120 像素、高度 58 像素、半径 10 像素，填充颜色为 R:202,G:162,B:111，在画布中绘制按钮形状，如图 5-147 所示；打开图层样式，添加 5 个效果，即斜面和浮雕（如图 5-148 所示）、内阴影（如图 5-149 所示）、光泽（如图 5-150 所示）、渐变叠加（如图 5-151 所示）、投影（如图 5-152 所示）。

图 5-147　绘制的按钮形状

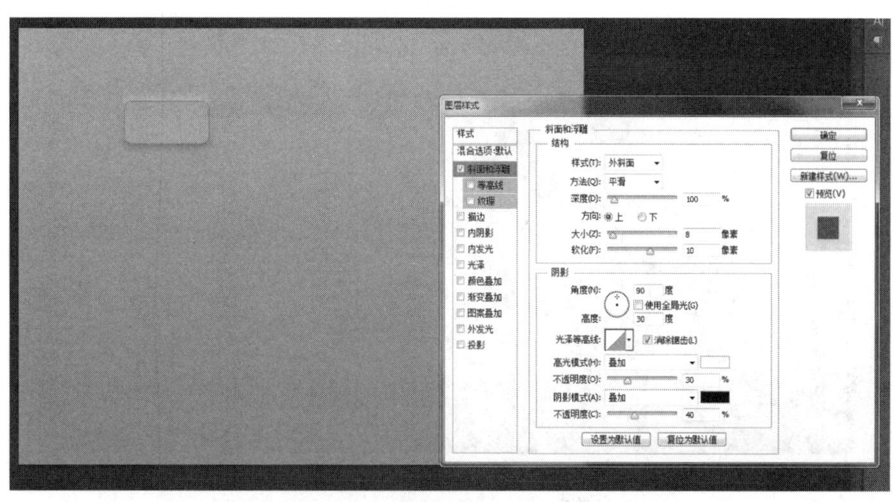

图 5-148 添加斜面和浮雕效果

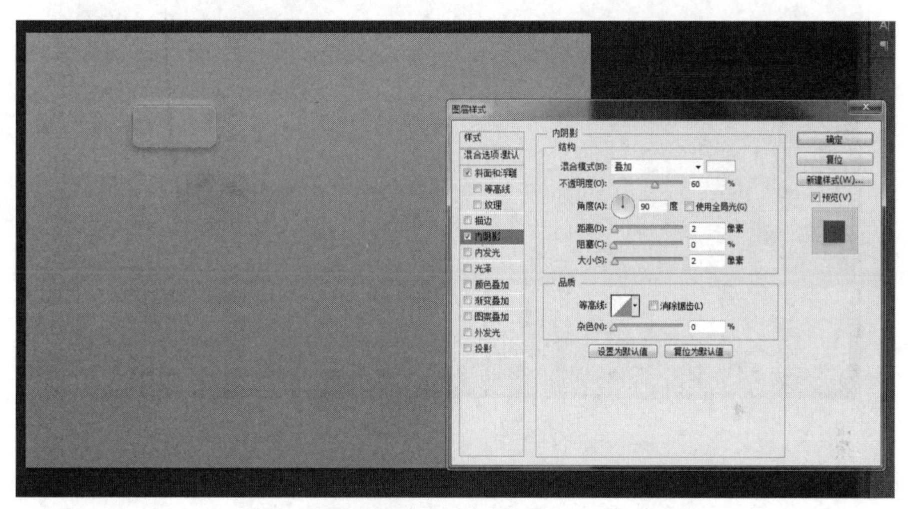

图 5-149 添加内阴影效果

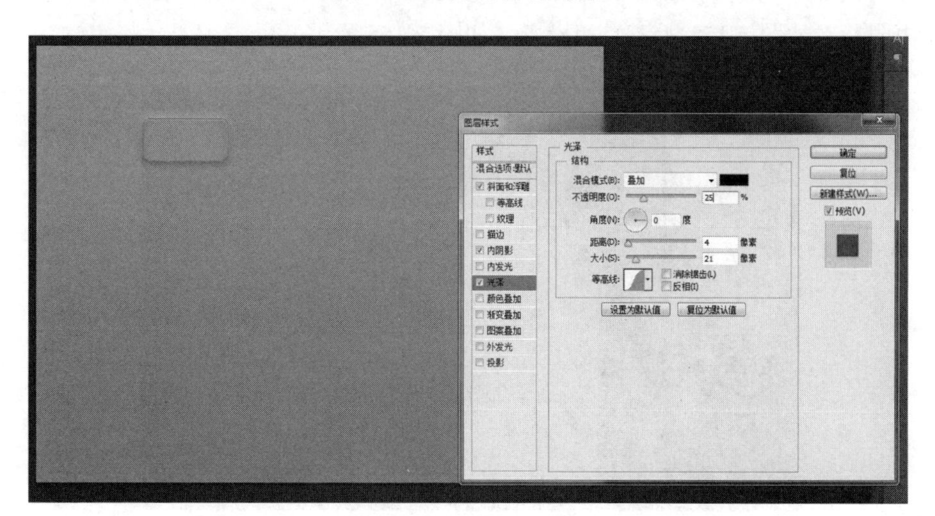

图 5-150 添加光泽效果

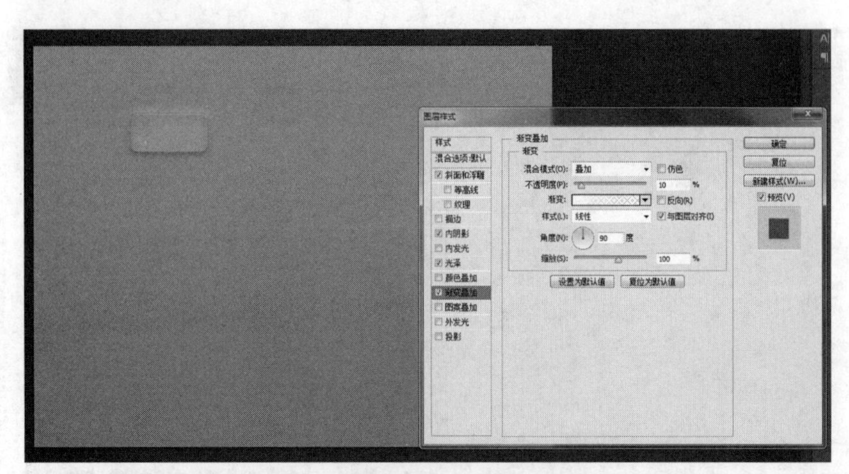

图 5-151　添加渐变叠加效果

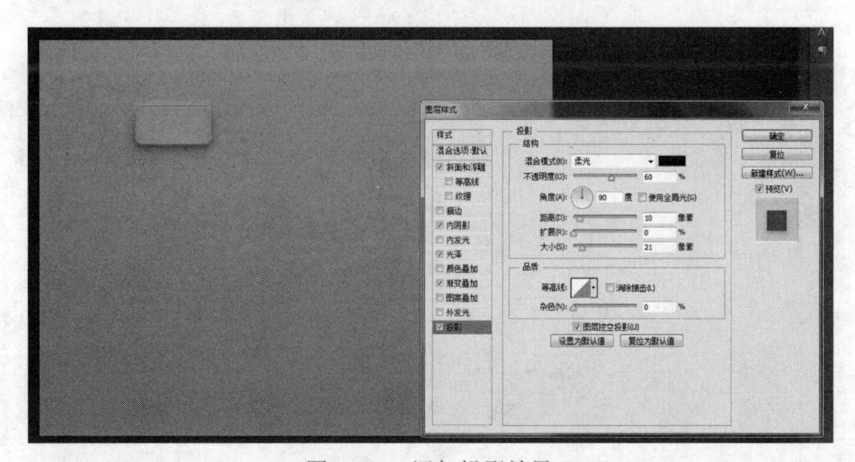

图 5-152　添加投影效果

（4）新建一个图层，命名为“Button1 文字”，选择文本工具，在按钮上方输入“Button”，字体设置为 Extra，颜色为 R:127,G:83,B:48，如图 5-153 所示；打开图层样式，添加两个效果，即内阴影（如图 5-154 所示）和投影（如图 5-155 所示）。

图 5-153　输入文字

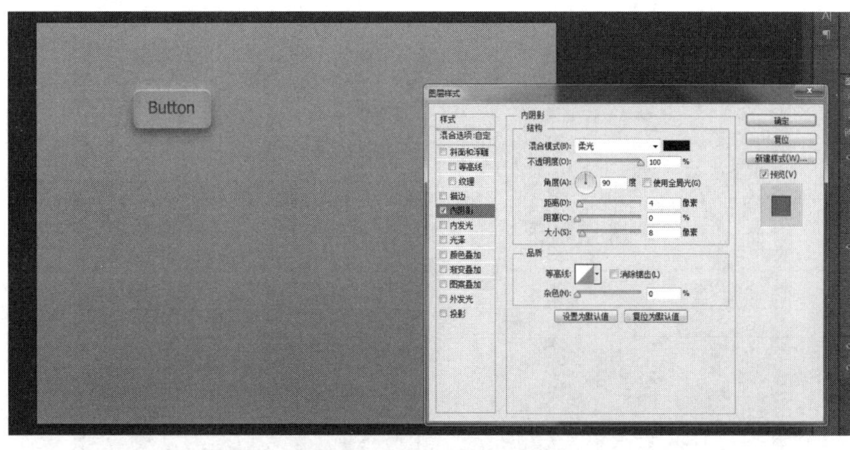

图 5-154 添加内阴影效果

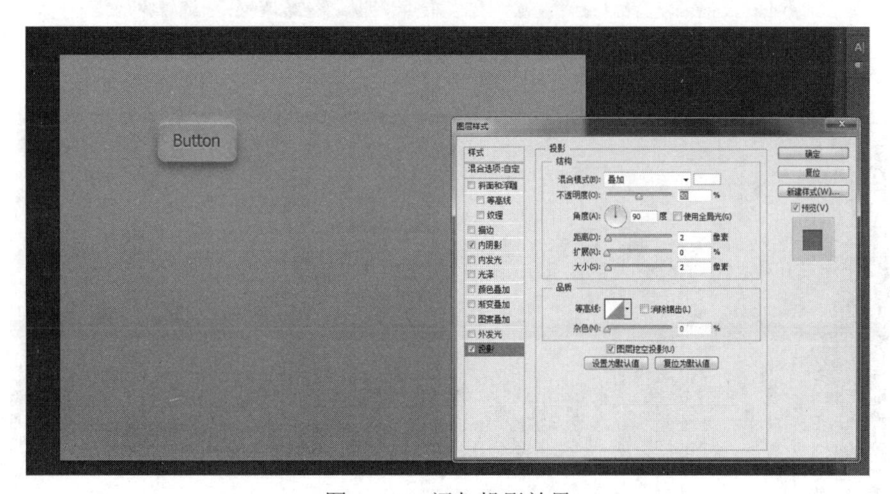

图 5-155 添加投影效果

（5）新建一个图层，命名为 Button2，选择圆角矩形工具，大小与 Button 相同，颜色为 R:127,G:86,B:48，在画布中绘制按钮形状，如图 5-156 所示；打开图层样式，添加 4 个效果，即内阴影（如图 5-157 所示）、内发光（如图 5-158 所示）、渐变叠加（如图 5-159 所示）、投影（如图 5-160 所示）。

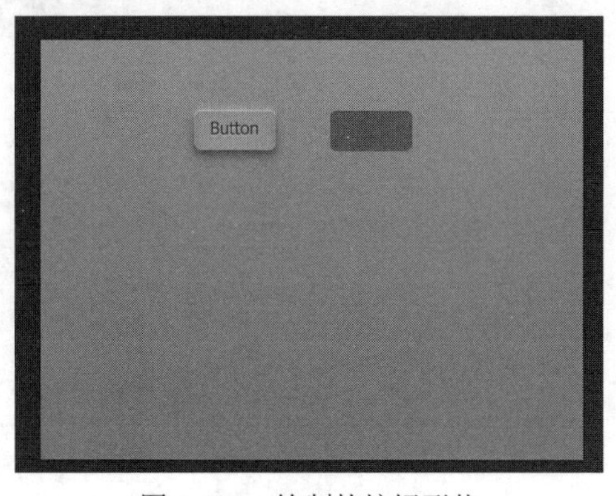

图 5-156 绘制的按钮形状

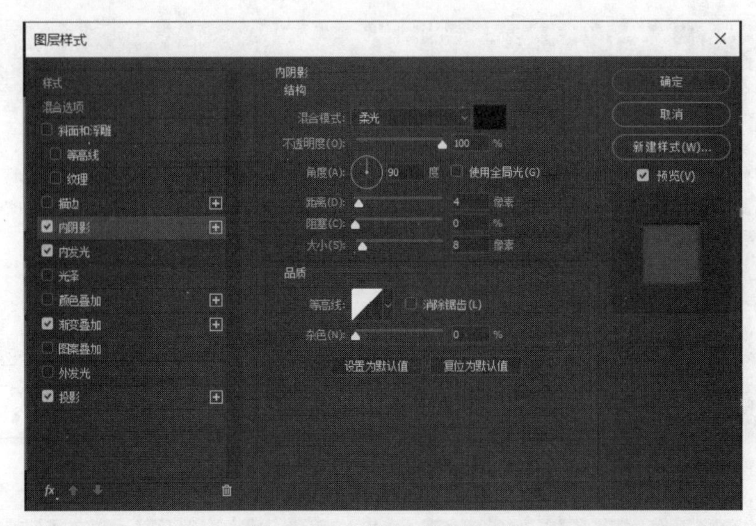

图 5-157　添加内阴影效果

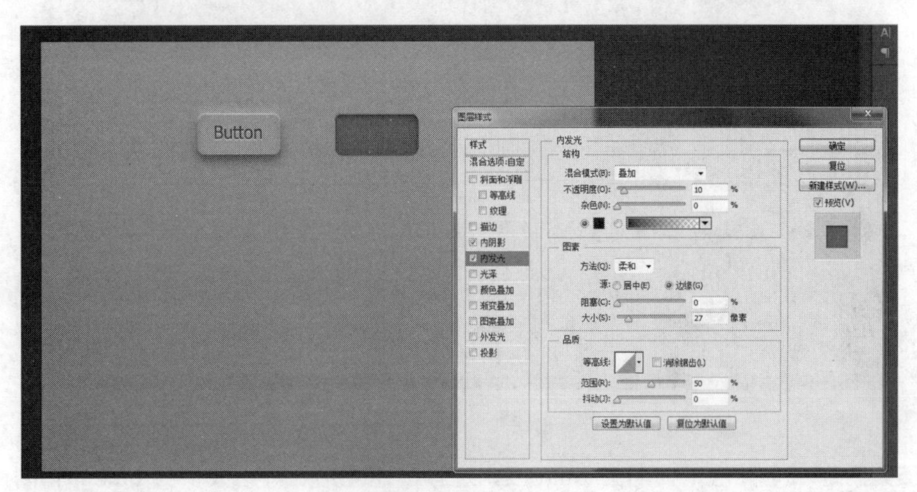

图 5-158　添加内发光效果

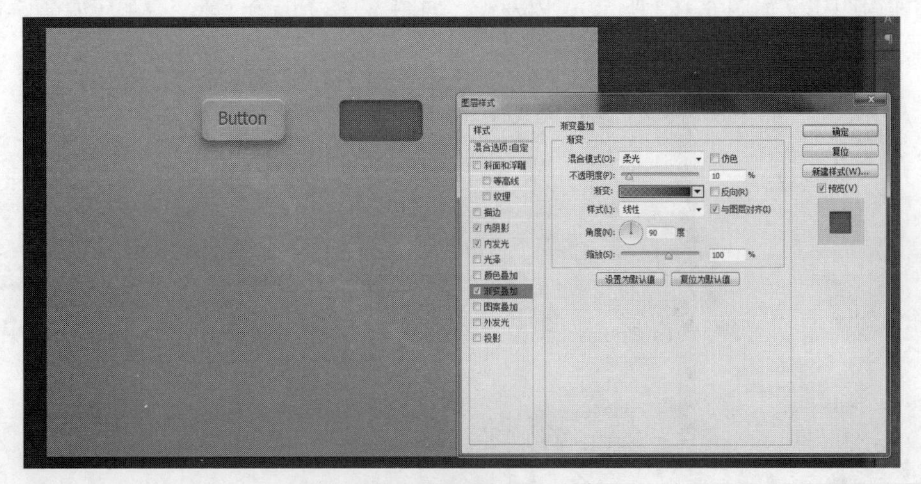

图 5-159　添加渐变叠加效果

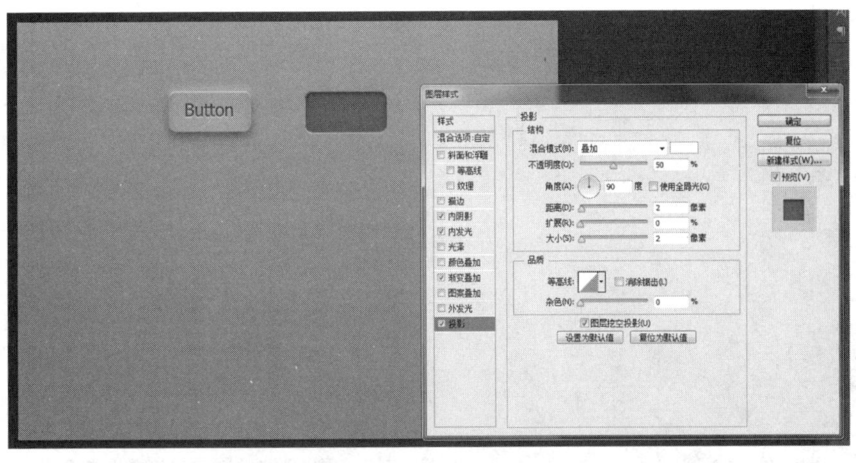

图 5-160　添加投影效果

（6）新建一个图层，命名为“Button2 文字”，选择文本工具，在按钮上方输入“Button”，字体设置如图 5-161 所示，颜色为 R:202,G:162,B:111；打开图层样式，添加 4 个效果，即斜面和浮雕（如图 5-162 所示）、内阴影（如图 5-163 所示）、渐变叠加（如图 5-164 所示）、投影（如图 5-165 所示）。

图 5-161　输入文字

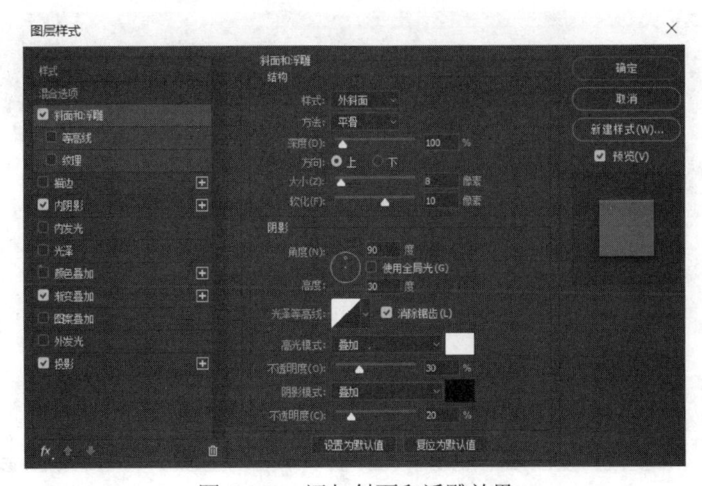

图 5-162　添加斜面和浮雕效果

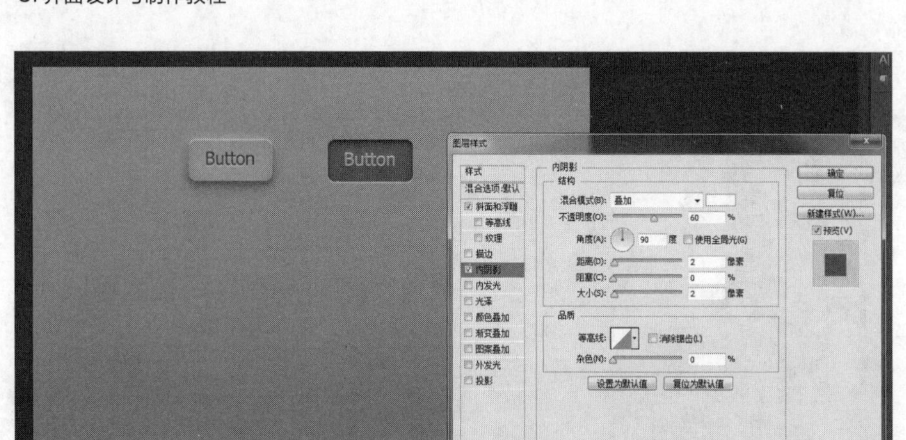

图 5-163 添加内阴影效果

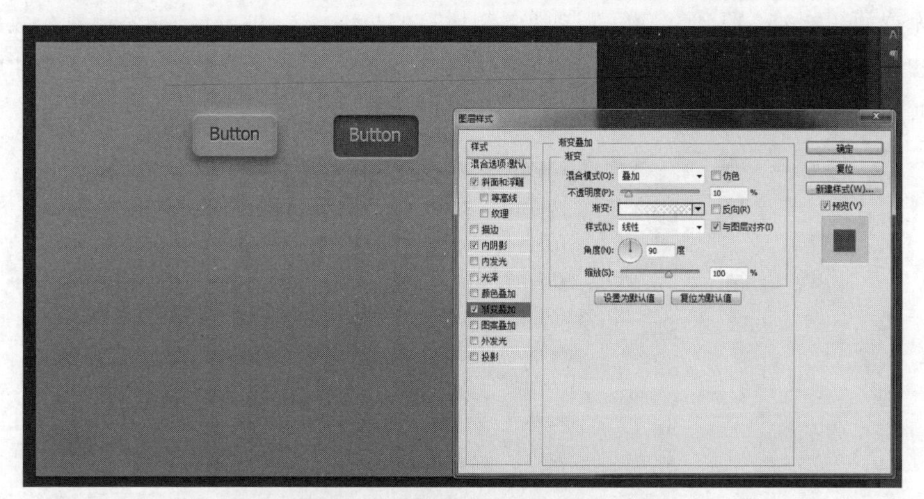

图 5-164 添加渐变叠加效果

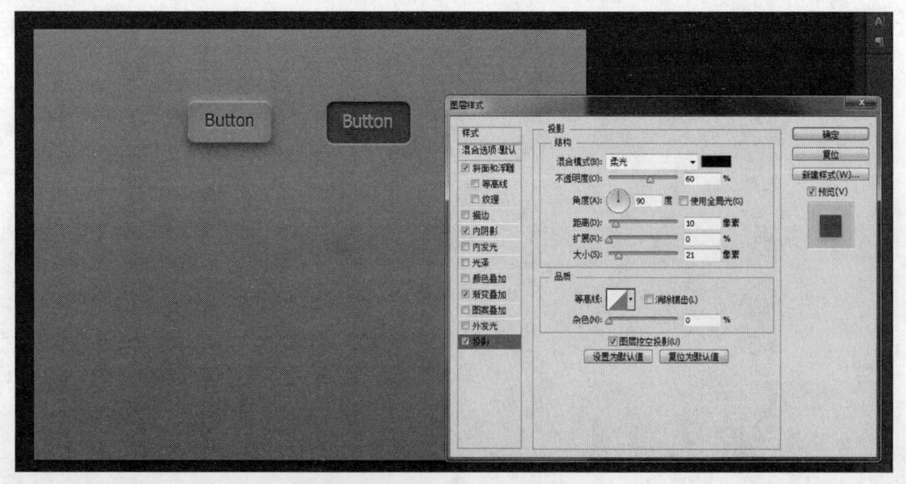

图 5-165 添加投影效果

（7）新建一个图层，命名为 Button3，选择圆角矩形工具，设置固定大小为宽度 154 像素、高度 54 像素、半径 30 像素，在画布中绘制按钮形状，如图 5-166 所示；打开图层样式，添加 4 个效果，即内发光（如图 5-167 所示）、内阴影（如图 5-168 所示）、渐变叠加（如图 5-169 所示）、投影（如图 5-170 所示）。

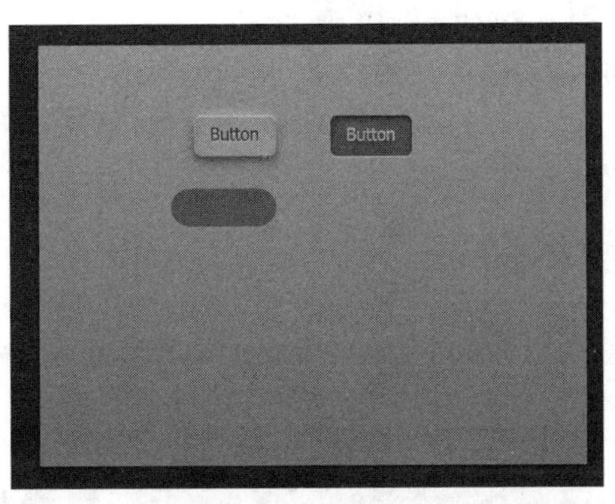

图 5-166　绘制按钮形状

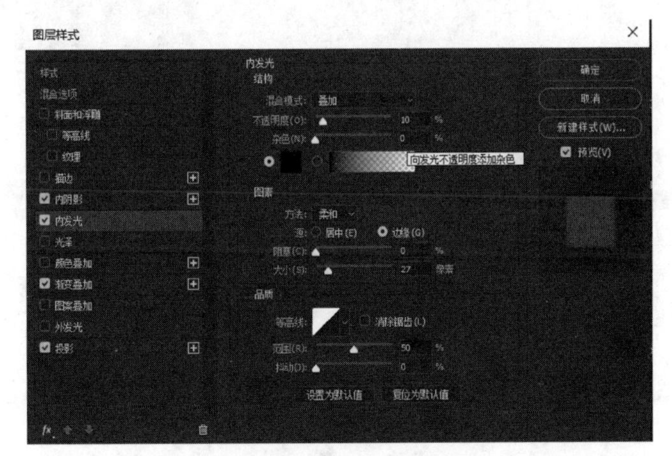

图 5-167　添加内发光效果

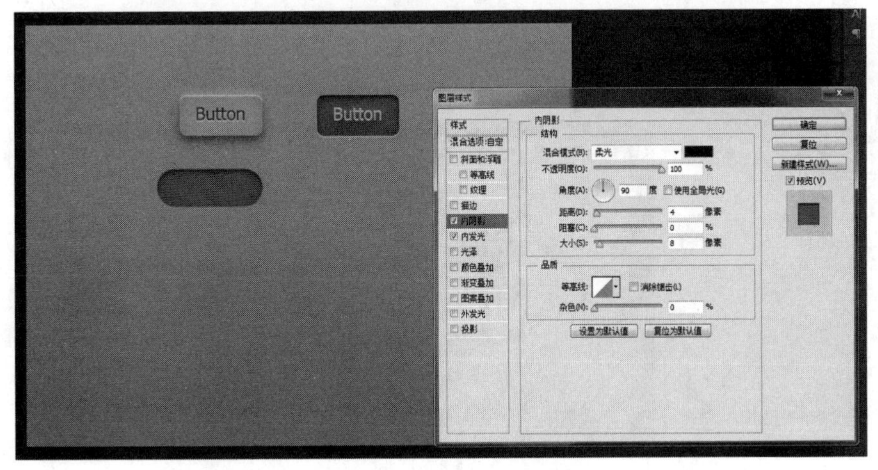

图 5-168　添加内阴影效果

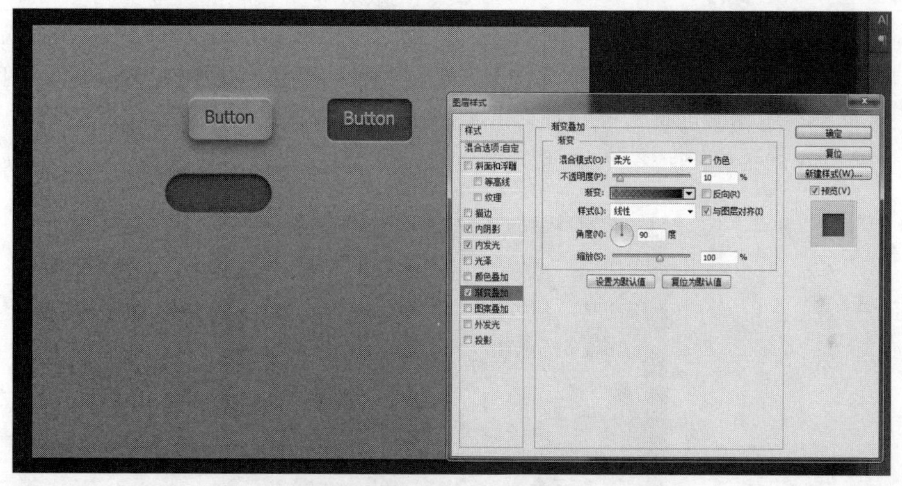

图 5-169 添加渐变叠加效果

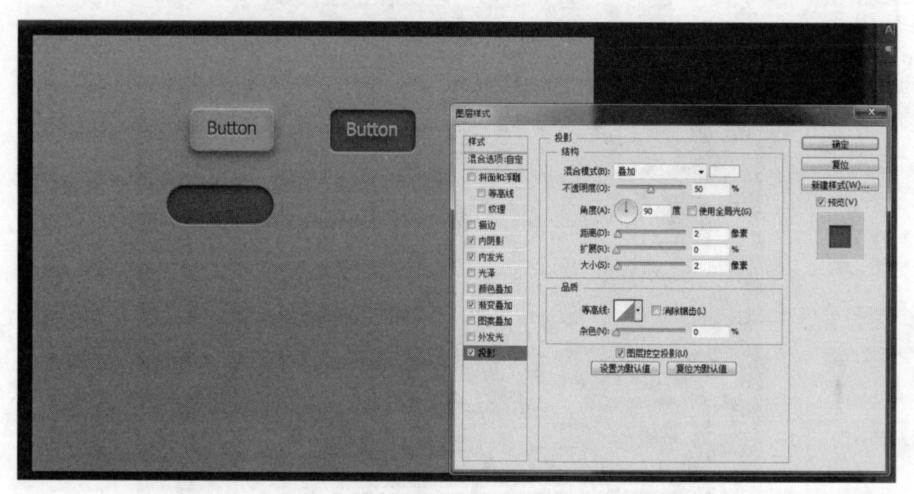

图 5-170 添加投影效果

（8）新建一个图层，命名为“符号 1”，拖入素材图片放到 Button3 上面，如图 5-171 所示；打开图层样式，添加 4 个效果，即斜面和浮雕（如图 5-172 所示）、内阴影（如图 5-173 所示）、渐变叠加（如图 5-174 所示）、投影（如图 5-175 所示）。

写实效果按钮设计
（第 8 步至第 9 步）

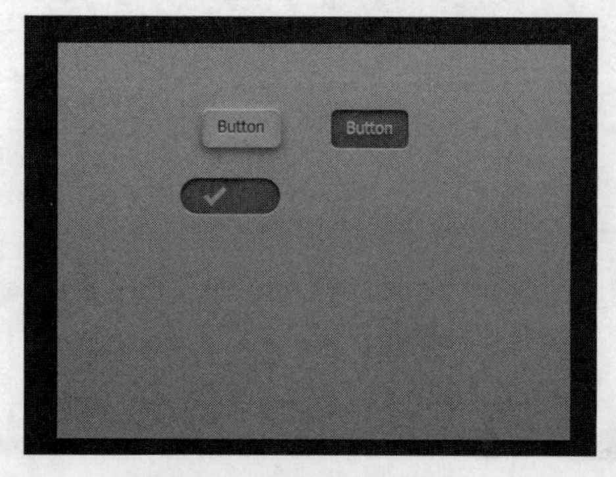

图 5-171 拖入素材图片

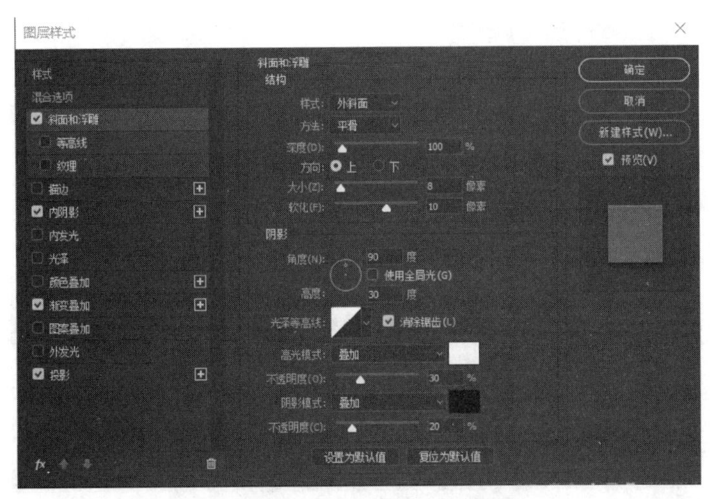

图 5-172　添加斜面和浮雕效果

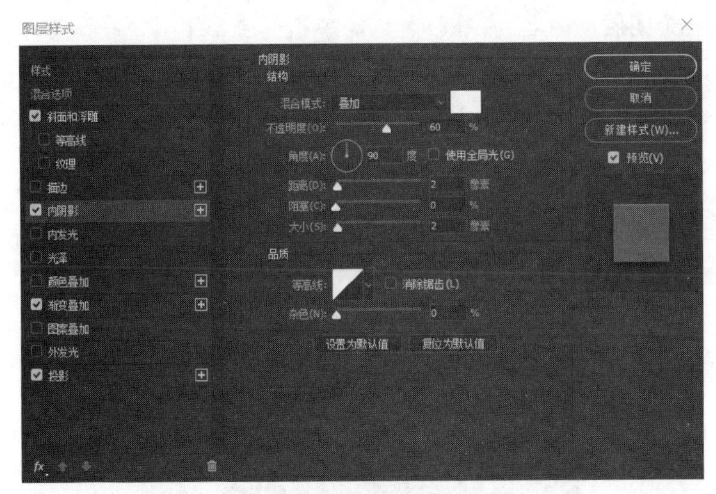

图 5-173　添加内阴影效果

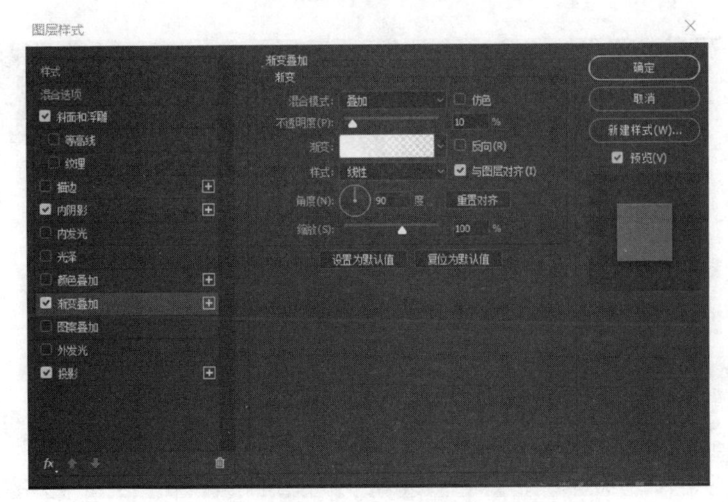

图 5-174　添加渐变叠加效果

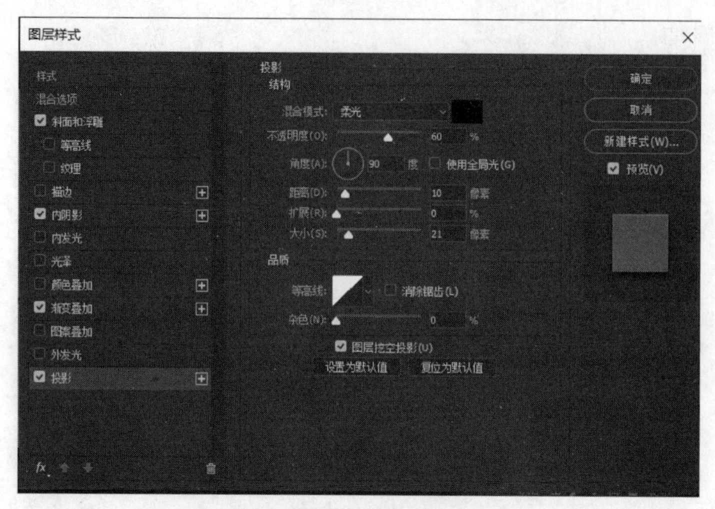

图 5-175 添加投影效果

（9）新建一个图层，命名为“圆形 1”，单击椭圆形工具，在画布中绘制圆形，如图 5-176 所示；打开图层样式，添加 4 个效果，即斜面和浮雕（如图 5-177 所示）、内阴影（如图 5-178 所示）、渐变叠加（如图 5-179 所示）、投影（如图 5-180 所示）。

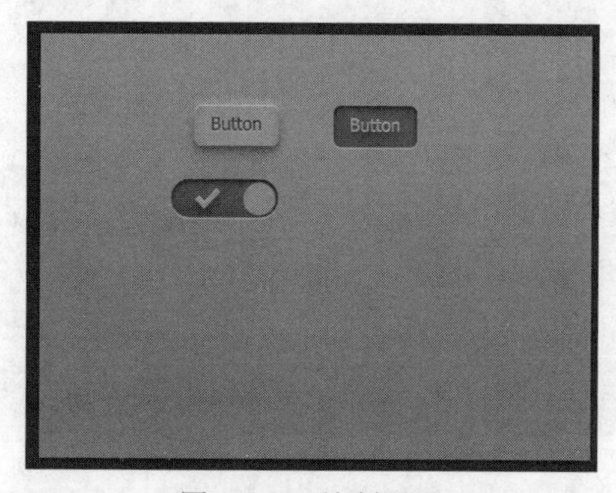

图 5-176 绘制圆形

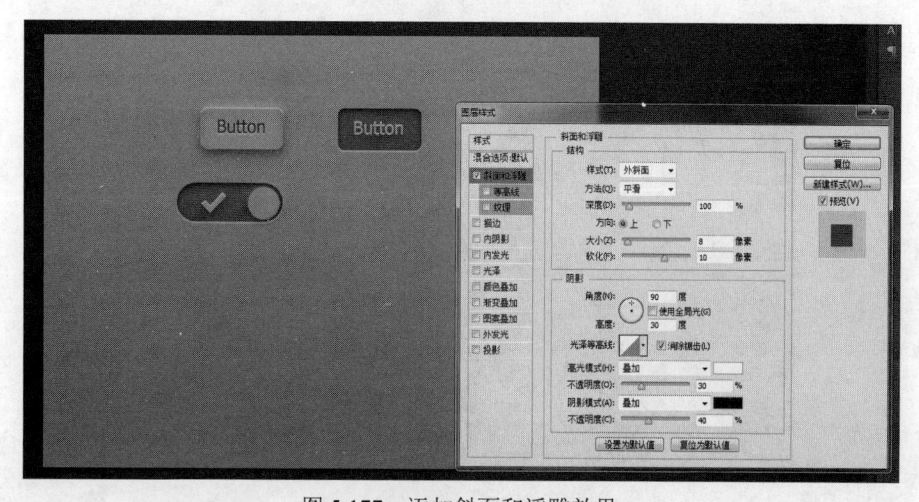

图 5-177 添加斜面和浮雕效果

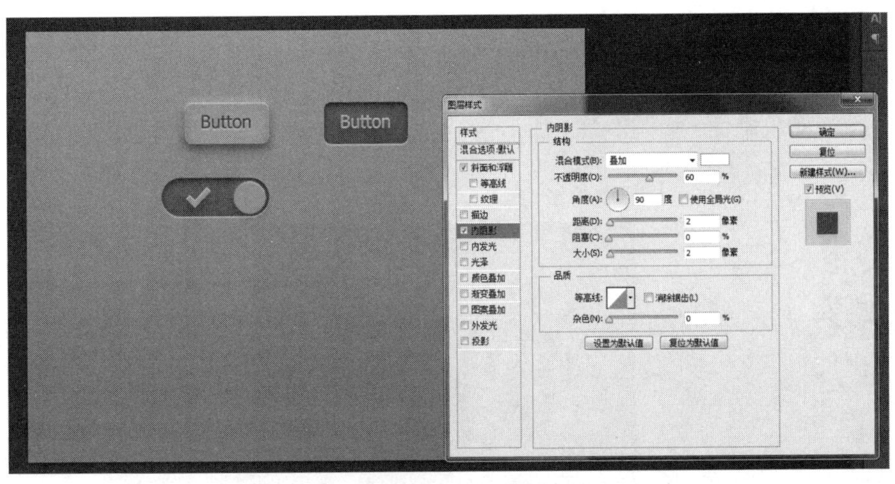

图 5-178　添加内阴影效果

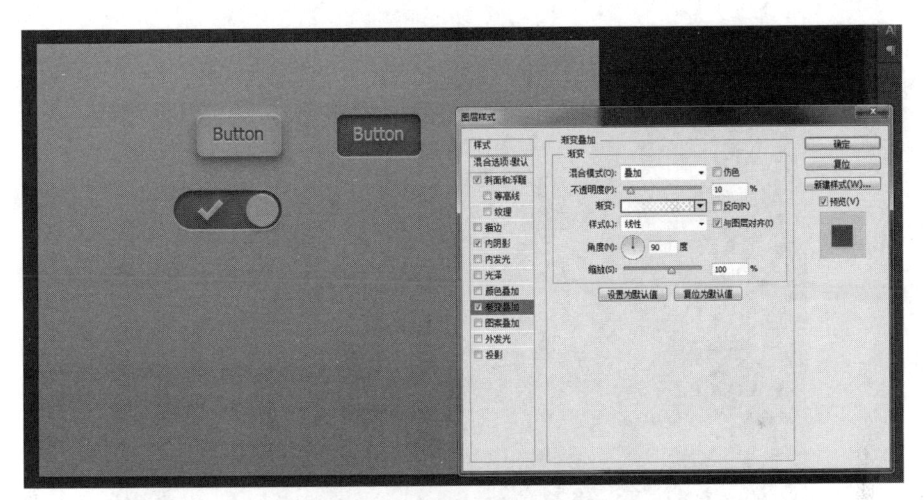

图 5-179　添加渐变叠加效果

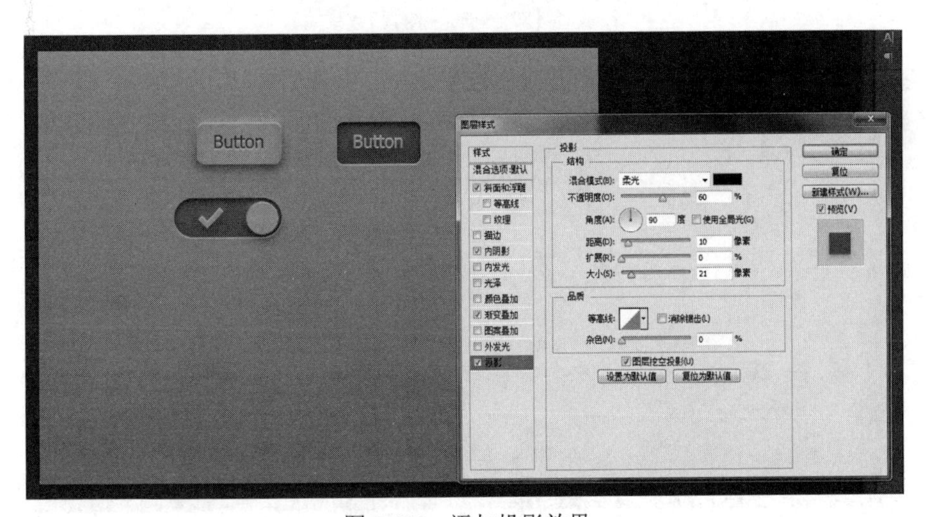

图 5-180　添加投影效果

（10）新建一个图层，命名为“圆形 2”，单击椭圆形工具，在画布中绘制圆形，如图 5-181 所示；打开图层样式，添加 5 个效果，即内阴影（如图 5-182 所示）、内发光（如图 5-183 所示）、颜色叠加（如图 5-184 所示）、渐变叠加（如图 5-185 所示）、投影（如图 5-186 所示）。

写实效果按钮设计
（第 10 步至第 15 步）

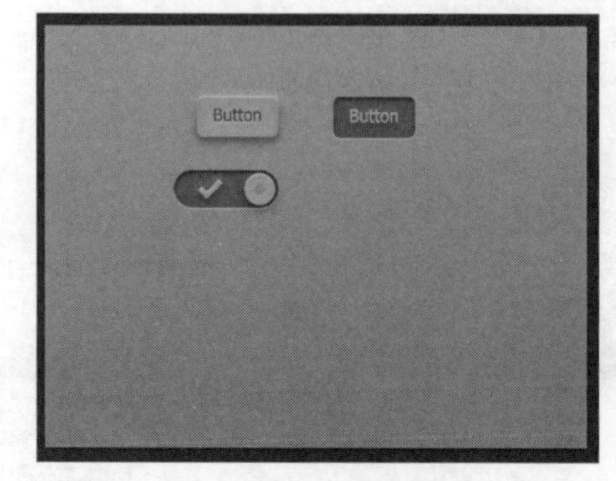

图 5-181　绘制圆形

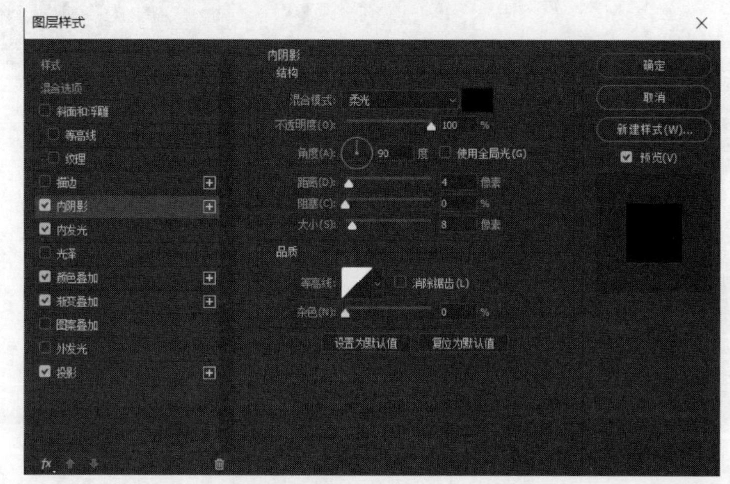

图 5-182　添加内阴影效果

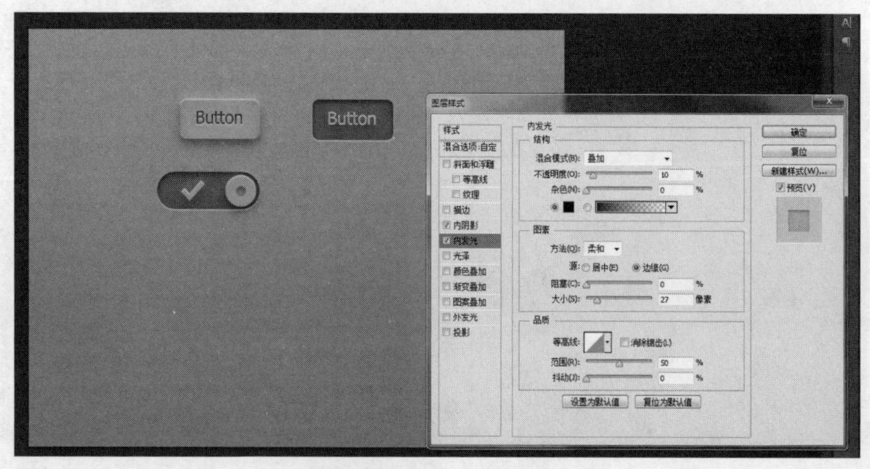

图 5-183　添加内发光效果

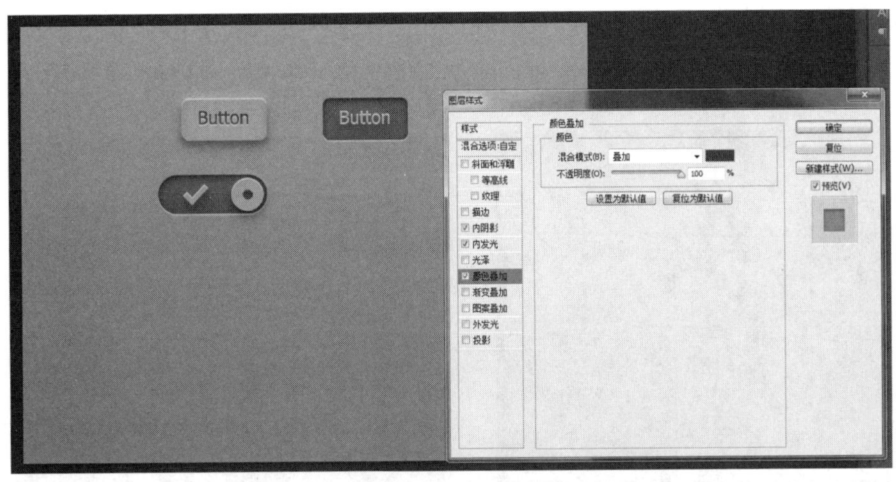

图 5-184　添加颜色叠加效果

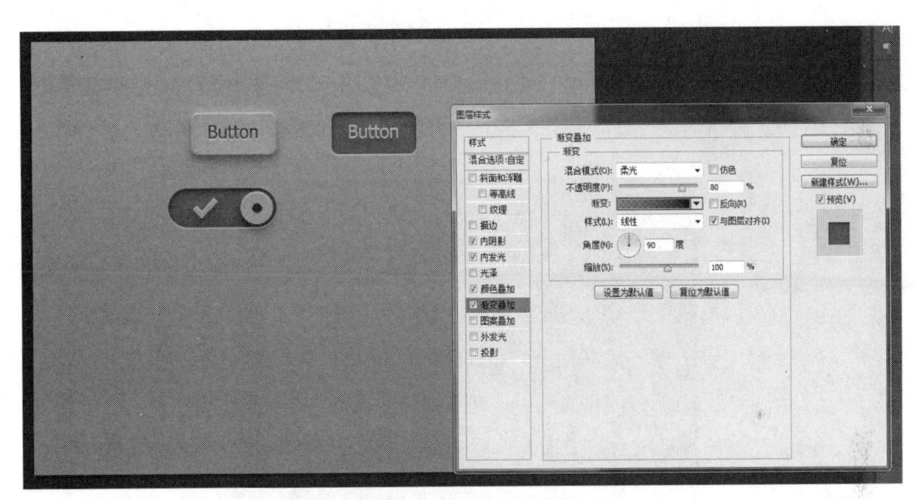

图 5-185　添加渐变叠加效果

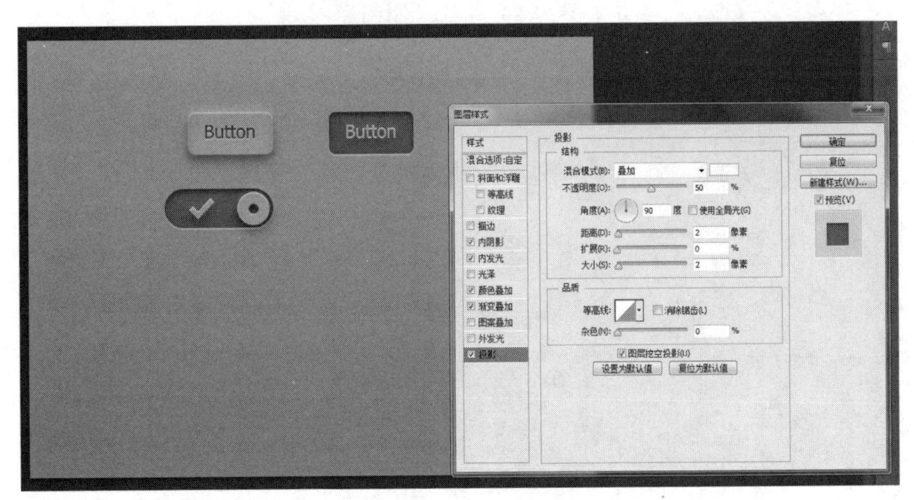

图 5-186　添加投影效果

（11）选择 Button3 图层、圆形 1 图层、Inner 图层，复制这 3 个图层，如图 5-187 所示；按 Ctrl+T 组合键，使用自由变换命令进行水平翻转，如图 5-188 所示。

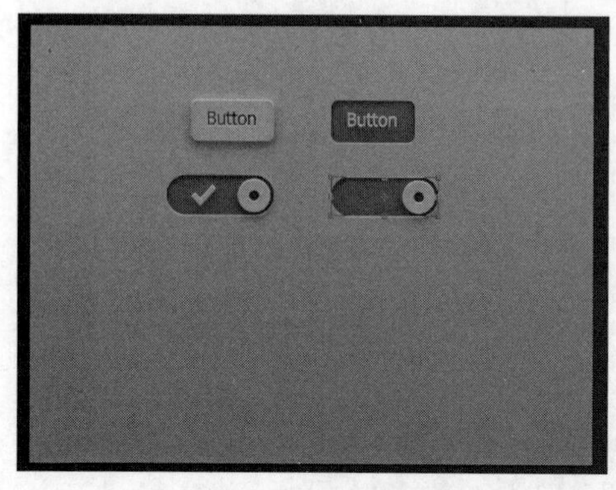

图 5-187 复制图层

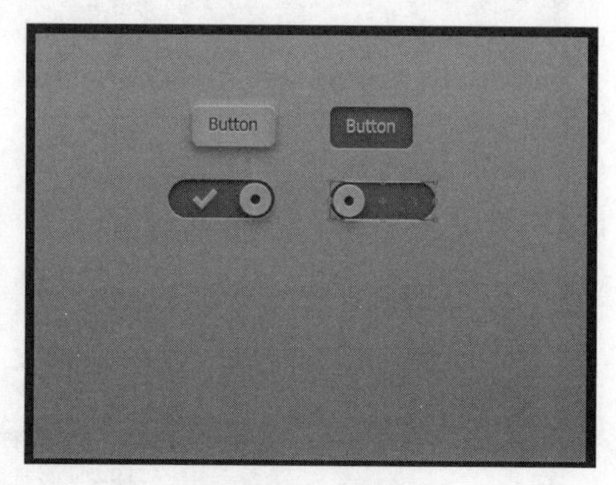

图 5-188 水平翻转

（12）新建一个图层，命名为“符号 2”，拖入素材图片，如图 5-189 所示；打开图层样式，添加 4 个效果，即斜面和浮雕（如图 5-190 所示）、内阴影（如图 5-191 所示）、渐变叠加（如图 5-192 所示）、投影（如图 5-193 所示）。

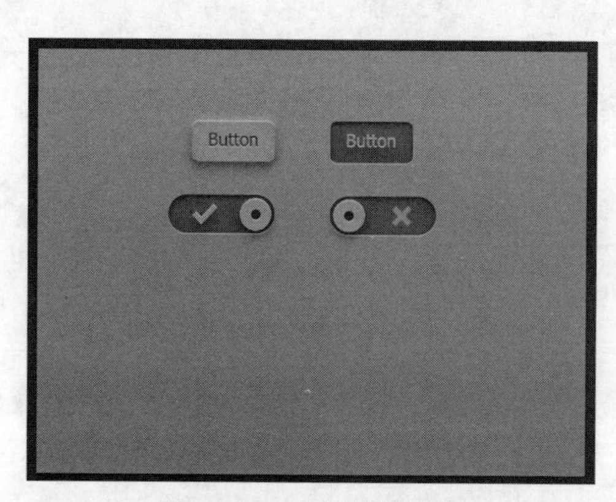

图 5-189 拖入素材图片

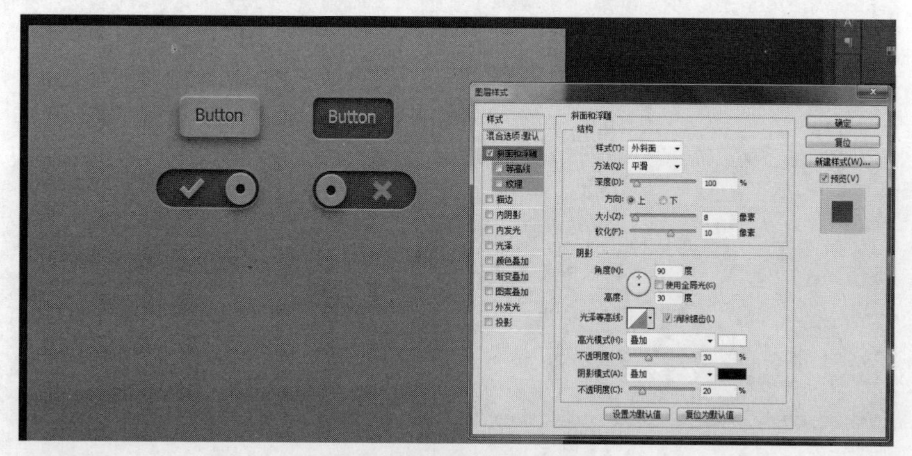

图 5-190 添加斜面和浮雕效果

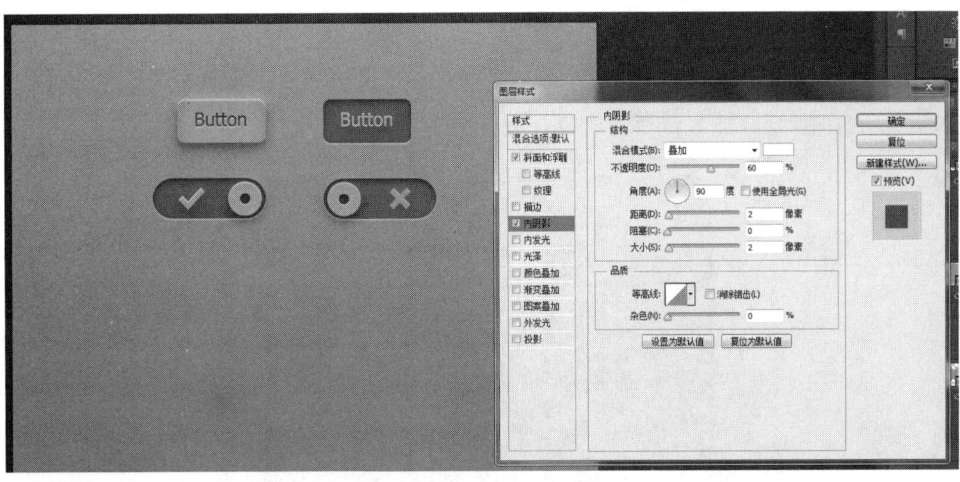

图 5-191 添加内阴影效果

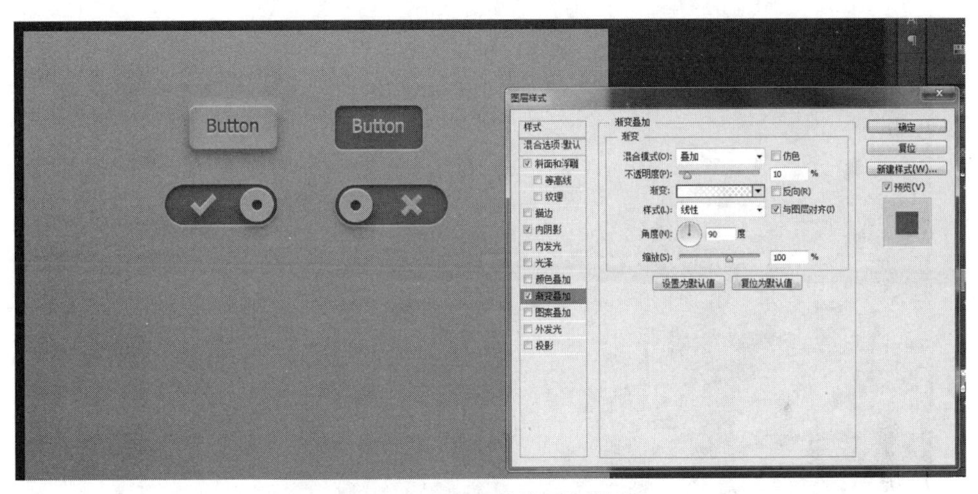

图 5-192 添加渐变叠加效果

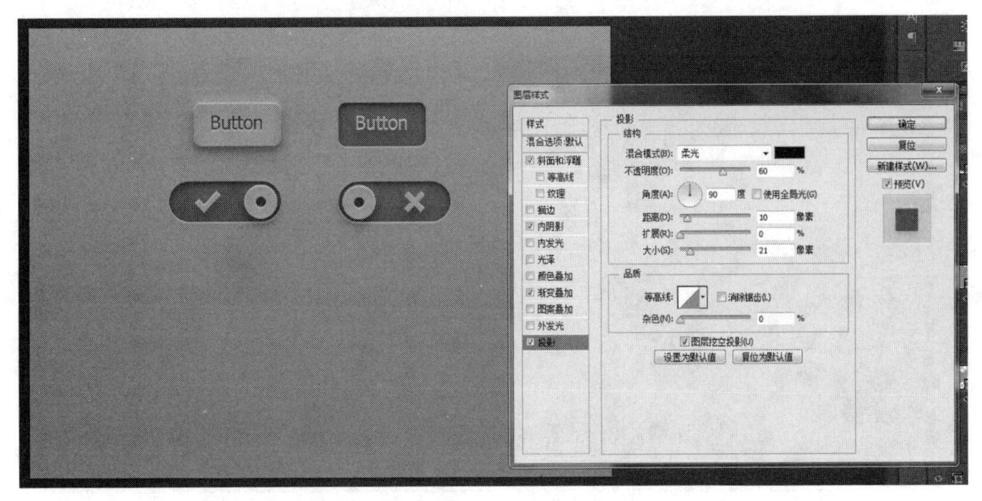

图 5-193 添加投影效果

（13）新建一个图层，命名为“滑条”，选择圆角矩形工具，在画布中绘制一个矩形，如图 5-194 所示；打开图层样式，添加 4 个效果，即内阴影（如图 5-195 所示）、内发光（如图 5-196 所示）、渐变叠加（如图 5-197 所示）、投影（如图 5-198 所示）。

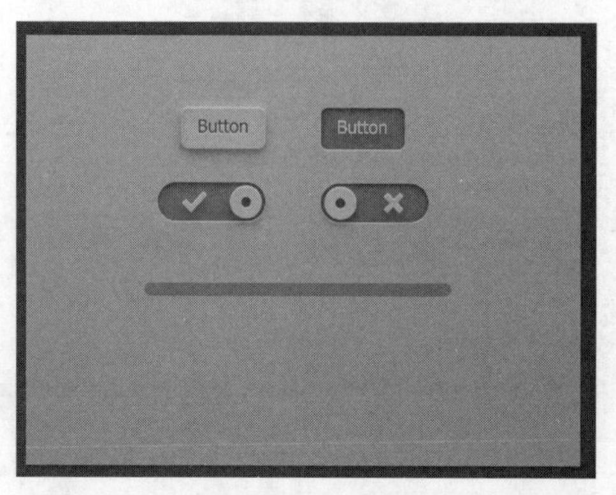

图 5-194　绘制矩形

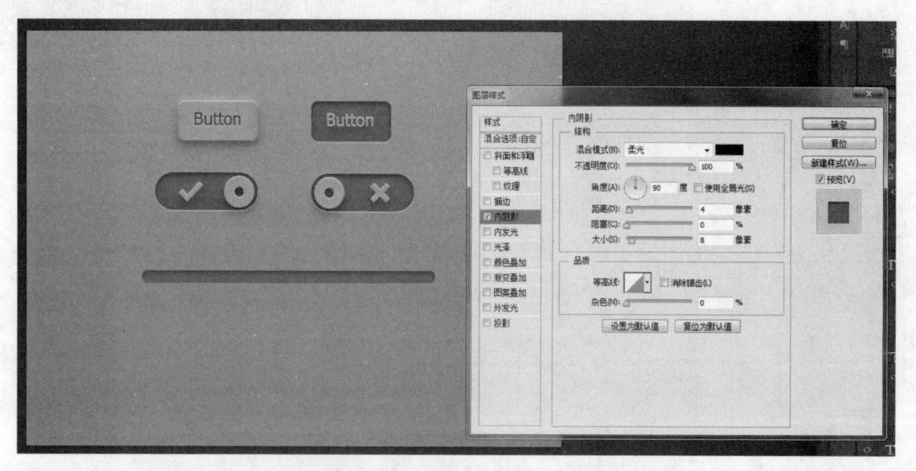

图 5-195　添加内阴影效果

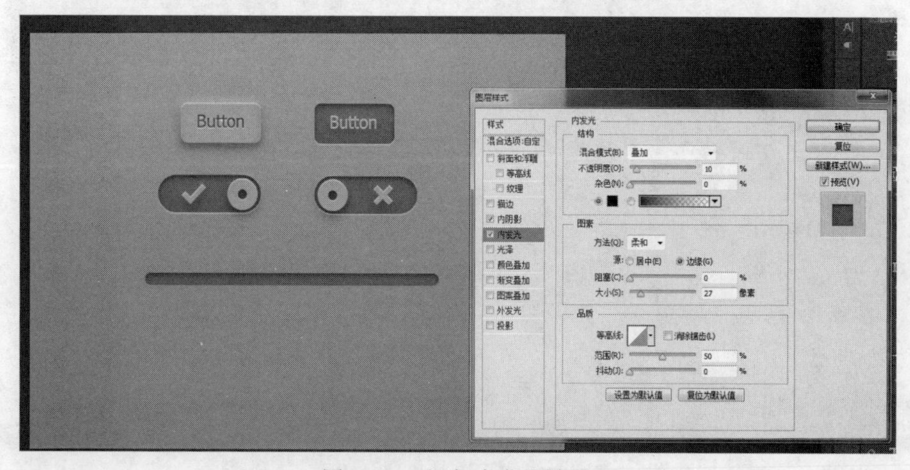

图 5-196　添加内发光效果

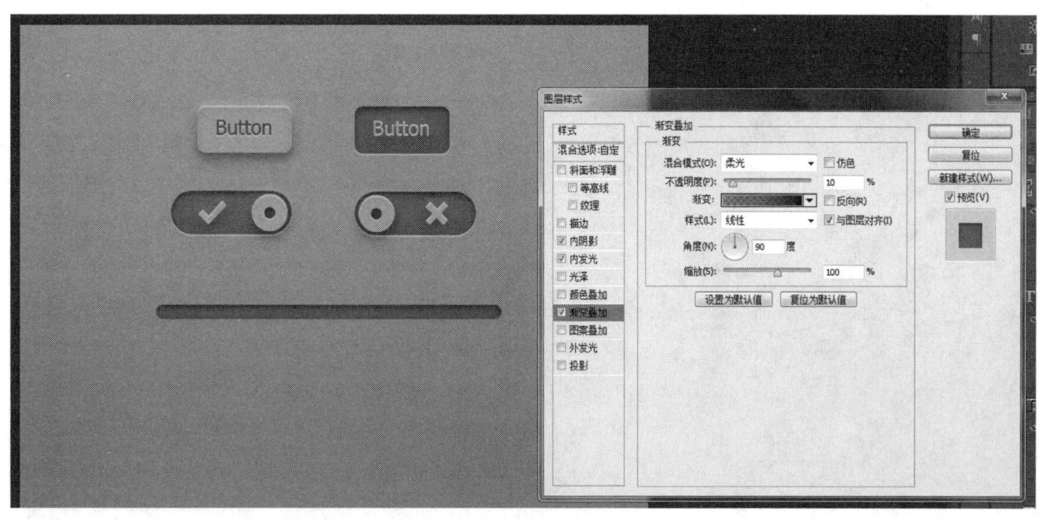

图 5-197　添加渐变叠加效果

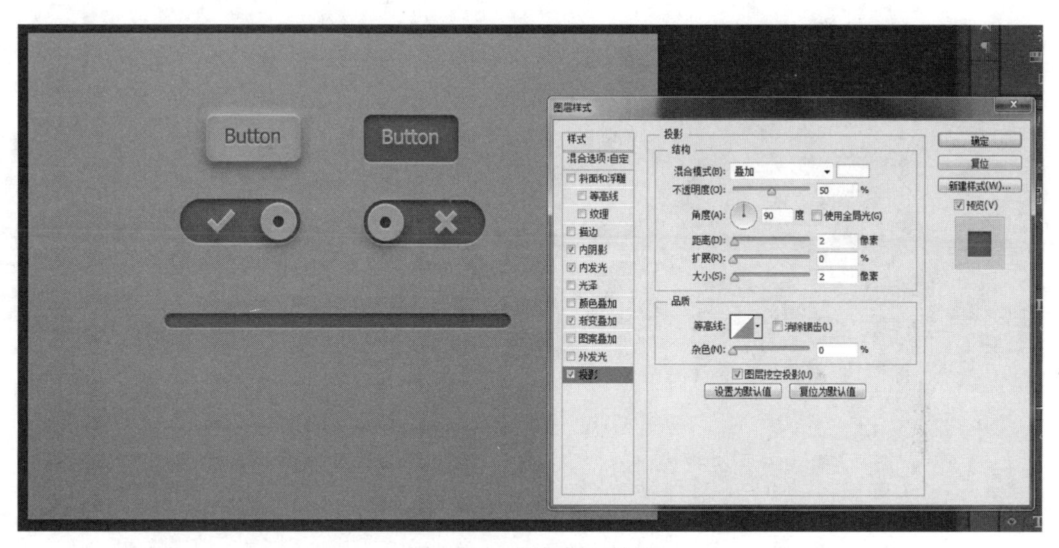

图 5-198　添加投影效果

（14）新建一个图层，命名为“进度”，选择圆角矩形工具，在画布中绘制一个矩形，如图 5-199 所示；打开图层样式，添加两个效果，即内阴影（如图 5-200 所示）和内发光（如图 5-201 所示）。

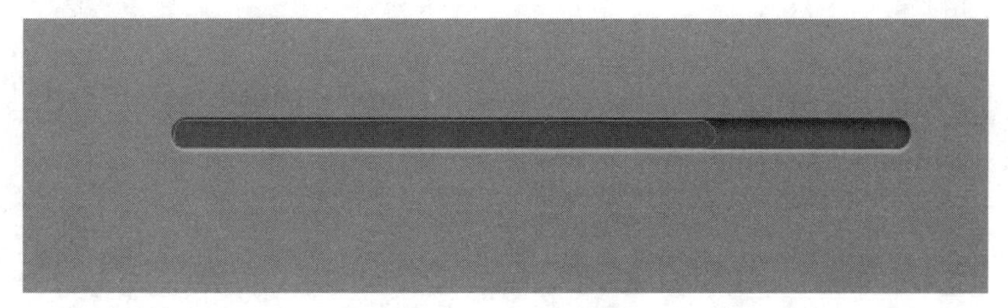

图 5-199　绘制矩形

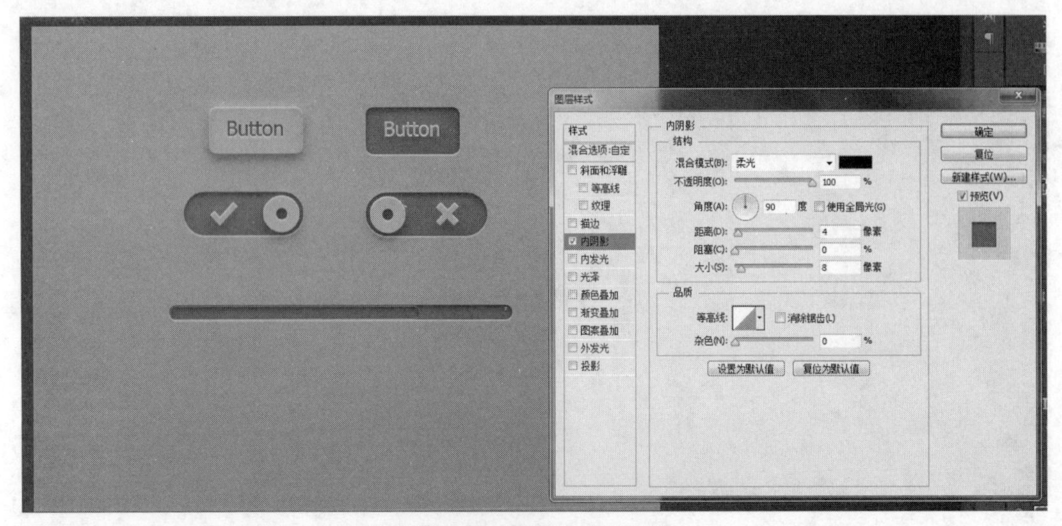

图 5-200　添加内阴影效果

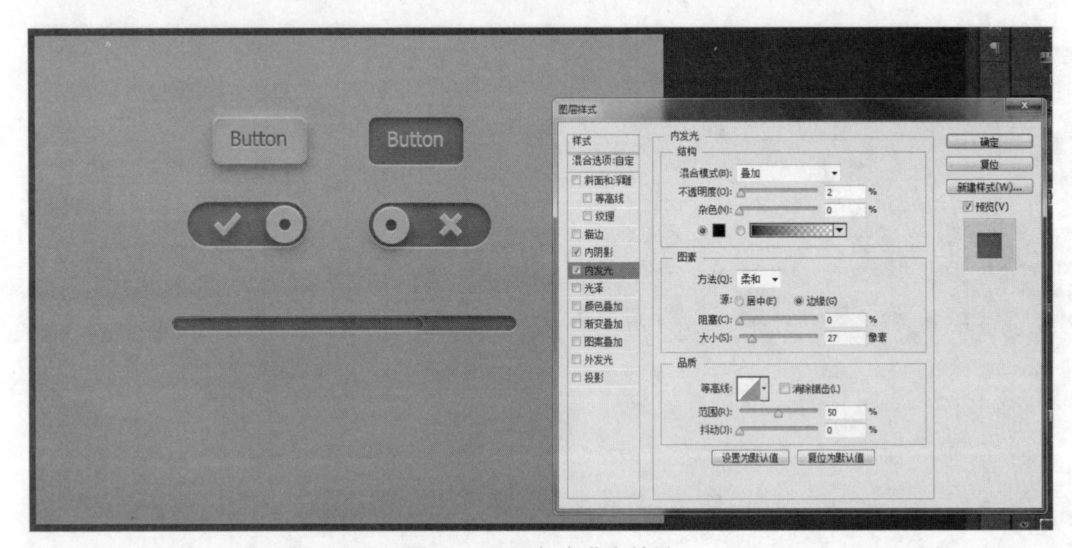

图 5-201　添加内发光效果

（15）新建一个图层，命名为“圆形按钮”，选择椭圆形工具，在画布中绘制一个圆形，如图 5-202 所示；打开图层样式，添加 4 个效果，即斜面和浮雕（如图 5-203 所示）、内阴影（如图 5-204 所示）、渐变叠加（如图 5-205 所示）、投影（如图 5-206 所示）；复制 Inner 图层并放到如图 5-207 所示的位置。

图 5-202　绘制圆形

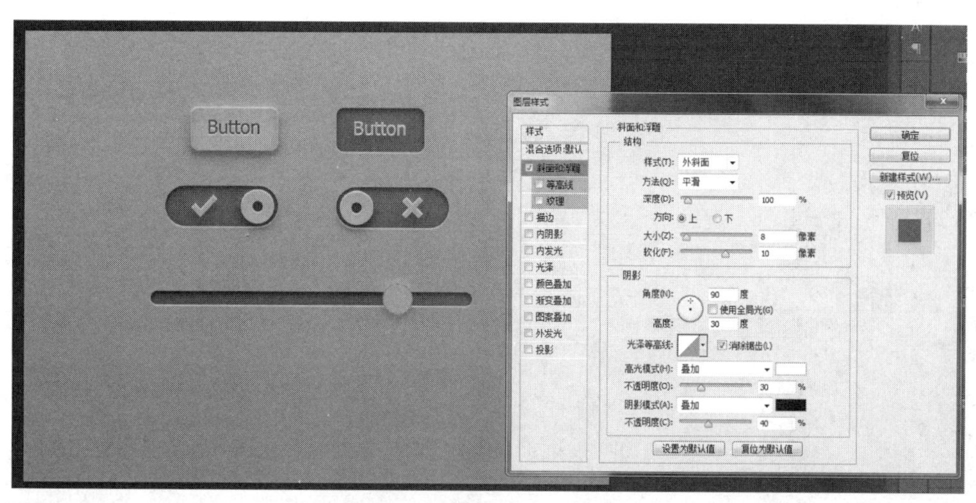

图 5-203　添加斜面和浮雕效果

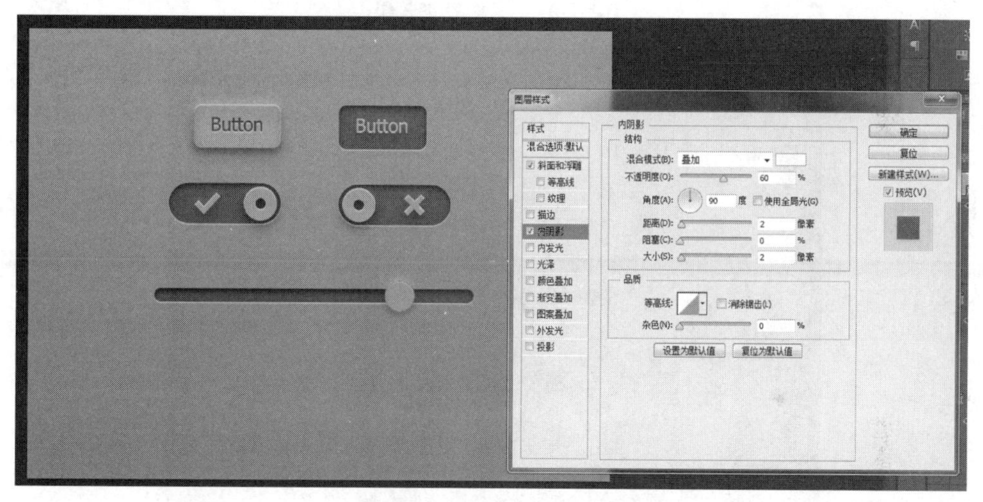

图 5-204　添加内阴影效果

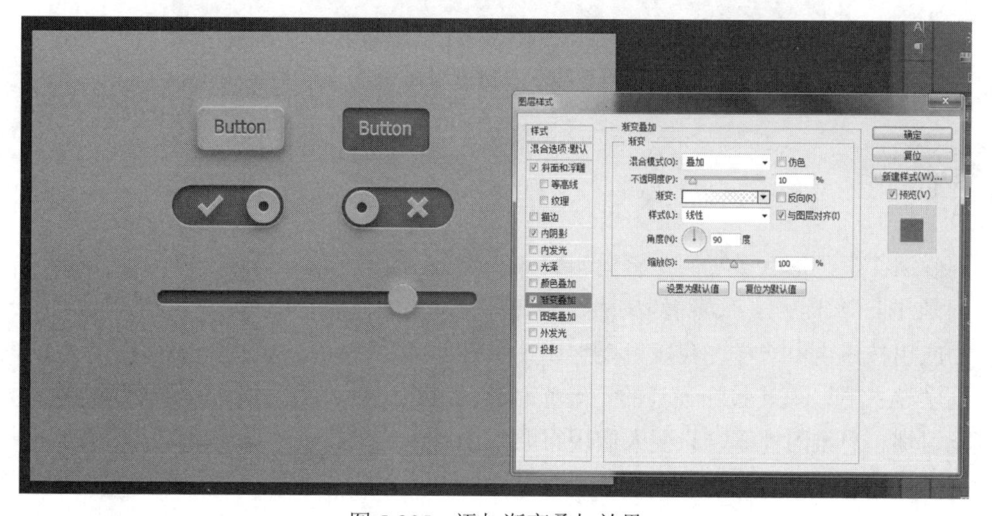

图 5-205　添加渐变叠加效果

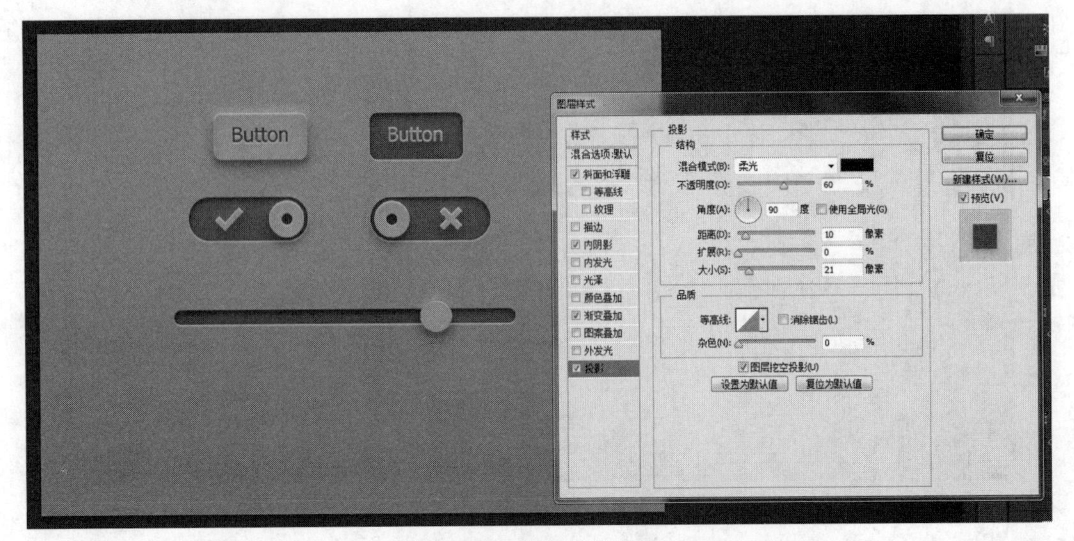

图 5-206　添加投影效果

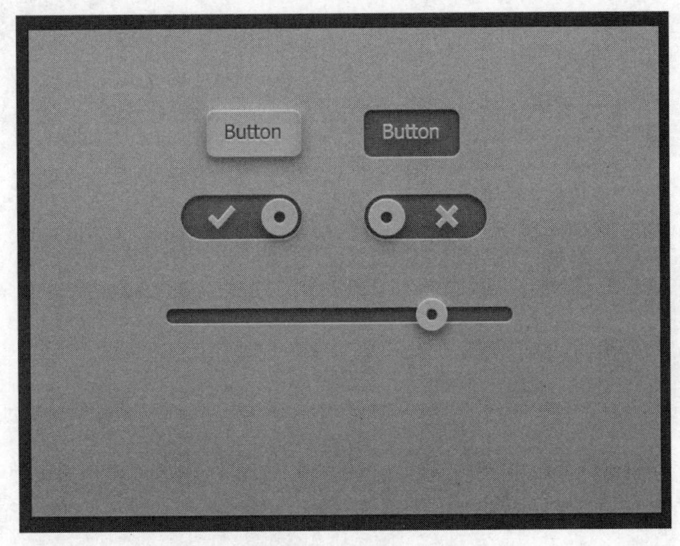

图 5-207　圆形按钮效果

项目回顾

同学 A：学了这么多案例，感觉怎么样？能自己设计按钮了吗？

同学 B：基本上会了，简约风格、写实风格和复古风格的按钮都不一样，而且每一种类型的应用按钮也不一样，我发现要想设计出有创意且符合主题的按钮还是很不容易的。

同学 A：嗯，其实按钮设计的主要原则就是遵循人的使用习惯，不论是大小尺寸，还是视觉习惯、思维习惯等，只要人们用得顺手，那么这个按钮的设计就是成功的。

同学 B：说的对。其实如何制作出按钮，那都是技术方面的练习和熟练度了，主要还是得从设计思路上打开通道，这样才能设计按钮。

同学 B：好的，我会在掌握基本技能的前提下多多了解人们的行为习惯，以开阔自己的设计视野。

项目评价

本次项目学习与实践让我们了解了按钮的设计与制作。按钮设计是整个应用中较为核心的环节，按钮如果尺寸不合常规，那么人们使用起来会特别不方便。而按钮的图形设计如果与应用的主题不相符或者按钮的图形太过于简单，那么又会失去创意。我们在设计按钮的时候，要将“以人为本”的设计理念放在第一位，然后再确定风格、样式等。

项目6　UI界面版式设计

项目引导

同学 A：前面学到的内容都是关于界面中的局部内容设计，想不想知道整体的界面包含哪些内容呢？

同学 B：想啊，我想知道界面设计到底包含哪些内容，一般版式都是怎样设计的。

同学 A：是的，你说到了版式，其实与图书排版一样，UI 界面设计中一样涉及排版的问题，比如状态栏一般是在什么位置，导航栏一般是做什么用的，放在什么位置，等等。这次的项目学习将会解答这些问题。

同学 B：好呀，那我们开始吧！

项目实施

任务1　认识移动端界面结构

移动端不同于 PC 端，最大的区别是屏幕尺寸的限制，相同的内容显示效率要低很多。如果直接按照 PC 端显示所有内容，页面信息自然会混乱不堪。作为交互设计师需要对信息进行优先级划分并且合理布局，以提升信息的传递效率。下面来谈谈手机界面设计中经常用到的页面布局。

1. 栏

（1）状态栏。

状态栏展示了设备及其周围环境的重要信息，如图 6-1 所示。

●●●●● 中国电信　上午11:45　47%

图 6-1　状态栏

注意：状态栏不应是透明的，而且要避免滚动内容直接透过状态栏，如图 6-2 所示。

图 6-2　状态栏设计注意

（2）导航栏。

导航栏能够实现应用不同信息层级间的导航，如图 6-3 所示。

图 6-3　导航栏

注意：避免过多的控件填满导航栏，并确保自定义的导航栏在应用的每个视图中都有一致的外观和体验，如图 6-4 和图 6-5 所示。

图 6-4　导航栏设计注意

图 6-5　微信读书导航栏

（3）工具栏。

工具栏中放置用户在当前情境下最常用的指令，如图 6-6 至图 6-8 所示。

图 6-6　微信书籍阅读界面工具栏

图 6-7　工具栏示例

图 6-8　pmcaff 中内容详情页工具栏（包含针对当前内容的功能按钮）

注意：尽量避免在工具栏中放置偶尔用到的指令；工具栏中的所有指令和操作都是针对当前屏幕和视图的。

如图 6-9 至图 6-11 所示是几种常见的工具栏形式。

图 6-9　淘宝购物车工具栏（用于编辑购物车中的商品，位于标签栏之上）

图 6-10　知乎日报内容详情页工具栏（包含针对当前内容的功能按钮和导航按钮，位于屏幕底部）

图 6-11　微博编辑消息页面的工具栏

工具栏常用在以下几种情景中：

- 内容详情页：放置针对当前内容的操作按钮。
- 图文编辑页面：放置编辑时用到的工具按钮。
- 针对列表项中的内容进行编辑，例如购物车中的商品、网盘中的文件列表。

（4）标签栏。

标签栏让用户在不同的子视图、任务和模式间切换，如图 6-12 至图 6-14 所示。

图 6-12　标签栏

图 6-13　标签栏

注意：标签栏最多一次可以承载 5 个标签；标签栏常应用于应用的主界面中，用来组织整个应用层面的信息结构。

图 6-14 标签栏

标签栏常被用作主导航方式来布置产品结构，如图 6-15 所示。标签栏中的标签超过 5 个时，视觉上会略显拥挤，平行主任务过多容易给用户带来困扰。

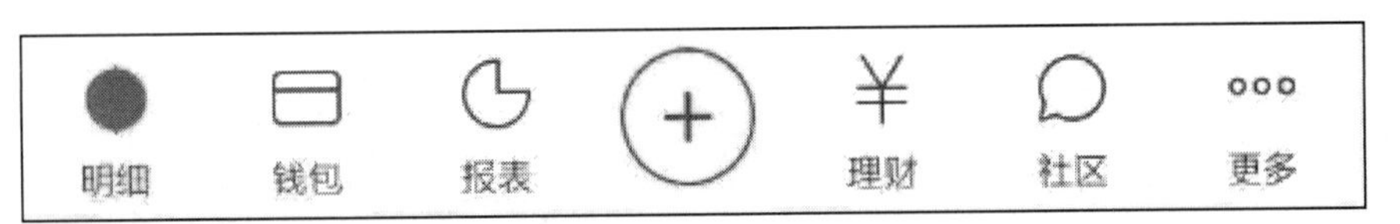

图 6-15 口袋记账当前版本标签栏

（5）搜索栏。

搜索栏中可以出现的元素有占位符文本（文本提示）、书签按钮、清除按钮等，如图 6-16 至图 6-18 所示。

图 6-16 Safari 搜索栏

图 6-17 在行搜索框

图 6-18 UC 浏览器搜索栏

2. 导航结构

（1）导航模型纲要。

将导航模型概括为以下 3 种模式（如图 6-19 所示）：

- 平铺页面。平铺页面就像一叠卡片，页面通过滑动切换，通常视觉精美，没有滚屏。这种导航方式主要适用于只有一个主屏的简单应用。
- 标签栏。标签栏是最常见的导航模式，这类导航的最大优势就是让应用的主要功能一目了然。我们根据应用的功能类型和信息类型进行标签分类，每个标签对应

的页面应该有自己独特的功能和内容。

- 树型结构。树型结构就是将层级信息分类到一棵倒置的树的树枝上，展示起来就像是流程图（类似家谱）。对于组织大量信息内容，同时又让每个内容触手可及，树型结构是一个高效的方法。

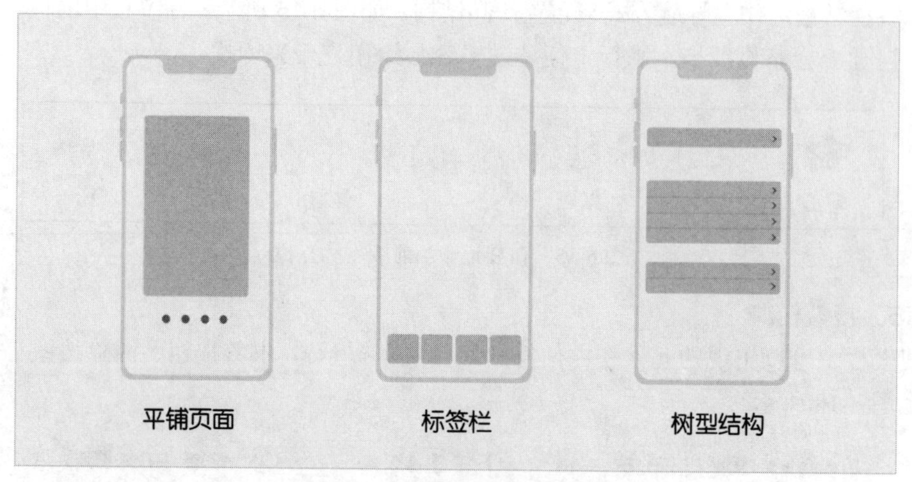

图 6-19　导航模型的 3 种模式

（2）说明与举例。

1）平铺页面。

平铺页面模式中的所有页面都没有按类型分组，而是全部摞成一叠，挨个切换。这种方式适合于浏览并发现的方式，浏览查看同类型不同内容的页面。最典型的代表就是 iPhone 内置的“天气”应用，每个页面的结构一致，但内容根据所属城市而变，如图 6-20 和图 6-21 所示。

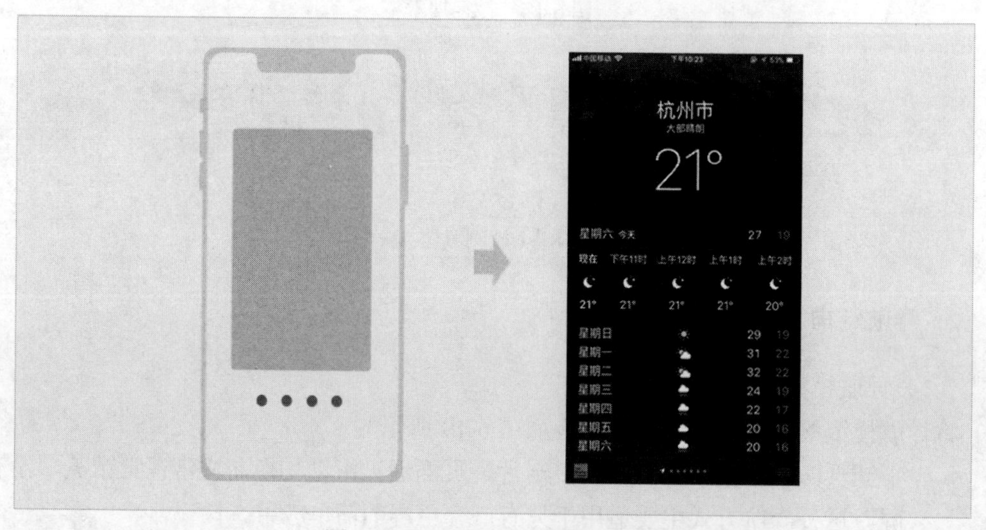

图 6-20　iPhone 的“天气”应用

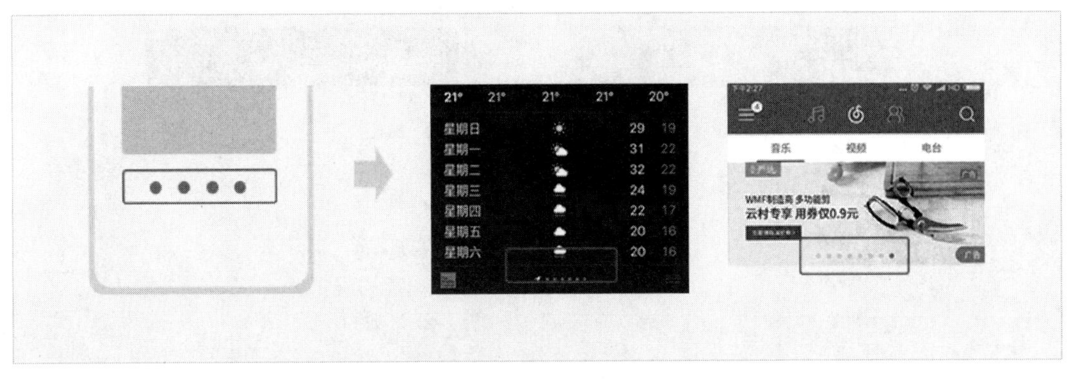

图 6-21　iPhone 的“天气”应用

页面分页控件就是图中所示的一排小点，它的存在提醒了我们正在浏览的是一系列平铺页面，也让我们在浏览系列页面时能保持方向感。该控件有一个很大的优势，即占用极少的界面空间。

同时，页面分页控件也是可操作的，但我们只能点击控件的左半部或右半部滑到页面的上一屏或下一屏，我们无法直接从第一屏跳转到最后一屏，只能挨个翻阅。这也要求我们在使用这类模型时要控制好页面数量，一般不超过 10 个为宜。

所以这也凸显出平铺页面模式的弊端，即无法直接跳转到特定页面，这一弊端使其并不适用于功能或结构相差悬殊的应用。

平铺页面的优点：

- 很适合内容少而精，操作少，只需随意浏览的页面。
- 适用于同类型不同内容的页面、需要自定义内容和数量的页面。
- 易于使用，只需要左右滑动手势即可。

平铺页面的缺点：

- 只能挨个翻阅，无法立即跳转到非相邻页面。
- 页面数量不宜过多，一般不超过 10 个为宜。
- 不适合滚屏（手势操作相撞），对长文本不利。
- 页面分页控件占用空间。

2）标签栏。

标签栏最大的优势就是能够将应用的主要功能明确地罗列出来，让应用变得干净整洁的同时易于操作，我们可以直接跳到特定页面去完成特定操作。每个标签 Icon 对应的页面设计都大相径庭，为的是适应当前的功能和需求。

标签栏上标签设计的重要性不言而喻，它可以直接体现出一个 App 应用的产品定位与调性，且其提供的功能选项必须要贴合用户普遍的需求和心智模型。

比如社交类应用中，QQ 的用户人群更倾向年轻的一代，所以它的标签栏 Icon 风格更具趣味和青春感，符合 QQ“乐在沟通，欢乐无限”的产品定位，而微信的用户人群更广，标签栏 Icon 采用常见通用的样式，最大可能地降低用户学习成本，如图 6-22 所示。

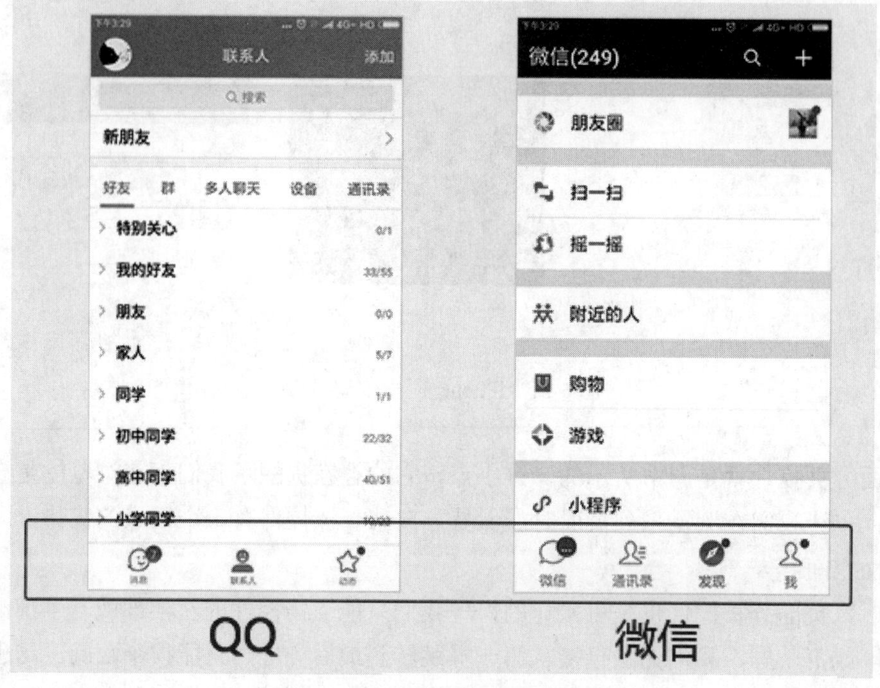

图 6-22　QQ 与微信标签栏对比

标签栏限定了最多 5 个按钮，这个限制也是希望我们能削减应用提供的主要功能，让用户能够记住并理解应用结构，让结构可控。

标签栏的优点：

- 将应用的主要功能明确地罗列出来并告知当前所处的位置。
- 可在应用所用的主要功能之间自由跳转，操作简单。

标签栏的缺点：

- 一般最多只能显示 5 个标签。
- 标签栏会占用不算小的页面空间。

平铺页面类的应用不只是形式上类似于一叠卡片，我们甚至可以根据需要随意添加、移除卡片。这种页面结构类似但页面数量会变化的情况下，平铺页面要优于标签栏。而在标签栏的模式中，导航项目的分类和顺序都是不变的，适合页面内容多样、页面数量少而固定的应用。

3）树型结构。

树型结构就是将层级信息分类到一棵倒置的树的树枝上，展示起来就像是流程图（类似家谱）。

文职人员早已开始使用一种有效的文件与文件夹整理方式：找到档案柜→选择抽屉→打开抽屉→选取文件夹→抽取文档。iOS 树型结构就是借鉴了这种整理方式的隐喻，将庞大的信息内容分类到类别、子类别、子子类别、子子子类别……中去，整理好层层嵌套的信息内容。

iPhone“设置”的导航模式就是树型结构的典型案例，如图 6-23 所示。

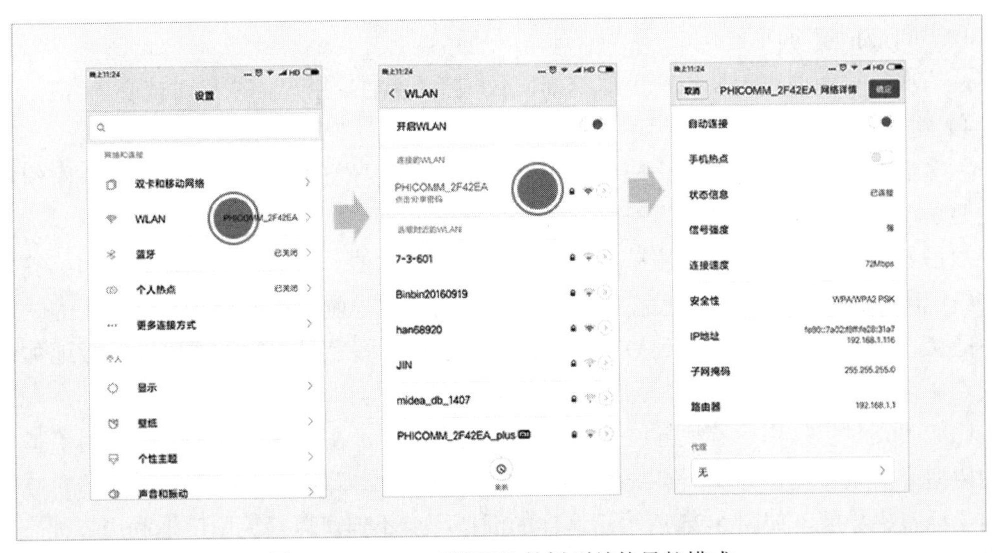

图 6-23 iPhone“设置”的树型结构导航模式

目前最常见的树型结构的例子就是表格视图，如图 6-23 所示。这也是简单的列表，点击列表项目可以深入到下一层中去。当然还有更加图形化的方式可以展示树型列表，如图 6-24 所示的“支付宝”首页用图标的方式来展示它的众多功能。

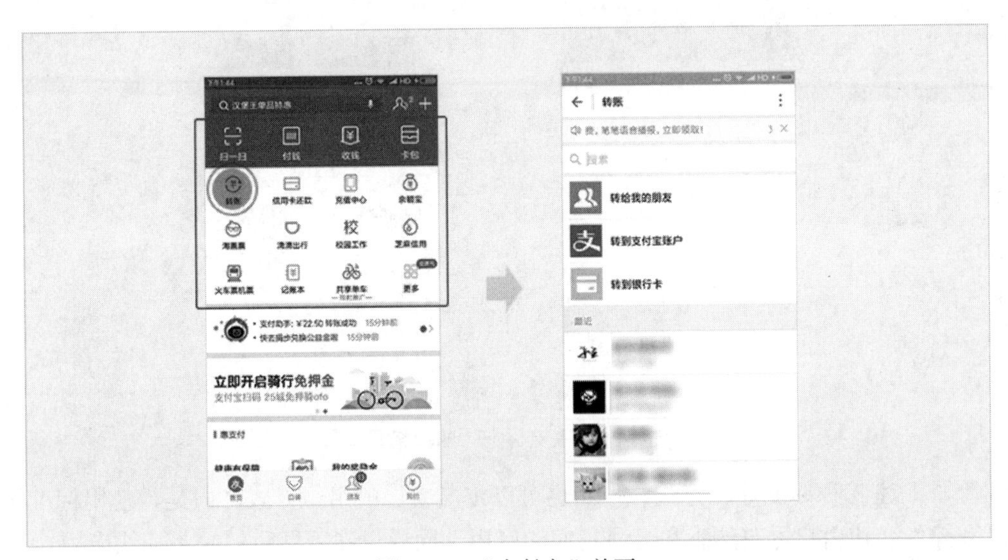

图 6-24 “支付宝”首页

无论何种形式，树型导航模式都有类似的优点，即占用很少的界面空间、操作简单。

树型结构的优点：

- 非常适用于管理大量的分类项目。
- 组织方式垂直简单，易于操作理解。
- 占用很少的界面空间。

树型结构的缺点：

- 主功能只在最顶层页面才会被显示出来。而且如果页面层级较多，则无法直接返回最顶层页面。

- 次级页面内容需要用户主动挖掘，不直接不显性，用户往往只对核心内容有印象。

4）组合使用导航模型。

大多情况下，我们都在一个应用中混合使用不同的导航模型，用一个模型来组织应用的主要功能，用另一个模型作为子导航来组织次要页面。

混搭导航可以帮助我们克服单个导航的缺点。常见的一个组合方式是，使用标签栏导航来组织应用的主要功能，然后在标签栏内页使用树型导航。树型导航一个很大的缺点就是不能从一个功能快速地切换到另一个功能，而混搭标签栏导航的方式可以有效地弥补这个缺点。

比如“支付宝”用标签栏导航来组织它的主要功能，在“我的”页面中使用了基于列表的树型导航来充当子导航；点击子导航中的“蚂蚁财富”功能，可以看到子子导航中又采用了标签栏导航，如图 6-25 所示。这样的混搭导航不但可以最大限度地利用界面空间，而且可以缩短用户的行为路径，易于操作理解。

图 6-25 “支付宝”的混搭导航

除了上述 3 种标准导航方式，当然也可以定义自己的组织方式。但是，使用标准导航方式和控件会让用户尽快熟悉和习惯我们的应用，同样也能帮助我们融入其他应用。

也许我们都很熟悉这 3 种导航模式：平铺页面、标签栏、树型结构，但只有正确理解并思考每种导航模式的优缺点，我们才能更好地组织 App 的结构，让应用自己说话，创造更好的用户体验。

3. 内容视图

（1）活动视图。

每个活动表示一个系统提供的或自定义的服务，通过访问活动视图来作用于某些特定的内容。

活动是一种可定制的对象，代表着某个可以让用户在App中执行操作的服务，如图6-26所示。

图6-26　App中的活动

用户通过单击活动视图中的某个图标来启动某项活动，如图6-27所示。

图6-27　腾讯新闻

（2）活动视图控制器。

活动视图控制器是一个临时视图，其中罗列了一系列可以针对页面特定内容的系统服务和定制服务，如图 6-28 所示。

图 6-28　活动视图控制器

活动视图控制器中显示了让用户可以针对当前内容执行操作的一系列可配置服务，如图 6-29 所示。

图 6-29　堆糖中针对文章内容的活动视图控制器

根据所处的场景不同，活动视图控制器可能出现在操作列表或浮出层中，如图 6-30 所示。

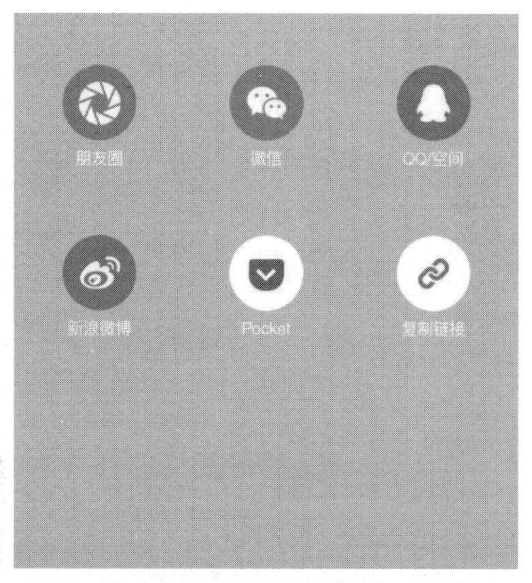

图 6-30　MONO 文章分享（活动视图控制器出现在浮出层中）

使用活动视图控制器来为用户提供一系列针对当前内容的服务。这些服务可以是系统自带的，例如复制、转发到邮件等，也可以是自定义的，如图 6-31 所示。

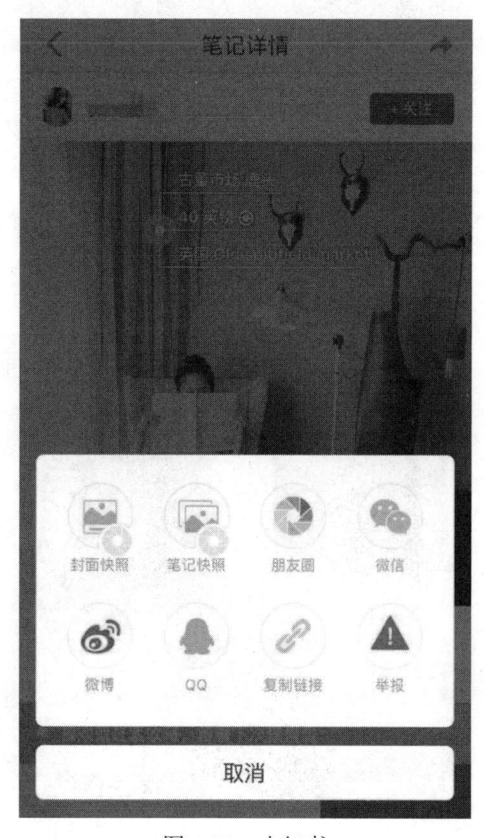

图 6-31　小红书

确保活动视图控制器中的操作是针对当前内容的，如图 6-32 所示。

图 6-32　赶集网 App

（3）集合视图。

集合视图帮助用户管理一系列有序的项，并以一种自定义的视图来呈现它们，如图 6-33 所示。

图 6-33　京东——商品展示

由于集合视图的布局不是一个严格的线性布局，因此适合用来展示一些尺寸不一致的项，如图 6-34 所示。

图 6-34　秒嗨

表格视图更适合的时候不要使用集合视图。

（4）图片视图。

图片视图用来展示一张单独的图片或者一系列动态图片，如图 6-35 所示。

图 6-35　朋友圈查看照片

确保图片视图中的每一张图片有相同的尺寸或比例。如果你的图片尺寸不一致，图片视图会逐一对它们进行调整。

图片视图可以检测图片本身及父视图的属性，并决定这个图片是否应该被拉伸、缩放、调整到适合屏幕的大小。

（5）页面视图。

页面视图控制器通过滚动和翻页两种方式来处理长度超过一页的内容，如图 6-36 所示。

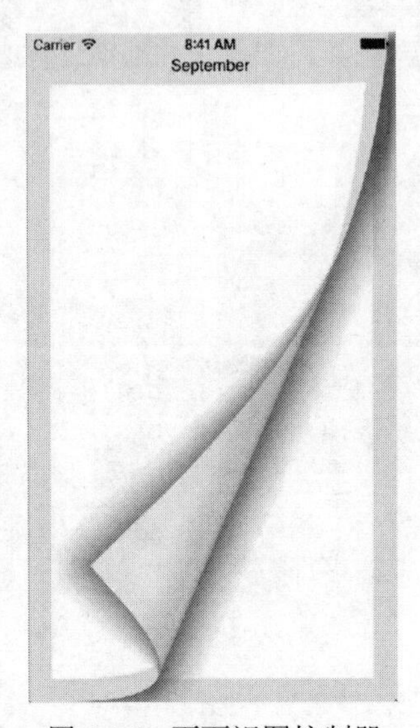

图 6-36　页面视图控制器

带滚动条的页面视图没有默认的外观。

可以根据指定的转场来模拟出页面转换时的动画，例如在线书籍阅读类产品中左右或者上下翻页浏览信息的效果所示。

一般使用页面视图来展示线性的内容（故事的文本或文章的内容等）或者可以被自然分成块的内容（如日历），如图 6-37 所示。

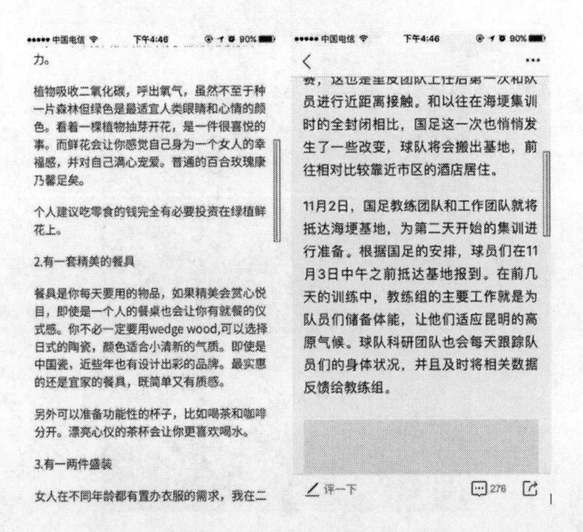

图 6-37　简书文章阅读页面 & 腾讯新闻资讯详情页面

可以设计一种自定义的方式来让用户以非线性的方式来获取内容（如书籍的目、字典等），如图 6-38 所示。

图 6-38　微信读书的书籍目录（点击目录可以直接到达目的页面）

（6）浮出层。

浮出层是当用户轻点某个控件或页面中的某一区域时浮出的，是半透明的临时视图，如图 6-39 所示。

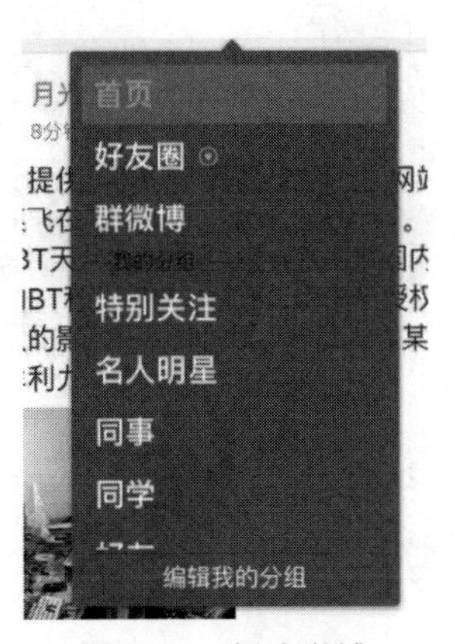

图 6-39　新浪微博

浮出层是一个包自含的模态视图，如图 6-40 所示。

浮出层可以包含多种对象和视图，如表格、图片、文本、导航栏、工具栏，可以操作当前 App 视图中的对象或对象的各种控件，如图 6-41 所示。

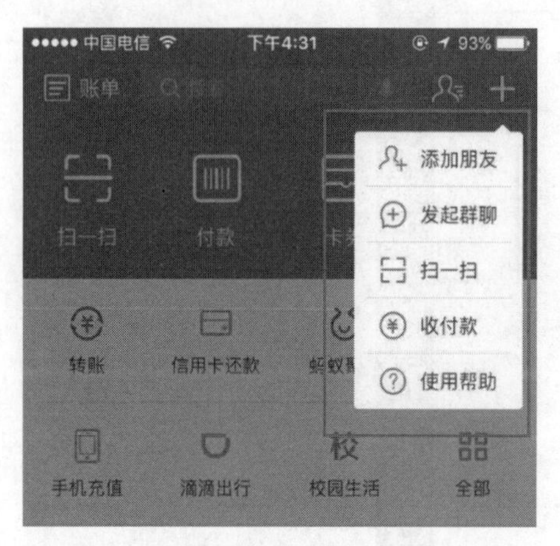

图 6-40 支付宝

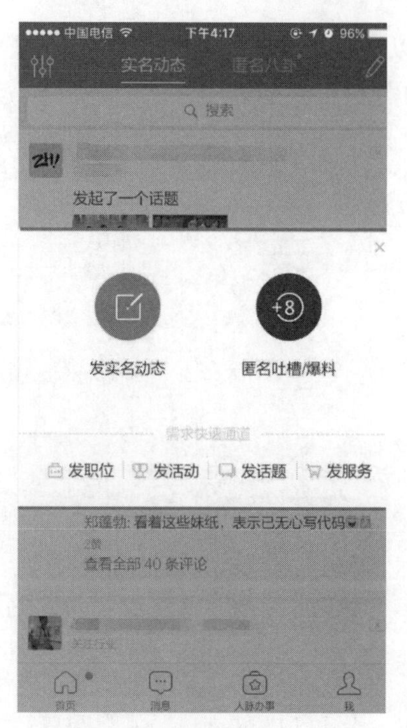

图 6-41 脉脉——发布动态

让浮出层中的箭头尽可能指向其出处，如图 6-42 所示。

注意：不要在浮出层上面再展示一个模态视图；确保同一时间内同一屏幕上只有一个浮出层，如图 6-43 所示。

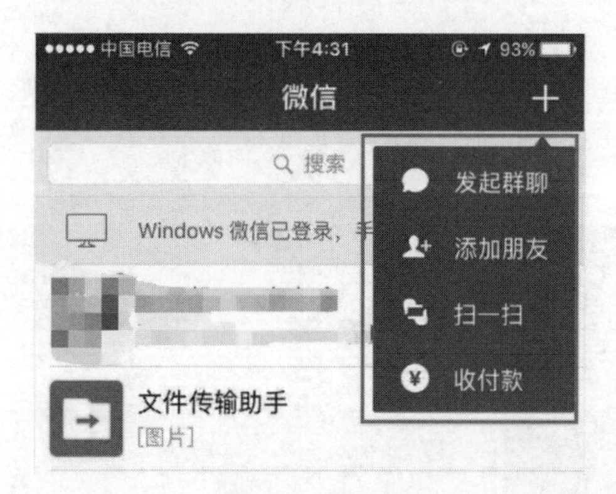

图 6-42 微信

图 6-43 收趣云书签

（7）滚动视图。

使用滚动视图允许用户在固定的空间内浏览大尺寸（例如尺寸超越滚动视图边界）或大量的图片，如图 6-44 所示。

如果放大和缩小对当前内容有用的话，滚动视图可以支持用户通过捏合或者双击来对当前视图进行缩放。

在页模式滚动视图中，可以考虑使用页面控件。

一般来说一次只展示一个滚动视图。

图 6-44　滚动视图

（8）表格视图。

表格视图以一个可滚动的单列多行的形式来展示数据。

用户可以通过点击来选中某行，或通过控件来添加、移除、多选、查看详情或展开另一个表格视图，如图 6-45 所示。

图 6-45　京东商城

表格视图有平铺型和分组型两种类型，如图 6-46 和图 6-47 所示。

新的朋友
群聊
标签
公众号
A
B
Q
A
B
C
D
F
G
H
J
K
L
M
N
P
Q
R
S
T
W
X
Y
Z
#

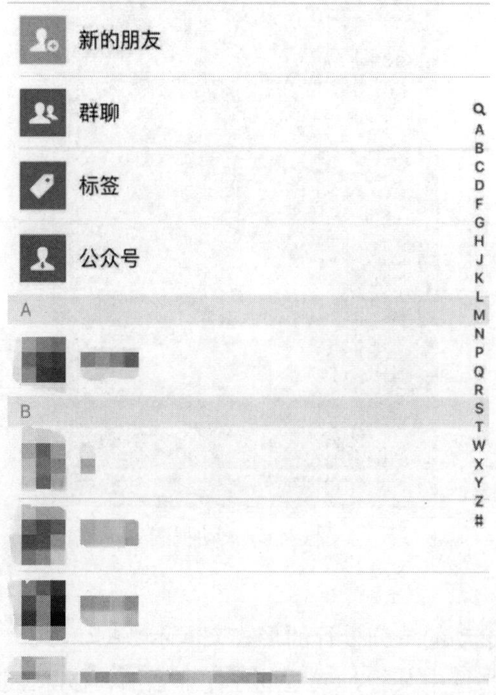

图 6-46　微信通讯录（平铺型——表格右侧可以出现垂直的表格索引）

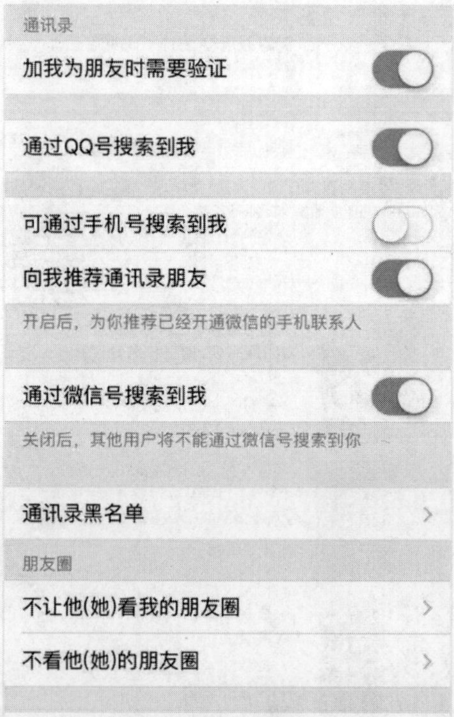

通讯录
加我为朋友时需要验证
通过QQ号搜索到我
可通过手机号搜索到我
向我推荐通讯录朋友
开启后，为你推荐已经开通微信的手机联系人
通过微信号搜索到我
关闭后，其他用户将不能通过微信号搜索到你
通讯录黑名单
朋友圈
不让他(她)看我的朋友圈
不看他(她)的朋友圈

图 6-47　分组型

表格视图的扩展功能如图 6-48 所示。

按钮	名称	含义
✓	选中	表示当前行已被选中
>	展开	在新视图中展示关于当前行的更多信息（适用于表格视图以外）
ⓘ	展开详情按钮	在新视图中展示关于当前行的更多信息（适用于表格视图以外）
≡	行记录器	表示当前行可以被拖曳到表格的另一位置
⊕	增加行	在表格中新增一行
⊖	删除按钮控件	在编辑状态中显示和隐藏“删除”按钮
Delete	“删除”按钮	删除当前行

图 6-48　表格视图的扩展功能

表格视图的布局样式有 4 种：default 样式、subtitled 样式、value1 样式、value2 样式，如图 6-49 至图 6-52 所示。

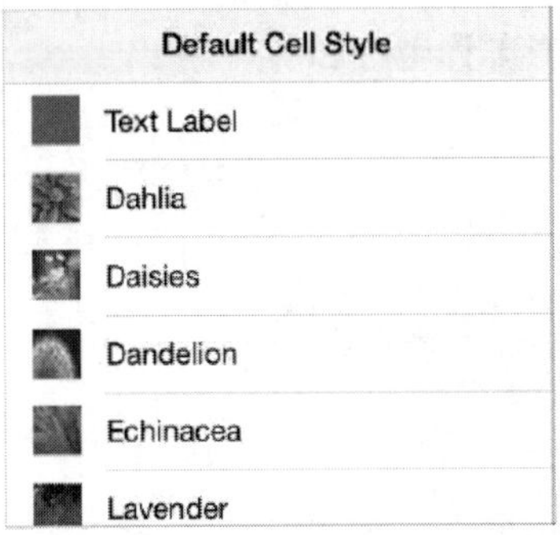

图 6-49　default 样式

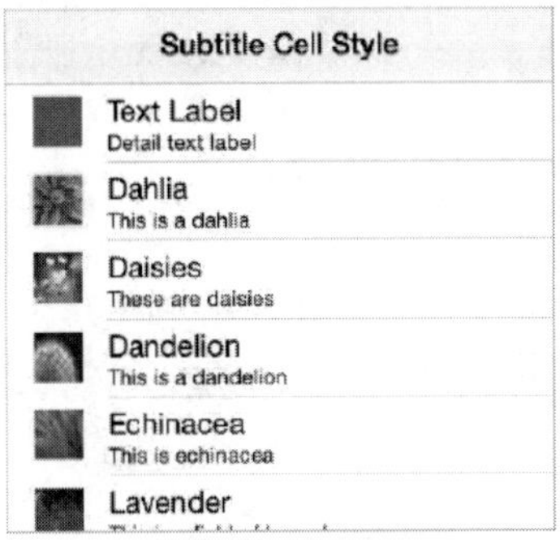

图 6-50　subtitled 样式

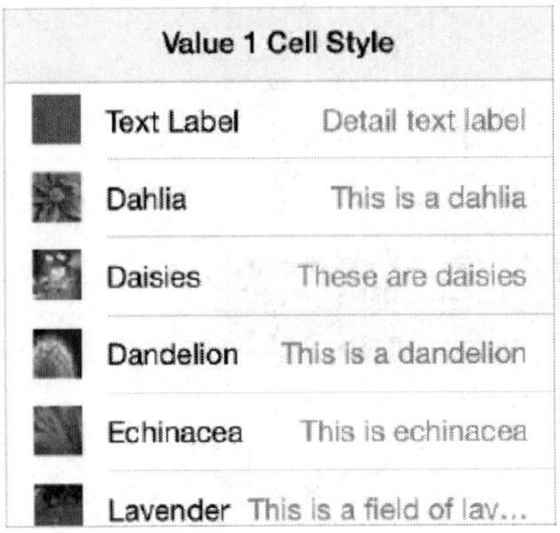

图 6-51　value1 样式

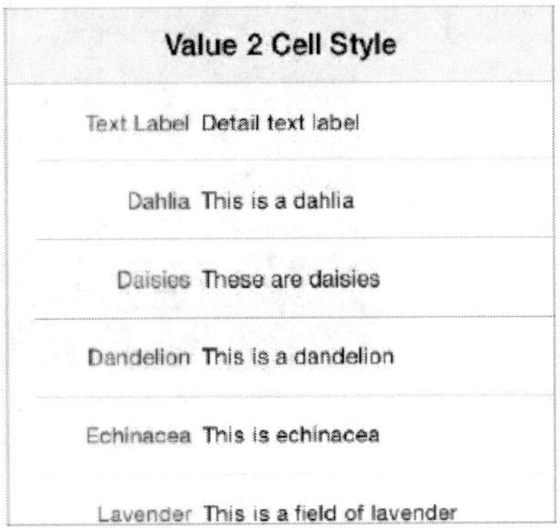

图 6-52　value2 样式

用户选择列表项时始终给予反馈，当用户点击可选的列表时被点击的列表项都会短暂地高亮一下。

（9）文本视图。

文本视图可以接受和展示多行文本，如图 6-53 所示。

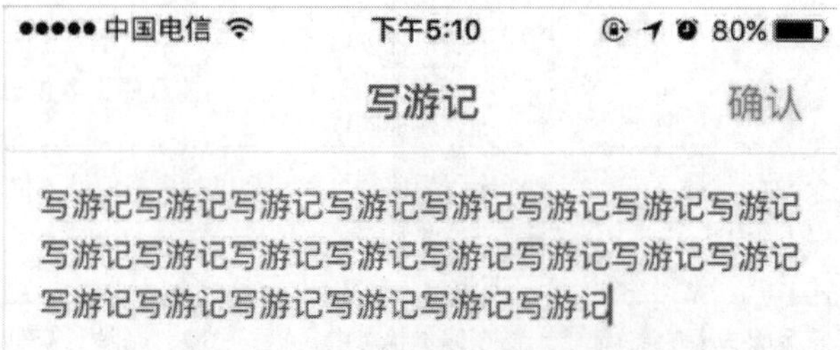

图 6-53　氢气球——写游记

文本视图是一个可定义为任何高度的矩形，如图 6-54 所示。

图 6-54　猫眼电影——写影评

当内容太多，超出视图的边框时，文本视图支持滚动，如图 6-55 所示。

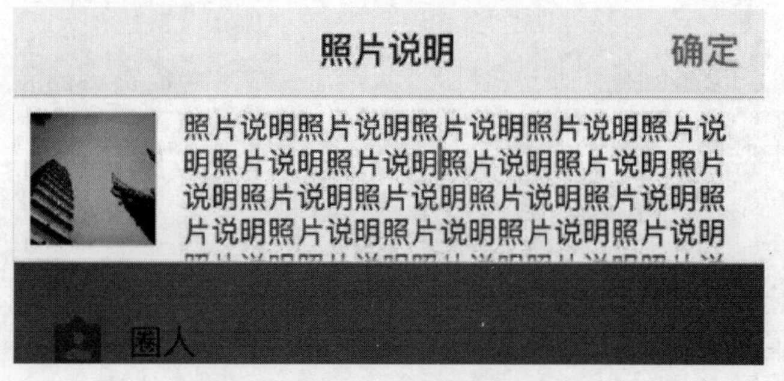

图 6-55　Instagram 编辑照片说明

文本视图支持用户编辑，当用户轻击文本视图内部时可以唤起软键盘（可根据文本的类型唤起不同的软键盘），如图 6-56 所示。

图 6-56 新浪微博

4. 临时视图

（1）警告框。

警告框用于告知用户一些会影响到他们使用 App 或设备的重要信息，如图 6-57 所示。

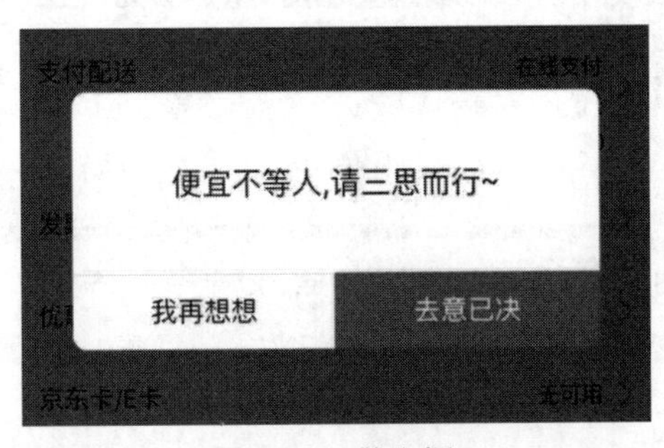

图 6-57 警告框

严格限制 App 中警告框的个数，并保证每一个警告框都能提供重要的信息或有用的选项，如图 6-58 所示。

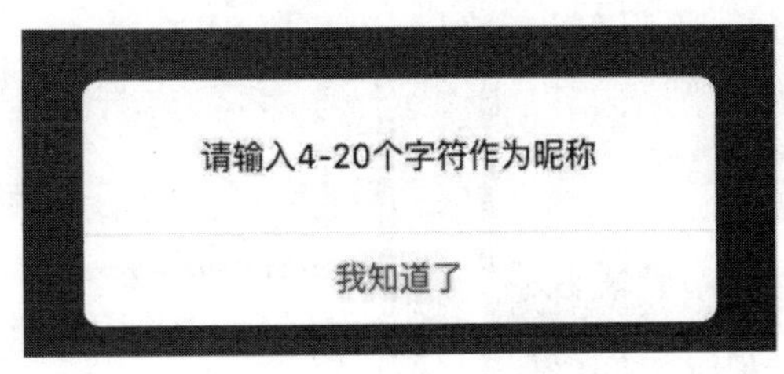

图 6-58 警告框示例

警告框应简明扼要地告诉用户当前所处的情景，并告诉用户可以做什么，如图 6-59 所示。

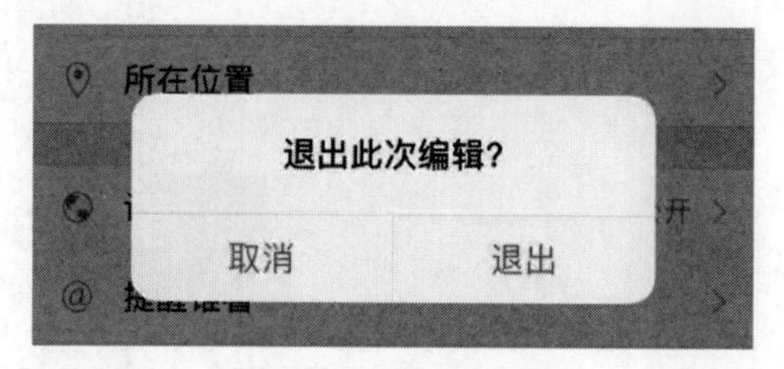

图 6-59　警告框示例

尽可能避免使用“你”“你的”“我”“我的”等字眼，如图 6-60 所示。

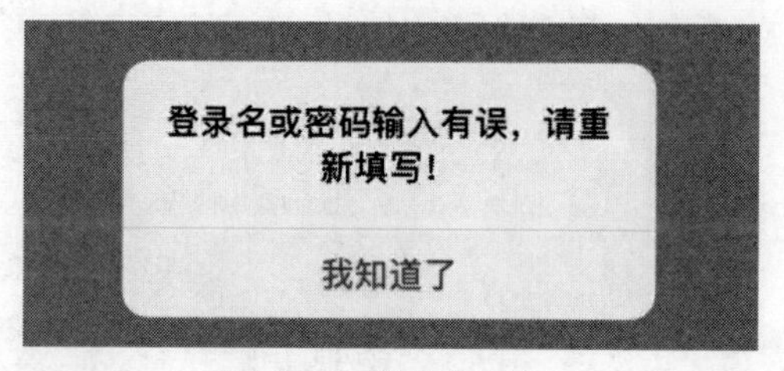

图 6-60　警告框示例

避免在文案中详细描述“该按哪个按钮”而导致文本过长。

（2）操作列表。

操作列表展示了与用户触发的操作直接相关的一系列选项，如图 6-61 所示。

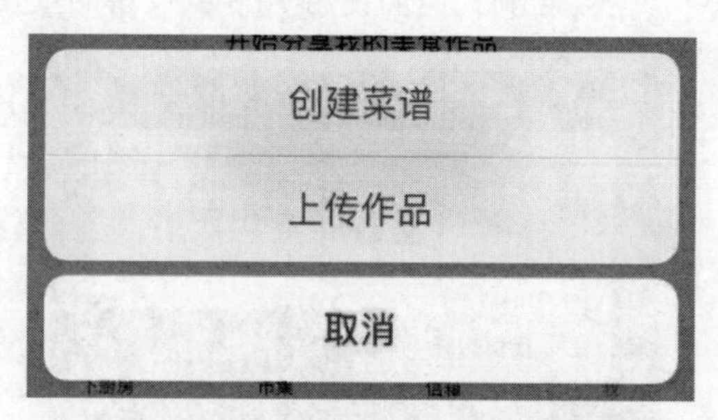

图 6-61　下厨房上传作品操作列表

提供完成一项任务的不同方法，这样多种操作方式不会永久地占用 UI 的空间，如图 6-62 所示。

在完成一项可能有风险的操作前获得用户的确认，如图 6-63 所示。

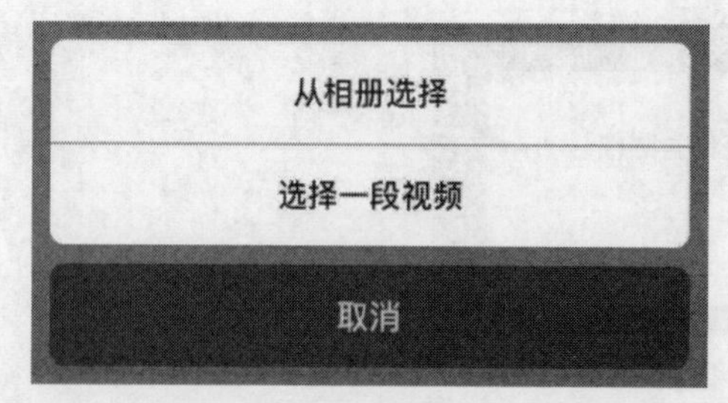

图 6-62　探探上传照片或视频

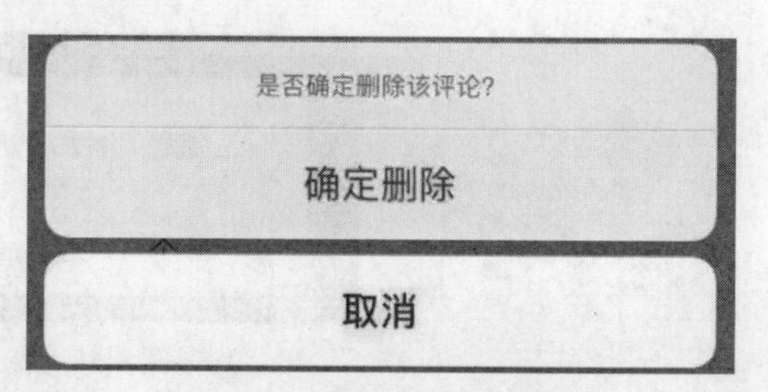

图 6-63　腾讯新闻删除评论

避免让用户滚动操作列表，如图 6-64 所示。

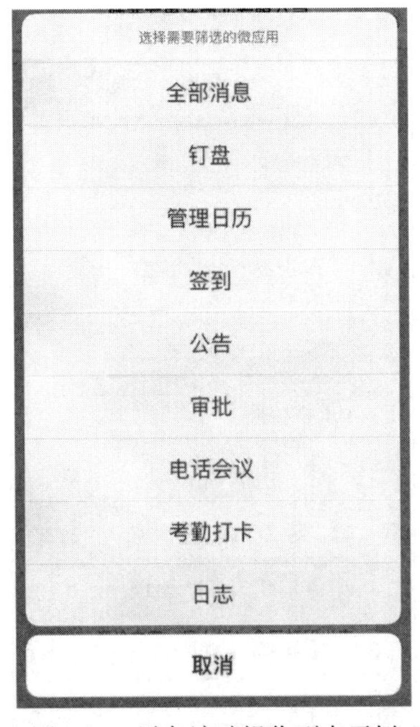

图 6-64　避免滚动操作列表示例

（3）模态视图。

模态视图为当前的任务或当前工作流程提供了一种独立的功能，为用户提供了一种不脱离主任务的方式去完成一个任务或者获得信息，如图 6-65 所示。

图 6-65　腾讯微云添加笔记

模态视图通常会包含一个完成按钮和一个取消按钮（可根据实际功能或情景来进行调整），如图 6-66 所示。

图 6-66　简书编辑文章

模态视图可能占据整个屏幕，也可能占据屏幕的一部分，如图 6-67 所示。

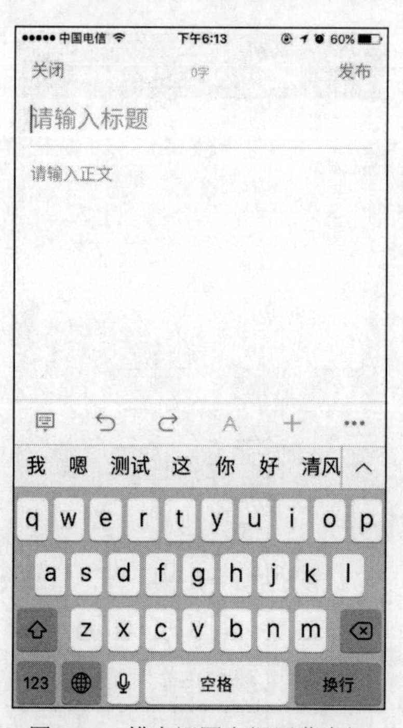

图 6-67　模态视图占据屏幕空间

选择一个适当的动画来展示模态视图：

- 垂直出现：模态视图从底部边缘滑入屏幕，也同样从屏幕底部滑出。
- 弹出：当前视图从右往左水平滑动显示模态视图，离开模态视图时原先的父视图从左滑回屏幕右边。

模态视图暂时覆盖应用的正常操作页面，供用户完成与父页面内容相关的任务；通常由屏幕底部滑出，覆盖原有页面；通常被用来添加或编辑内容；属于正常流程上的一个临时支路。

任务 2　iOS 风格界面设计

1. 制作 iOS 应用主界面

制作要点：iOS 应用主界面设计。

使用工具：Photoshop 中的图层、圆角矩形、滤镜、文字、图层样式等。

效果图：如图 6-68 所示。

图 6-68　iOS 应用界面效果图

制作步骤：

（1）新建颜色模式 RGB 文件，尺寸按照 iOS 常用手机界面标准：1334 像素×750 像素，分辨率设置为 72 像素/英寸，如图 6-69 所示。

制作 iOS 应用主界面
（第 1 步至第 12 步）

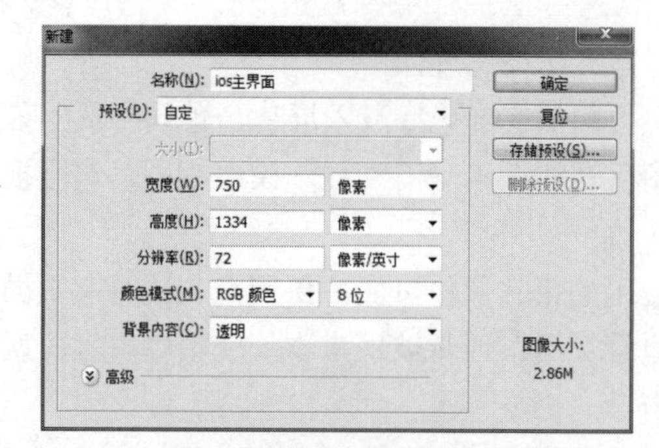

图 6-69　新建颜色模式 RGB 文件

（2）将背景图片拖入，新建图层 2 并命名为“屏幕”，按 Ctrl+T 组合键调整图片至合适位置，如图 6-70 至图 6-72 所示。

图 6-70　拖入背景图片

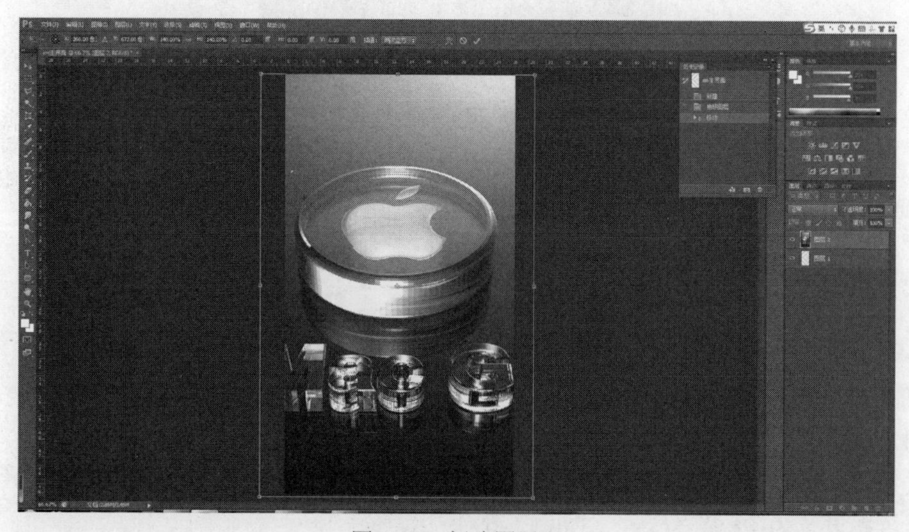

图 6-71　新建图层 2

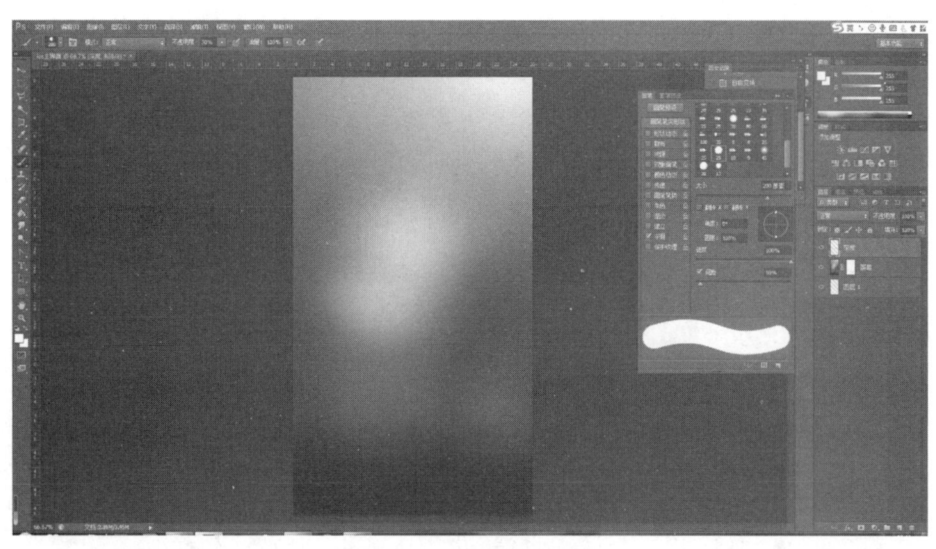

图 6-72　调整图片位置

（3）在“滤镜”→“模糊”→“高斯模糊”菜单中选择一个模糊，消除照片中的所有细节，保持良好的色彩，参数设置为 75 像素，如图 6-73 所示。

图 6-73　高斯模糊

（4）按住 Ctrl 键单击“屏幕”图层将其加载为选区，然后选择“图层”→“图层蒙版”→“显示选区”菜单命令，如图 6-74 所示。

（5）在“背景”图层上方创建一个新图层并命名为“深度”，将前景色设置为白色，然后用画笔工具进行描画，设置参数为 30%不透明度；按 F5 键调出“设置”面板，单击左上角的“画笔笔尖形状”字样，将画笔大小设置为 200 像素，将硬度设置为 100%，如图 6-75 所示。

（6）单击“形状动态”并确保已选中。当单击“形状动态”时它将显示一系列滑块，将“大小抖动”滑块拖动到 100%，如图 6-76 所示。

图 6-74　菜单操作

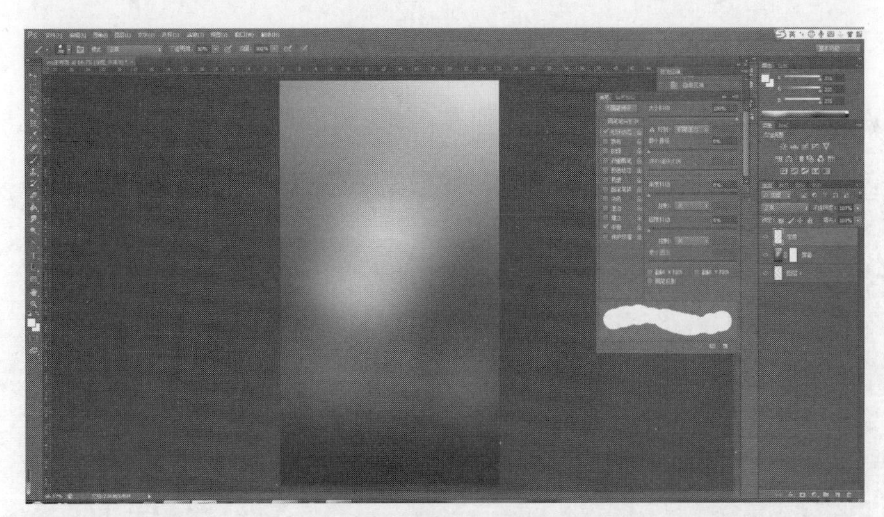

图 6-75　“深度”图层设置

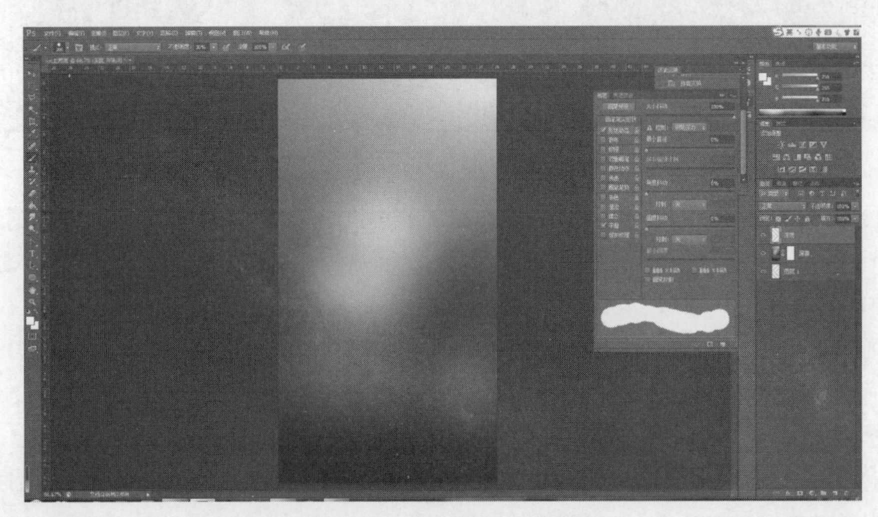

图 6-76　“形状动态”设置

（7）通过几次点击可以在背景上添加一些玻璃光圈（确保在“深度”图层上），如图 6-77 所示。

图 6-77　添加玻璃光圈

（8）将“深度”图层设置为混合模式“柔光”，然后在“滤镜”→“模糊”→“高斯模糊”菜单中选择“模糊散景圆”，设置半径为 4 像素。如果需要，将不透明度降低到 70% 左右，如图 6-78 所示。

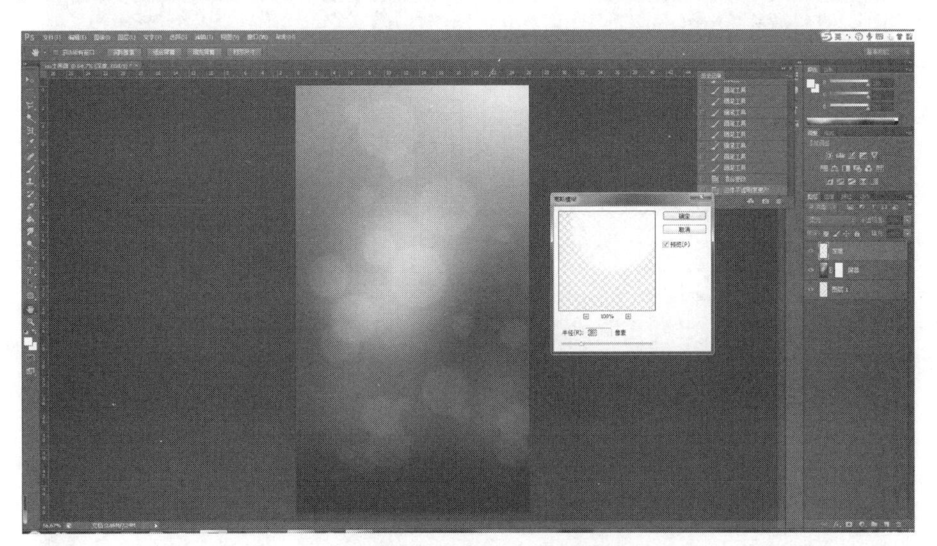

图 6-78　“深度”图层设置

（9）用矩形选框工具选择并查看在 Photoshop 窗口顶部运行的工具选项栏，然后选择“样式”→“固定大小”菜单命令，设置宽度为 750 像素，高度为 200 像素，将选项精确地放在屏幕底部，如图 6-79 所示。

（10）创建一个新图层并命名为 Dock，用油漆桶填充选区，然后选择“图层”→“图层样式”→“渐变叠加”菜单命令，如图 6-80 和图 6-81 所示。

图 6-79　放置选项

图 6-80　新建图层并填充选区

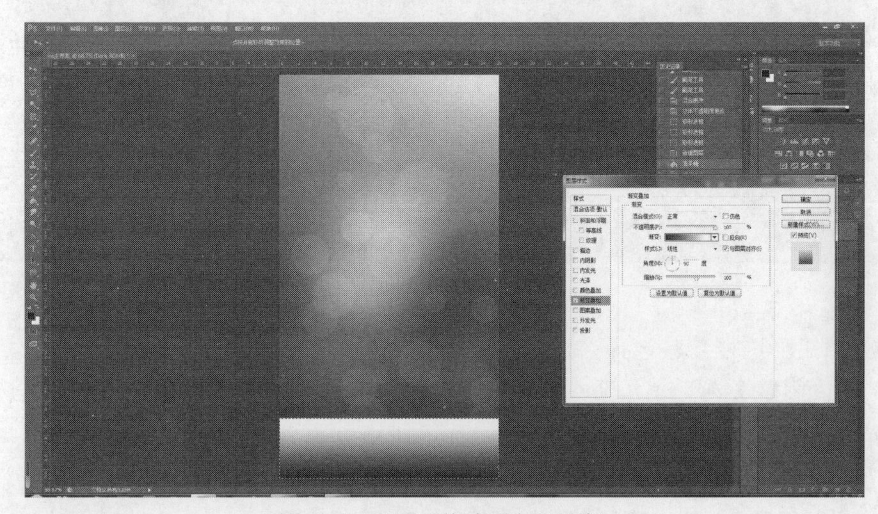

图 6-81　打开“渐变叠加”面板

（11）我们希望将 Dock 图层的颜色与背景颜色相匹配。单击“渐变”下拉列表框，在其中双击每个色标，然后使用显示的滴管从背景图中选择一种颜色，这里我们选择了浅色和深色，如图 6-82 所示。

图 6-82　匹配图层与背景的颜色

（12）创建一个新图层并命名为“信号”。屏幕的最左上方是 5 个白点，用于指示信号强度。右击画笔工具并选择 20 像素硬边画笔。按 F5 键打开“画笔控制”面板，取消选择“形状动态”选项，将不透明度调至 100%，在屏幕左上角点出 5 个小圆圈，如图 6-83 所示。

图 6-83　“信号”图层设置

制作 iOS 应用主界面
（第 13 步至第 20 步）

（13）创建一个新图层并命名为 Wi-Fi。选择自定义形状工具并设置为使用窗口顶部工具选项栏中的小下拉菜单绘制“像素”，按住 Shift 键拖出靶心，这将是我们的 Wi-Fi 图标的基础，如图 6-84 所示。

图 6-84　拖出靶心

（14）用矩形选框工具框选并创建一个选项以将靶心分成两半，按 Delete 键除去那些像素；使用选框工具再次分割半靶心；按 Ctrl+T 组合键旋转形状，使其看起来就像一个 Wi-Fi 图标，如图 6-85 和图 6-86 所示。

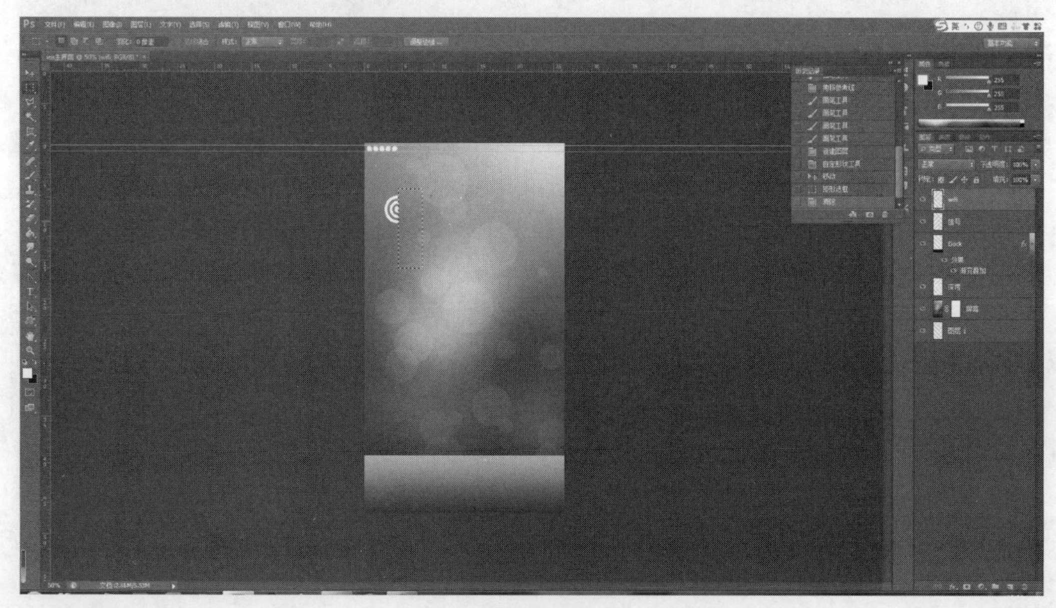

图 6-85　分割靶心

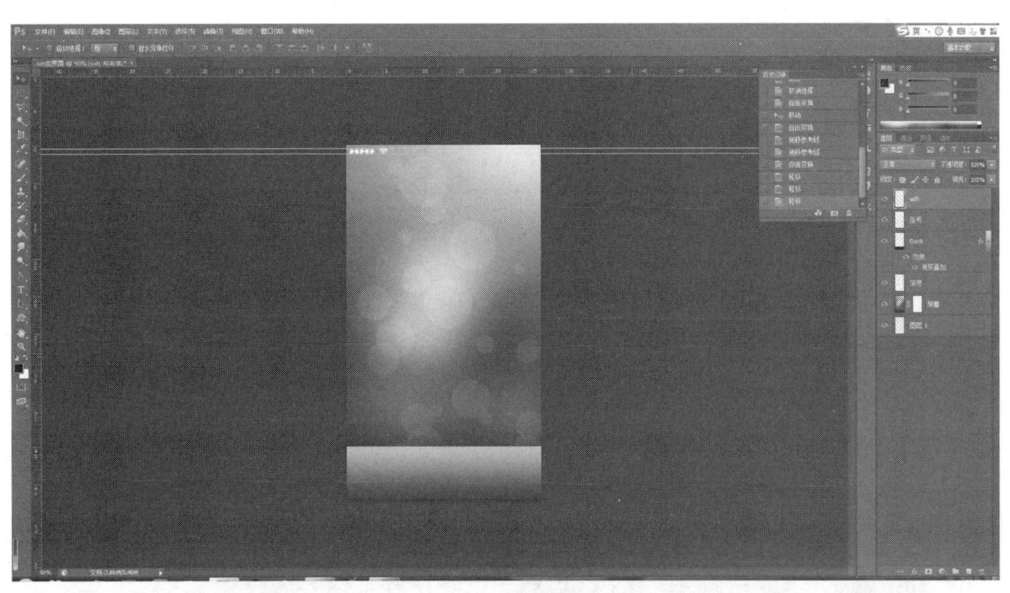

图 6-86　旋转形状

（15）创建一个新图层并命名为“电池”。用矩形选框工具拖出一个小矩形，然后使用 Shift 键在电池图标的左侧添加一个小电池导线，用白色填充，如图 6-87 所示。

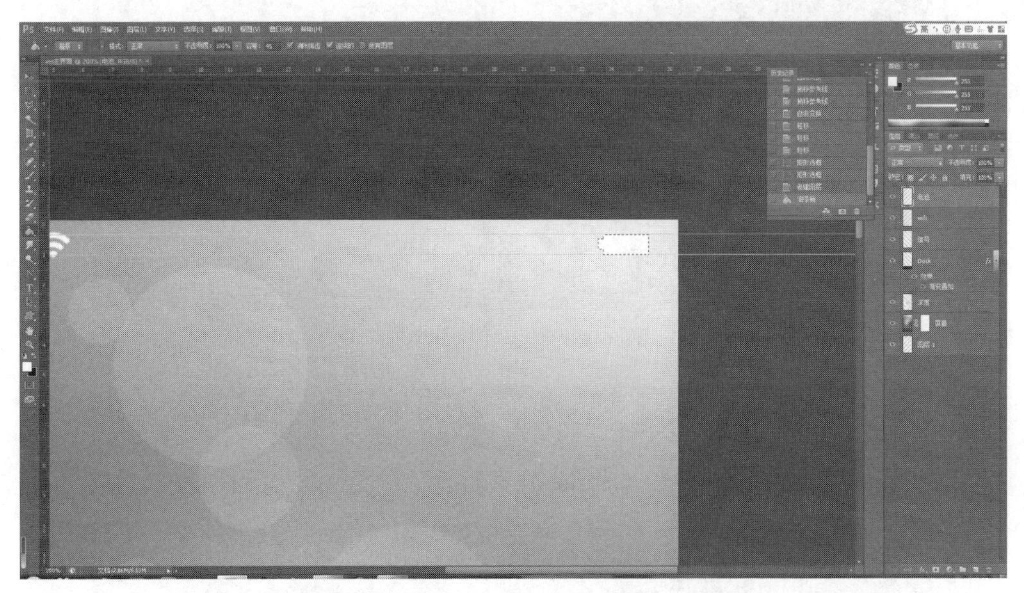

图 6-87　“电池”图层操作

（16）在“电池”图层上放置一个图层蒙版，用画笔工具描画，设置参数为 2 像素，将前景色设置为黑色，并使用蒙版“擦除”电池图标上的一个小轮廓，如图 6-88 所示。

（17）创建一个新图层，选用选区工具绘制出矩形图框，选用渐变工具进行填充，如图 6-89 所示。

（18）使用圆角矩形工具绘制图框，设置尺寸为宽度 100 像素、高度 100 像素、半径 35 像素，填充设置为白色；把图标放在码头顶部和左侧的 20 像素处，如图 6-90 所示。

图 6-88　蒙版操作

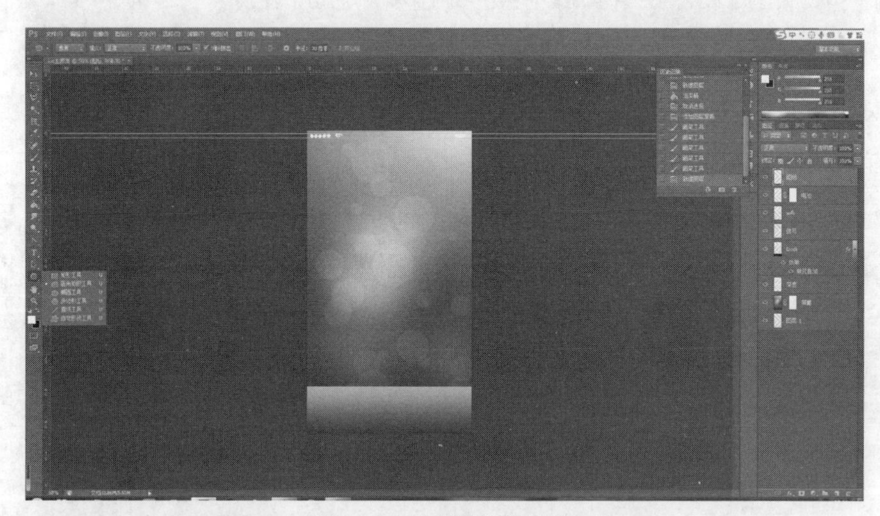

图 6-89　绘制图框并填充

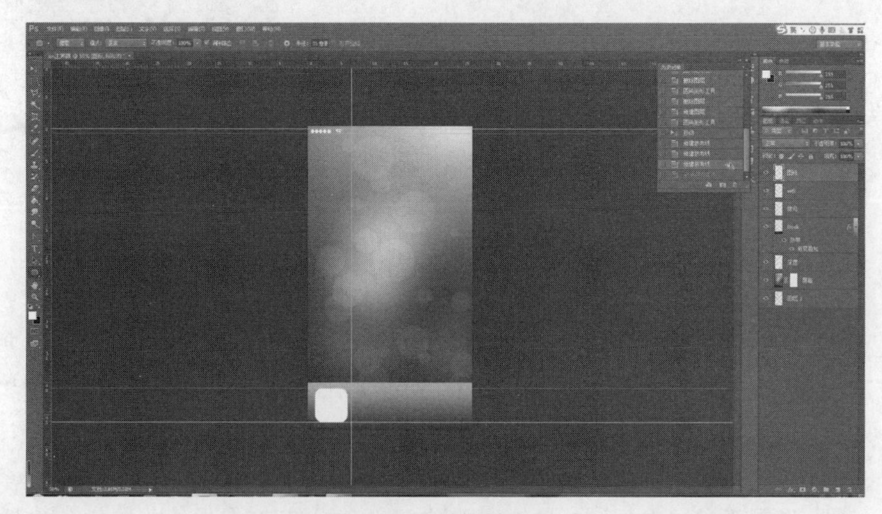

图 6-90　绘制圆角矩形

（19）按 Ctrl+J 组合键复制我们的图标；使用移动工具和箭头键在每个图标之间放置一个 20 像素的装订线来定位图标，这样在 iPhone 基座上就有了 4 个漂亮的间隔图标，如图 6-91 所示。

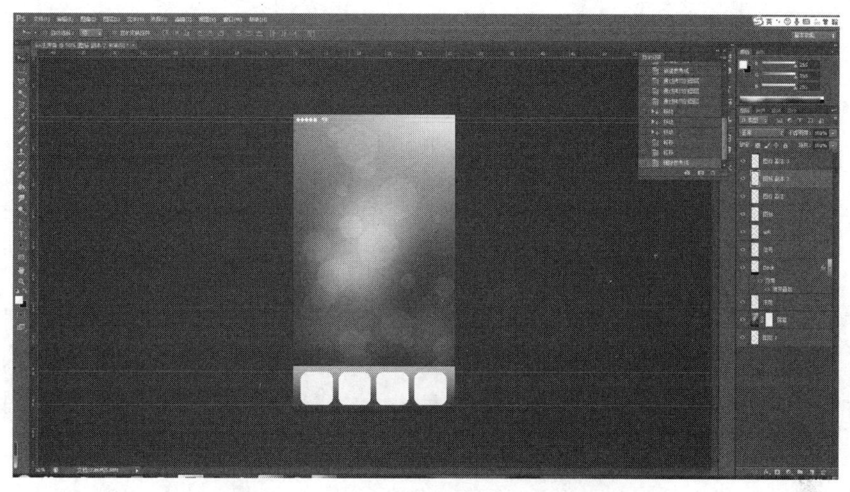

图 6-91　iPhone 基座上的间隔图标效果

（20）选中“图层”面板中的第一个图标，然后选择“图层”→“图层样式”→“渐变叠加”菜单命令，设置 4 个图标的渐变叠加效果，如图 6-92 和图 6-93 所示。

图 6-92　设置图标的渐变叠加效果

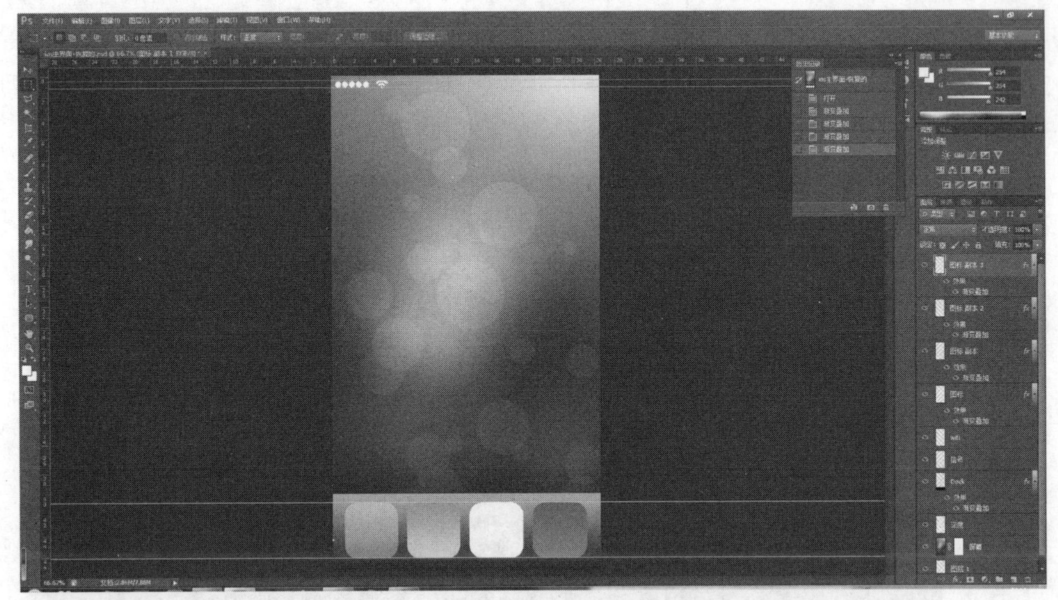
图 6-93　渐变叠加效果

制作 iOS 应用主界面
（第 21 步至第 23 步）

（21）选用文字工具并在每个图标下方相应添加文字 Phone、邮件、Safari、音乐；选用 Arial 或 Helvetica 字体，字号设置为 18 磅；将图层的不透明度降低到 65%，如图 6-94 所示。

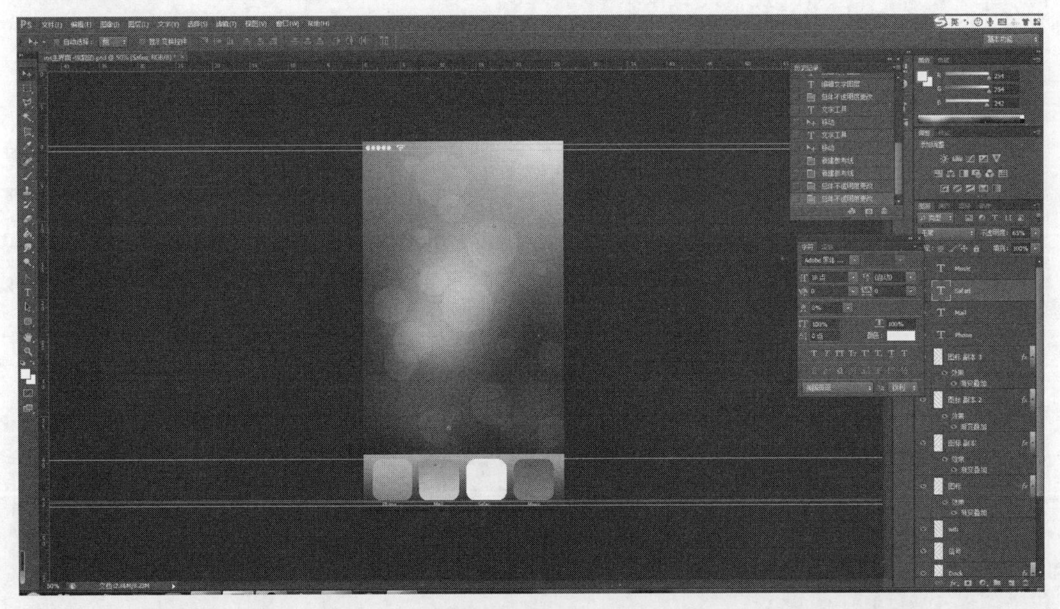
图 6-94　添加文字

（22）选用文字工具并输入时间；提交更改并选择“窗口”→“字符”命令打开“字符”面板，将字体设置为 Raleway，将权重设置为 Extra Light，将大小设置为 165 磅；在时间下方添加更多类型并将其大小调整为 36 磅；将两个层的不透明度降低到 65%，如图 6-95 所示。

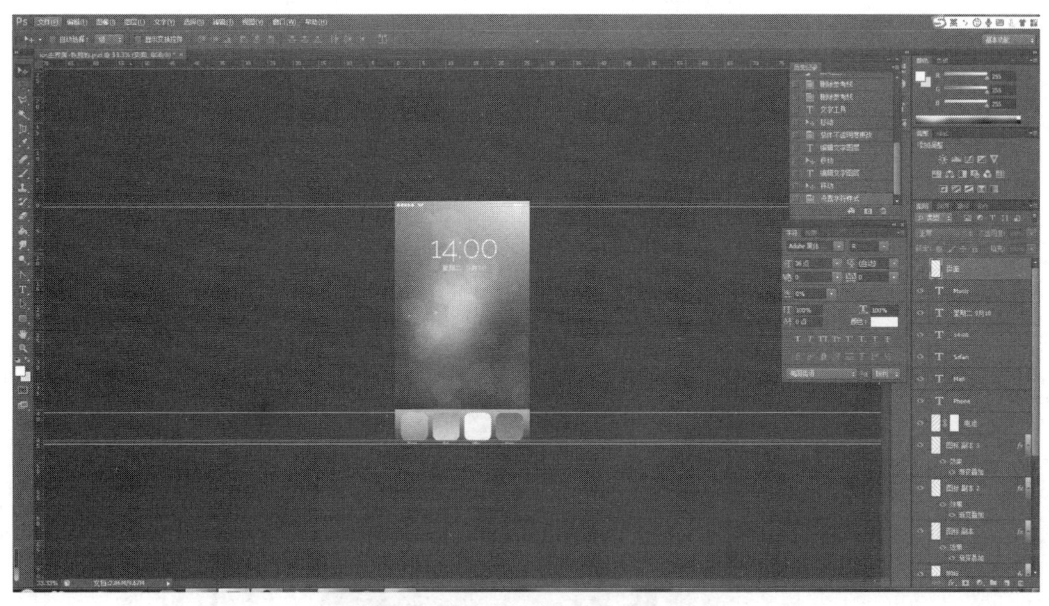

图 6-95　添加时间

（23）在屏幕底部添加点，以表明有多个页面。创建一个新图层并命名为“页面”；选用画笔工具并将不透明度设置为 50%，在屏幕底部附近放置 3 个点，在其中一个点上点击两次表示我们在该页面上，如图 6-96 所示。

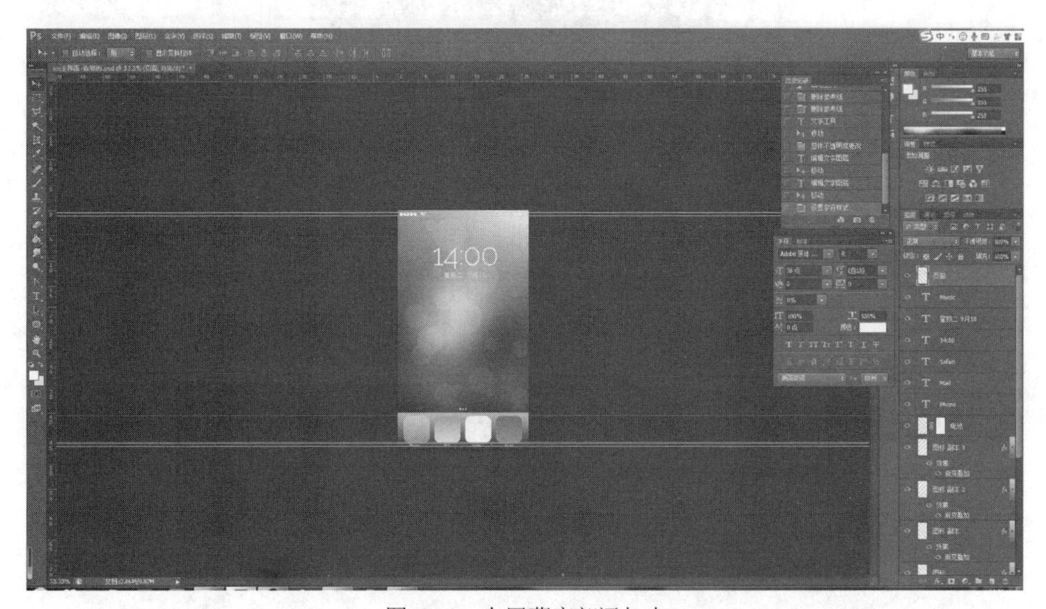

图 6-96　在屏幕底部添加点

2．制作 iOS 登录界面

制作要点：iOS 应用登录界面设计。

使用工具：Photoshop 中的图层、圆角矩形、滤镜、文字、图层样式等。

效果图：如图 6-97 所示。

图 6-97　iOS 登录界面效果图

制作步骤：

（1）打开 Photoshop 软件，在操作面板上点击新建 Photoshop 文件，大小为 1334 像素×750 像素，分辨率为 72 像素/英寸，如图 6-98 所示。

制作 iOS 登录界面
（第 1 步至第 5 步）

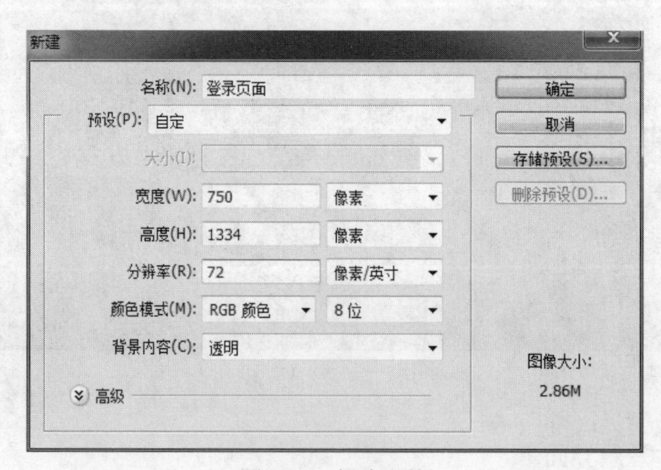

图 6-98　新建文件

（2）拖入背景图片，按 Ctrl+T 组合键调整图片大小，覆盖整个页面，按回车键确定，如图 6-99 所示。

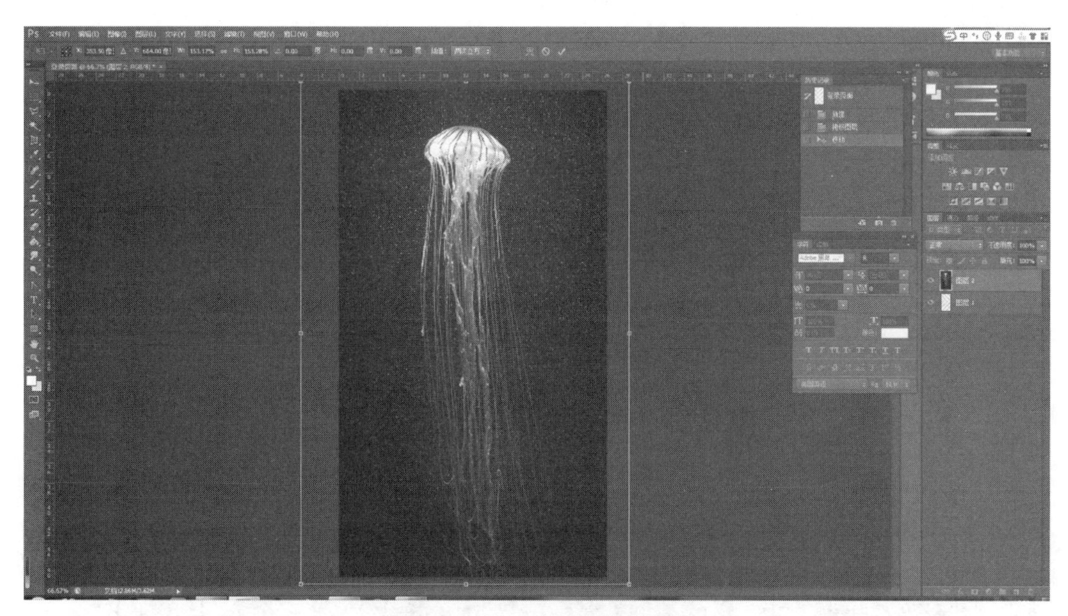

图 6-99　拖入背景图片并调整

（3）在“滤镜”→“模糊”→“高斯模糊”菜单中选择一个模糊，消除照片中的所有细节，保持良好的色彩，参数设置为 75 像素，如图 6-100 所示。

图 6-100　设置高斯模糊

（4）新建一个图层并命名为“工具栏”，工具栏高度设置为 150 像素，运用文字工具、画笔工具、自定义形状工具绘制出工具栏，如图 6-101 和图 6-102 所示。

（5）新建一个图层并命名为“状态栏”，状态栏高度设置为 98 像素，字体大小设置为 36 磅；选用自定义形状工具绘制出方形，按 Ctrl+T 组合键旋转为菱形，选择矩形选框工具删除多余线条，设置图层透明度为 65%，如图 6-103 至图 6-105 所示。

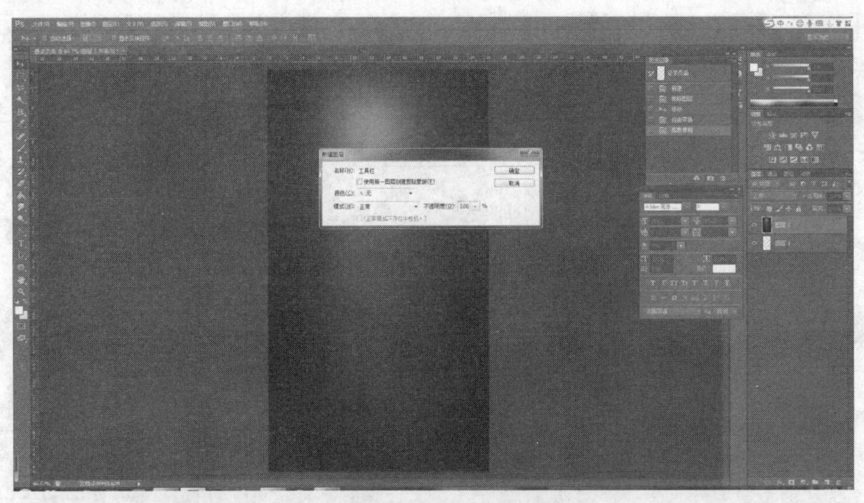

图 6-101　工具栏参数设置

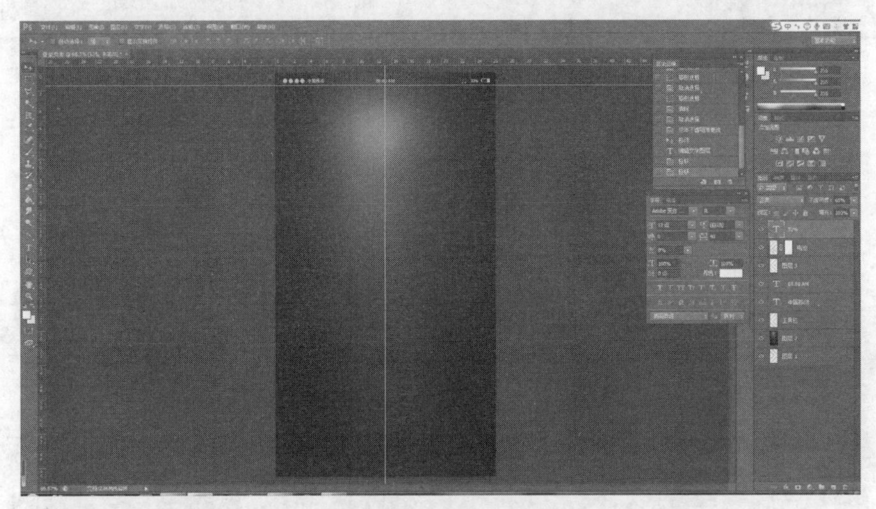

图 6-102　绘制工具栏

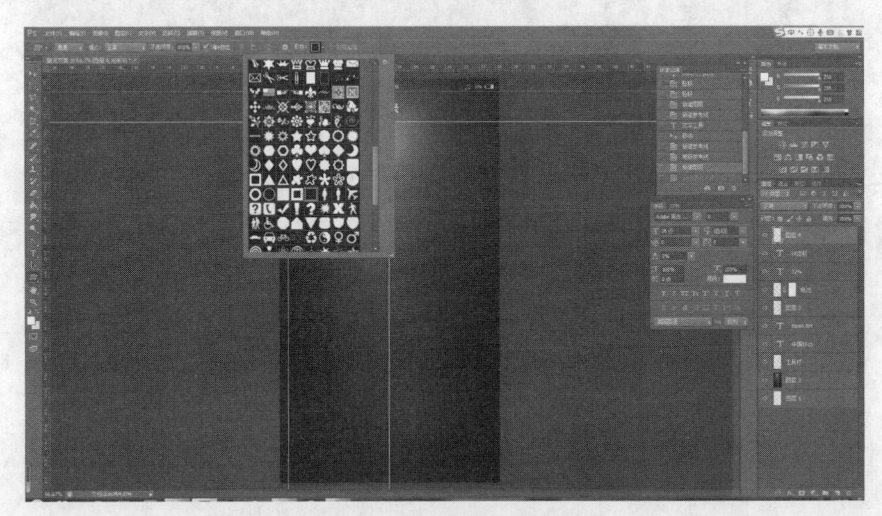

图 6-103　选择自定义形状工具

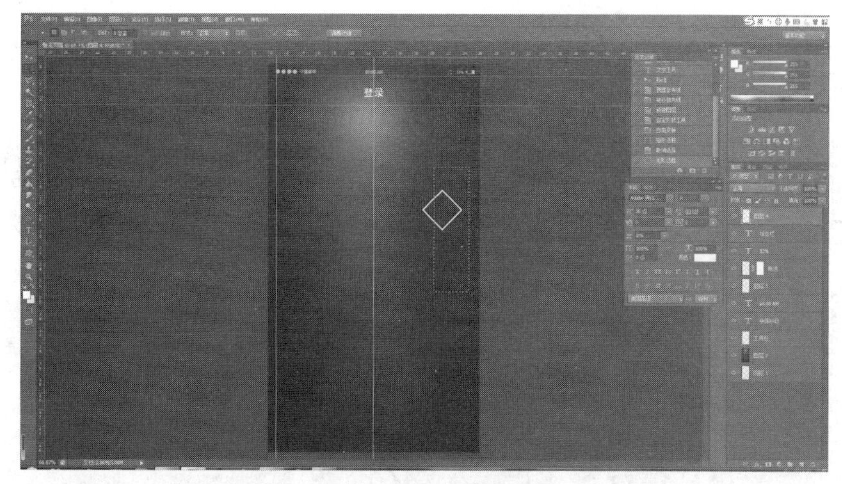

图 6-104　绘制方形并旋转为菱形

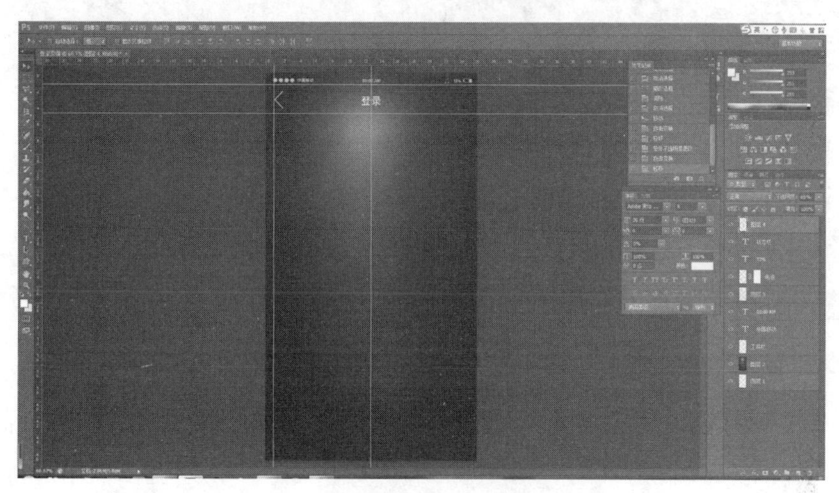

图 6-105　状态栏效果

（6）新建一个图层并命名为 Logo，拖入 App 图片素材，如图 6-106 所示。

制作 iOS 登录界面
（第 6 步至第 9 步）

图 6-106　Logo 图层

（7）新建一个图层并命名为“文本框”，添加“用户名”文本框、“密码”文本框、“登录”文本框（选用圆角矩形工具，设置半径为 50 像素），如图 6-107 所示。

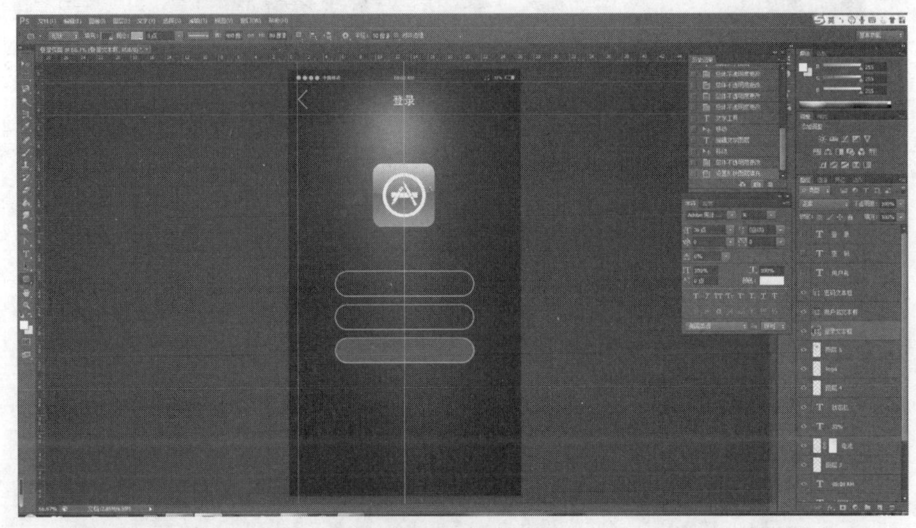

图 6-107　添加文本框

（8）选用文字工具分别在文本框内输入：用户名、密码、登录，参数设置及效果如图 6-108 所示。

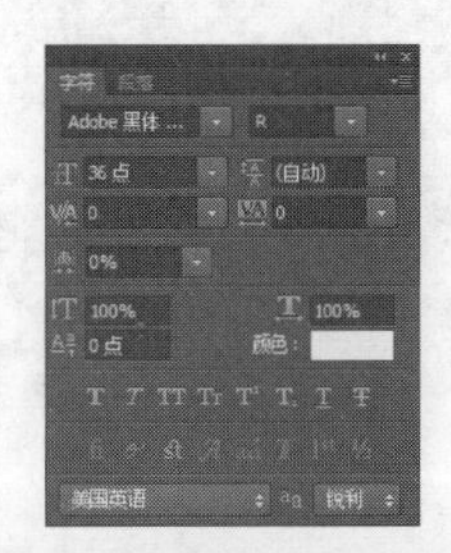

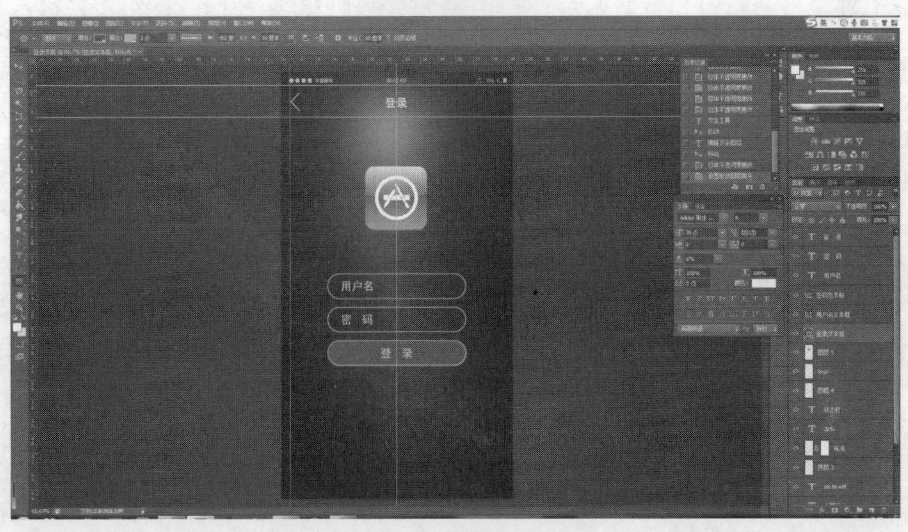

图 6-108　参数设置及效果

（9）在文本框下面添加“忘记密码”和“注册”，登录界面完成，效果如图 6-109 所示。

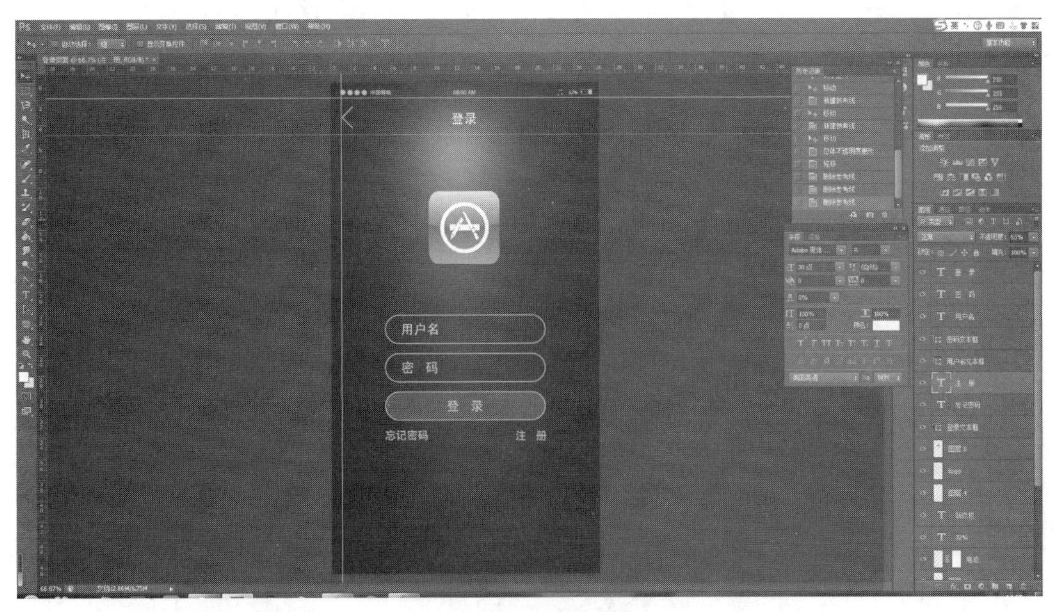

图 6-109　登录界面完成效果

3. 制作 iOS 工具栏界面

制作要点：iOS 工具栏界面。

使用工具：Photoshop 中的图层、圆角矩形、滤镜、文字、图层样式等。

效果图：如图 6-110 所示。

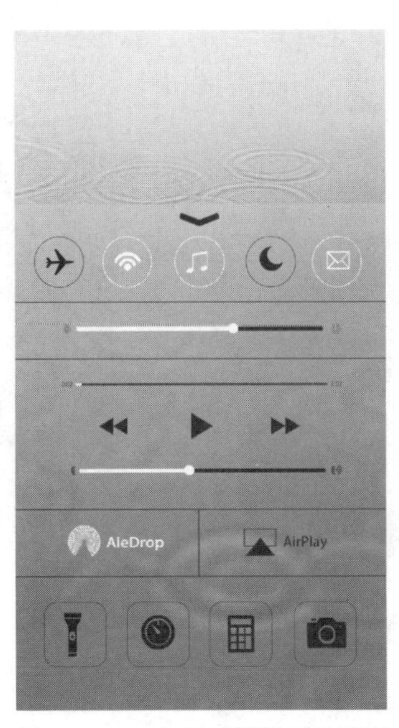

图 6-110　iOS 工具栏界面效果图

制作步骤：

（1）新建颜色模式 RGB 文件，尺寸按照 iOS 常用手机界面标准：1334 像素×750 像素，分辨率设置为 72 像素/英寸，如图 6-111 所示。

制作 iOS 工具栏界面（第 1 步至第 9 步）

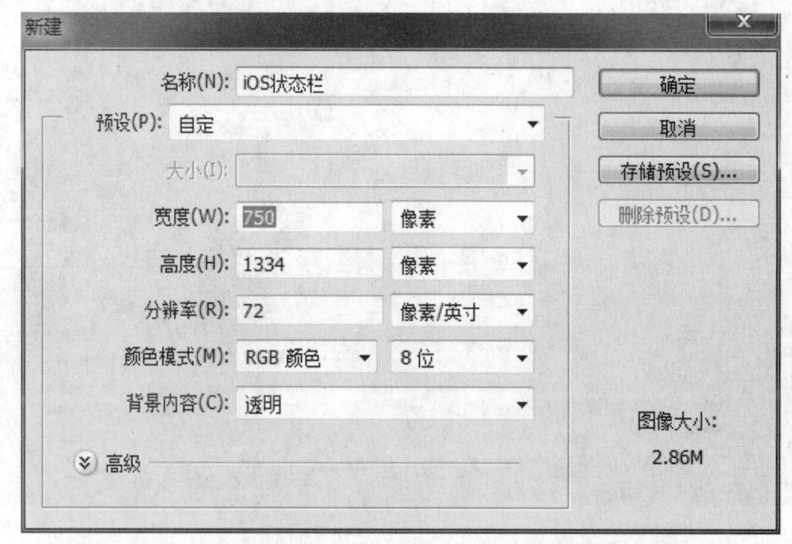

图 6-111　新建颜色模式 RGB 文件

（2）用移动工具从标尺处拉出一条参考线到 11 像素位置，如图 6-112 所示。

图 6-112　拉出一条参考线

（3）按 Ctrl+H 组合键暂时隐藏参考线，直接拖入素材图片（在 Photoshop CS6 中，直接拖入的图片会自动转为智能图像格式），保留它不要栅格化，后续会有用处，如图 6-113 所示。

图 6-113　拖入素材图片

（4）按 Ctrl+J 组合键复制出一层素材图，保持图层的智能图像模式，执行“滤镜”→“模糊”→“高斯模糊”命令，半径设置为 10.0 像素，也可以自己根据图片效果调整数值，单击“确定”按钮，如图 6-114 所示。

图 6-114　设置高斯模糊

（5）使用矩形选框工具在参考线下方沿图片边缘画出选区，在图层面板下方选择右数第三项“添加图层蒙版”（菜单操作为选择“图层”→“图层蒙版”→“显示选区”命令），如图 6-115 所示。

图 6-115　添加图层蒙版

（6）执行命令后效果已经基本出来了，但颜色还需要再调整。选中当前层，单击“调整”面板中的“色相/饱和度”按钮或者在菜单栏中选择“图层”→“新建调整图层”→“色相/饱和度”菜单命令，如图 6-116 和图 6-117 所示。

图 6-116　调整颜色菜单操作

（7）在图层面板中右击“色相/饱和度”图层，在弹出的快捷菜单中选择“创建剪贴蒙版”选项，如图 6-118 所示。

（8）使用自定义形状工具绘制出各种图形，如图 6-119 和图 6-120 所示。

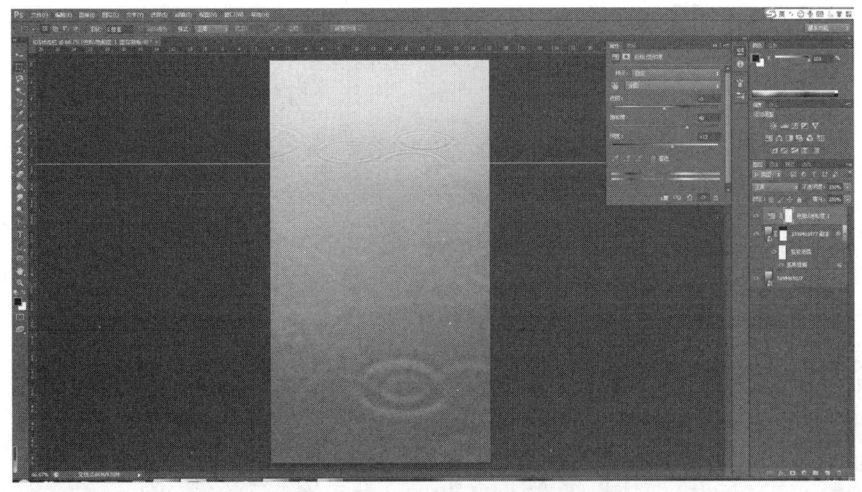

图 6-117　调整颜色效果

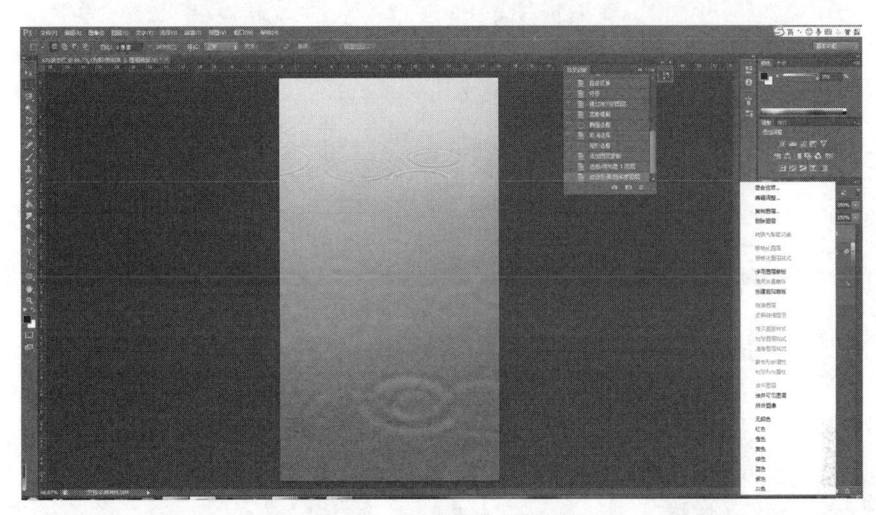

图 6-118　创建剪贴蒙版操作

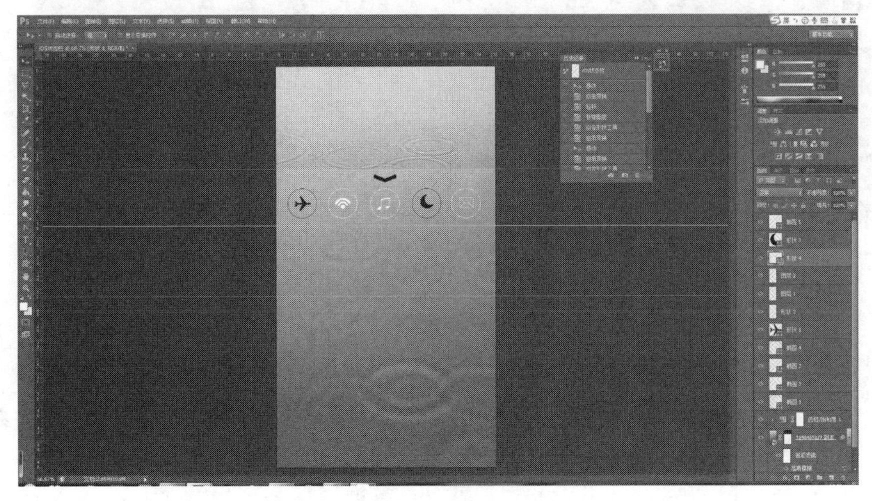

图 6-119　绘制图形

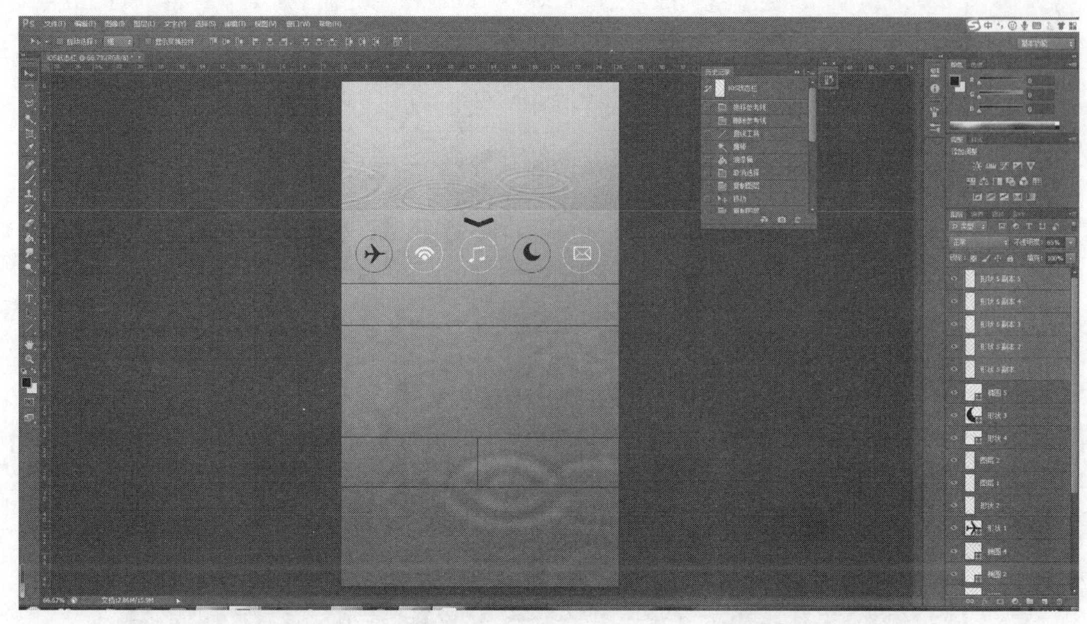

图 6-120　绘制图形

（9）使用直线工具绘制出工具栏分区，调节选中图层的透明度为 65%。

制作 iOS 工具栏界面
（第 10 步至第 12 步）

（10）使用直线工具绘制出亮度条和小灯泡，如图 6-121 所示。

（11）使用直线工具绘制出播放器进度条，如图 6-122 所示。

（12）使用直线工具绘制出播放进度条，用自定义形状工具绘制出播放按钮，用文字工具绘制出播放时间，如图 6-123 所示。

图 6-121　绘制亮度条和小灯泡

图 6-122　绘制出播放器进度条

图 6-123　绘制出播放进度条

（13）使用直线工具和自定义形状工具绘制出 AirPlay 控件，如图 6-124 所示。

制作 iOS 工具栏界面（第 13 步至第 14 步）

（14）使用圆角工具绘制出电筒、相机等控件，参数设置及效果如图 6-125 和图 6-126 所示。

图 6-124　绘制出 AirPlay 控件

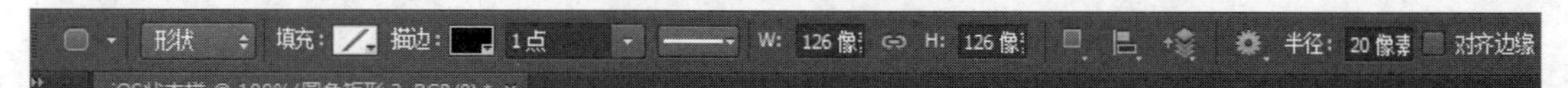

图 6-125　参数设置

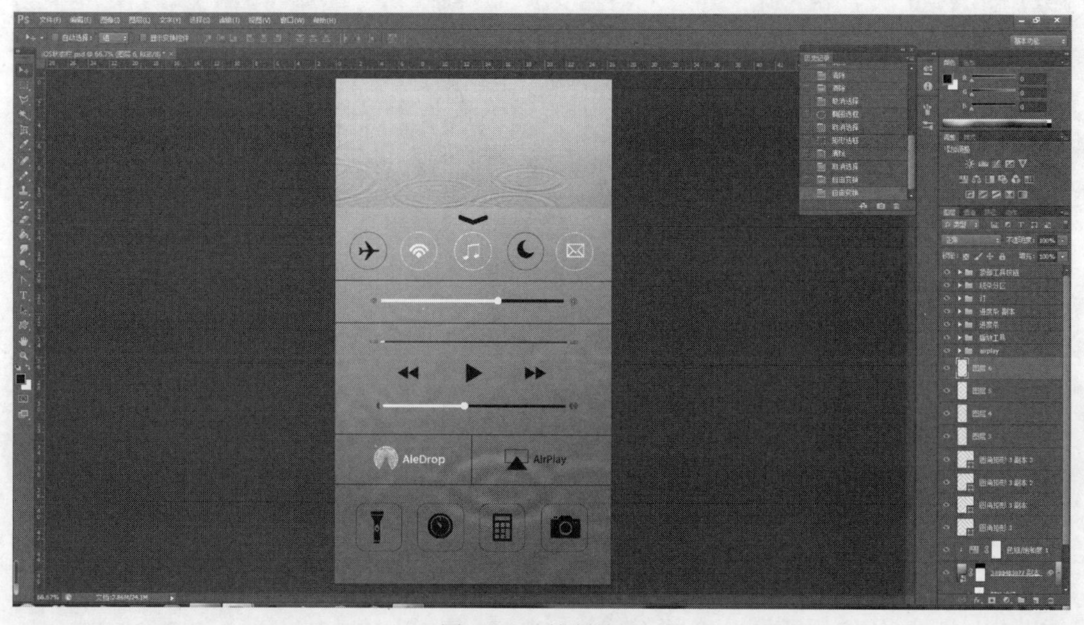

图 6-126　绘制效果

项目回顾

同学 A：这次项目的学习内容很丰富，是不是已经了解了界面版式设计？

同学 B：是的，原来在界面设计中每一个元素都是可以自己设计的。

同学 A：嗯，不论是状态栏中的内容，还是导航栏中的内容，都是可以自己设计的。不过一定要遵循界面版式设计的基本原则，设计元素可以自己创作，但一般情况下移动端界面中常规性的内容不能少哦。

同学 B：好的，这次的学习任务主要是针对 iOS 风格进行的训练，我会再尝试一下其他风格的界面设计的。

同学 A：是的，学会了举一反三，基本上就能准确掌握界面设计的技巧啦。

项目评价

本次项目学习与实践让我们了解了移动端界面版式的设计与制作。版式设计是 UI 界面设计学习过程中的综合训练环节，当我们学会了按钮设计、欢迎界面设计等基础技能之后，如何综合运用学到的技能设计出风格统一、效果美观的整体界面是我们必须要解决的一个难题。很多学生即使学会了技术，但是在整体搭配方面总是容易出现张冠李戴的设计问题，所以我们必须要了解每一种风格、每一种界面的元素，然后再运用所学技能设计与制作出符合应用要求的界面。

参考文献

[1] 高金山．UI 设计必修课：游戏+软件+网站+App 界面设计教程[M]．北京：电子工业出版社，2017.

[2] 水木居士．Photoshop 移动 UI 界面设计实用教程[M]．北京：人民邮电出版社，2016.

[3] 汇学互联网营销学院．Photoshop 移动 UI 设计从入门到精通[M]．北京：清华大学出版社，2019.

后　记

《UI界面设计与制作教程》在大家的帮助下顺利完成，感谢所有参与编写的人员，同时感谢中国水利水电出版社的大力支持。

本书围绕UI界面设计展开，使用Photoshop技术和Axure技术制作实现设计目标。从UI设计基础知识，到产品的分析、结构的形成，再到图标设计、欢迎界面设计、按钮设计、版式设计，覆盖了UI界面设计的必要内容，可以帮助读者从零基础到独立设计一款应用的界面，让读者直观地认识UI界面设计。

本书由重庆电子工程职业学院的黎娅和云南交通运输职业学院的任劲松任主编（负责本书的框架构成和主要内容撰写），由重庆电子工程职业学院的丁锦箫和王聃黎、重庆华夏人文艺术研究院的胡斌斌、重庆电子工程职业学院的胡云冰、陆军工程大学通信士官学校的童亮和赵瑞华任副主编（负责本书部分内容的撰写及配套资源的制作）。同时，特别感谢重庆电子工程职业学院人工智能与大数据学院的闵淇、燕紫、向美玲、蔡然然、蒋渝5位同学在本书配套电子资源制作上给予的大力支持。

由于编者水平有限，书中不足之处在所难免，恳请广大读者批评指正。